近代数学講座 8

# リーマン幾何学

立花俊一 著

朝倉書店

小松　勇作
編　集

# ま え が き

ユークリッド空間の中の曲線，曲面を微分法を使って研究する幾何学(古典微分幾何学)の一般化としてのリーマン幾何学は，直観的にいえば，曲った空間の幾何学である．本書は大学 3，4 年生または大学院修士課程の学生を対象としたリーマン幾何学の入門書である．ここでは微積分と位相空間についての若干の知識を仮定する．位相空間については位相とはどんなものかということを知っている程度でよいが，朝倉数学講座第 13 巻 亀谷著「集合と位相」の必要な頁を（亀谷 p.　）として引用したからその部分を参考にしていただきたい．

一般に学校では古典微分幾何学の続きとしてリーマン幾何学の講義を行うことが多い．しかし著者の経験から考えてむしろリーマン幾何学を先に勉強する方が微分幾何学により興味が持てるように思う．その意味で本書では古典微分幾何学の知識は殆んど仮定しなかった．是非必要な所では朝倉数学講座第 15 巻大槻著「微分幾何学」を引用したが詳しいことは知らなくても直観的にわかるように配慮したつもりである．

リーマン幾何学の取り扱い方にはいくつかの流儀があるが，この本ではテンソル解析を主な道具としている．内容については他の成書との重複をさけることと，出来るだけたくさんテンソルについての公式を書いておくことに心掛けた．そのために応用が書いてない公式もあるが，それは続巻「リーマン幾何学演習」で補うつもりである．

東京工業大学教授小松勇作氏からは，本書を著わす機会と多くの貴重な助言とをいただいた．また，朝倉書店の秦晟氏，柏木信行さん，三尾敦子さんの熱心な御協力も得た．これらの方々の御好意に感謝の意を表したい．

1967 年 8 月

著者しるす

# 目　　次

# 第1章　ベクトルとテンソル

## §1.　ベクトル空間

3次元ユークリッド空間の中にある滑らかな曲面$S$の点$p$での接平面を$T_p$とする．$T_p$はその上にあるベクトル全体が作る2次元のベクトル空間とも考えられるので，$S$の各点$p$に2次元ベクトル空間$T_p$が対応することになる．$n$次元リーマン空間とは曲面を一般化した概念であって，その各点$p$に抽象的な仕方で$n$次元ベクトル空間$T_p$を対応させて$T_p$に接平面の役割をさせる．この意味でベクトル空間はリーマン幾何学で基本的な役割をする．

我々は平面，または空間で平行移動によって一致するような有向線分をベクトルとよんだ．このような直観的なベクトルを頭において次の定義をしよう．

自然な和，積が定義されている実数全体の集合を$\boldsymbol{R}$とし，その元を$a, b, \cdots$で表わす．

**定義 1.1.** 集合$V$には次の2種類の演算が定義されている．すなわち，任意の$x, y \in V$に対してそれらの和とよばれる$V$の元$x+y$が一意にきまり，また，任意の$x \in V$と任意の$a \in \boldsymbol{R}$に対して$x$の$a$倍といわれる$V$の元$ax = xa \in V$が一意にきまる．さらにこれらの演算は任意の$x, y, z \in V$，$a, b \in \boldsymbol{R}$について次の条件を満足するものとする．

(1.1)　$$(x+y)+z = x+(y+z).$$

(1.2)　$$x+0 = 0+x = x$$

が成りたつような元$0 \in V$が$x$に無関係に存在する．

(1.3)　$$x+x' = x'+x = 0$$

となるような$x' \in V$が各$x$に対して存在する．

(1.4)　$$x+y = y+x.$$

(1.5)　$$a(bx) = (ab)x.$$

(1.6)　$$1 \cdot x = x.$$

(1.7)　　$(a+b)x=ax+bx,\quad a(x+y)=ax+ay.$

このとき，$V$ を（実数体 $\boldsymbol{R}$ 上の）**ベクトル空間**，$V$ の各元を**ベクトル**といい，これに対して $\boldsymbol{R}$ の元（すなわち，実数）を**スケーラー**という．また，ベクトルの和を作ることをベクトルの加法，実数倍を作ることをスケーラ倍という．さらに，(1.2) を満足する 0 は一意に定まるので**零ベクトル**，(1.3) の $x'$ は各 $x$ について一意に定まるので $x'=-x$ と書いて $x$ の逆元という．

$0x=0$，$(-1)x=-x$ が成りたつことが容易に示される．ここで左辺の 0 は実数の 0，右辺の 0 は零ベクトルの意味である．(1.1) の両辺をたんに $x+y+z$ と書くことにする．

以下，$V$ は常にベクトル空間を表わすものとする．

**定義 1.2.** $V$ の部分集合 $U$ は，$V$ の加法とスケーラー倍について，ベクトル空間になるとき，$V$ の**部分**(ベクトル)**空間**という．

**定理 1.1.** $V$ の部分集合 $U$ が部分空間となるための必要十分条件は次の(i)，(ii) が成りたつことである．

(i)　$x,\ y\in U$ ならば $x+y\in U$.

(ii)　$x\in U,\ a\in\boldsymbol{R}$ ならば $ax\in U$.

証明は $U$ について定義 1.1 の条件を調べてみればよい．

$V$ の $\boldsymbol{r}$ 個のベクトルを $x_1,\cdots,x_r$ とするとき実係数の 1 次式 $a_1x_1+\cdots+a_rx_r$ で表わされるベクトルを，$x_1,\cdots,x_r$ の **1 次結合**という．$\boldsymbol{r}$ 個のベクトル $x_1,\cdots,x_r$ は $a_1x_1+\cdots+a_rx_r=0$（零ベクトル）となるすべては 0 でない実数 $a_1,\cdots,a_r$ が存在するとき **1 次従属**であるという．1 次従属でなければ **1 次独立**という．すなわち，1 次独立は

$$a_1x_1+\cdots+a_rx_r=0 \Rightarrow a_1=\cdots=a_r=0$$

を意味する．

**定義 1.3.** ベクトル空間 $V$ は次の条件を満足すれば $\boldsymbol{n}$ **次元**であるという．

(i)　1 次独立な $\boldsymbol{n}$ 個のベクトルが少なくとも 1 組存在する．

(ii)　任意の $\boldsymbol{n}+1$ 個のベクトルは 1 次従属である．

このような $\boldsymbol{n}$ が存在しなければ無限次元であるという．

この本で考えるベクトル空間は常に $n$ 次元とする.

（i）をみたす $n$ 個のベクトルの組を $V$ の**基底**，または**座標系**という. $e_1, \cdots, e_n$ を $V$ の一組の基底とすると $V$ の任意の元 $x$ は一意に

(1.8)　$$x = x^1 e_1 + \cdots + x^n e_n, \qquad x^\lambda \in \boldsymbol{R}$$

の形に書ける. 実数の組 $(x^1, \cdots, x^n)$ を基底 $\{e_\lambda\}$ に関する $x$ の**成分**，または**座標**という.

**記号についての約束.** $V$ の基底 $e_1, \cdots, e_n$ のように $n$ 個のベクトルを $\{e_\lambda\}$, $\lambda = 1, 2, \cdots, n$, または $\{e_\lambda\}$ のように表わす. ベクトル $x$ の成分 $(x^1, \cdots, x^n)$ はたんに $x^\lambda$ と書く. ここに，$\lambda$ は $x$ の $\lambda$ 乗の意味ではなくて，$n$ 個の実数 $x^1, \cdots, x^n$ を区別するための添字である. これに対して $x^1$ の自乗は $(x^1)^2$ のように表わす. $n$ 個の実変数 $x^1, \cdots, x^n$ の函数 $f(x^1, \cdots, x^n)$ は $f(x^\lambda)$ または $f(x)$ で表わすことにする. たとえば，$n$ 個の函数 $y^1 = f^1(x^1, \cdots, x^n), \cdots, y^n = f^n(x^1, \cdots, x^n)$ を $y^\lambda = f^\lambda(x^\mu) = f^\lambda(x)$ のように書くわけである. ここでも $f^\lambda$ の $\lambda$ は函数を区別するための添字である.

**総和についての約束.** (1.8) は和の記号 $\sum$ を使えば

(1.9)　$$x = \sum_{\lambda=1}^{n} x^\lambda e_\lambda$$

となる. ベクトルやテンソルの計算では 1 から $n$ までの総和をとることが非常に多いので，以下では総和をとる場合にかぎって記号 $\sum$ を略し，その代り次の約束をする.

1つの項の中に上，下に同じ添字が1つずつあれば，その添字の動く範囲全体について和をとる.

このような約束を**アインシュタインの規約**という. この約束にしたがえば (1.9) は

(1.10)　$$x = x^\lambda e_\lambda$$

となる. また，(1.9) で $\lambda$ という文字は他の文字でおき直してもよいから，(1.10) は

$$x = x^\lambda e_\lambda = x^\alpha e_\alpha = x^\nu e_\nu$$

のように書くことも出来る．他の例をあげよう．

$$\begin{aligned} f(x^\lambda) = & a_{11}(x^1)^2 + a_{12}x^1x^2 + \cdots + a_{1n}x^1x^n \\ & + a_{21}x^2x^1 + a_{22}(x^2)^2 + \cdots + a_{2n}x^2x^n \\ & + \cdots \\ & + a_{n1}x^nx^1 + a_{n2}x^nx^2 + \cdots + a_{nn}(x^n)^2 \end{aligned}$$

は $\sum$ を使えば

$$f(x^\lambda) = \sum_{\mu=1}^{n} \sum_{\lambda=1}^{n} a_{\lambda\mu}x^\lambda x^\mu$$

となるから，規約によって $f(x^\lambda) = a_{\lambda\mu}x^\lambda x^\mu = a_{\lambda\alpha}x^\lambda x^\alpha$ である．これを $f(x^\lambda) = a_{\lambda\lambda}x^\lambda x^\lambda$ と書いては間違いである．

普通，行列は $A=(a_{\lambda\mu})$ のように書いて，$a_{\lambda\mu}$ を $A$ の $\lambda$ 行 $\mu$ 列の要素とよぶが，テンソル解析では $\lambda$ 行 $\mu$ 列の要素を $a_\mu{}^\lambda$ と書いた行列も考える．すなわち，$A=(a_\mu{}^\lambda)$ は行列

$$A = \begin{bmatrix} a_1{}^1 & a_2{}^1 & \cdots & a_n{}^1 \\ a_1{}^2 & a_2{}^2 & \cdots & a_n{}^2 \\ \vdots & & & \\ a_1{}^n & a_2{}^n & \cdots & a_n{}^n \end{bmatrix}$$

を意味する．したがって行列 $A=(a_\mu{}^\lambda)$，$B=(b_\mu{}^\lambda)$ の積 $C=(c_\mu{}^\lambda)=AB$ は

$$c_\mu{}^\lambda = a_\nu{}^\lambda b_\mu{}^\nu$$

で与えられる．

$n$ 次の正方行列 $A=(a_\mu{}^\lambda)$ の行列式を $\det A$ で表わす．$\det A \neq 0$ ならば $A$ を正則という．$A$ が正則であるための必要十分条件は

$$c^\mu a_\mu{}^\lambda = 0 \Rightarrow c^\mu = 0$$

であるから次の定理は明らかである．

**定理 1.2.** $\{e_\lambda\}$ が一組の基底であるとき，

(1.11) $$\bar{e}_\lambda = a_\lambda{}^\mu e_\mu, \qquad \lambda = 1, \cdots, n,$$

が基底を作るための必要十分条件は，行列 $A=(a_\lambda{}^\mu)$ が正則なることである．

基底を変えることを**基底の変換**，または**座標変換**という．基底の変換(1.11)を行なったときベクトルの成分が受ける変化を調べよう．基底 $\{\bar{e}_\lambda\}$ に関する

$x$ の成分を $\bar{x}^\lambda$ とすれば，(1.11) によって

$$x=\bar{x}^\lambda\bar{e}_\lambda=\bar{x}^\lambda a_\lambda{}^\mu e_\mu=(a_\lambda{}^\mu\bar{x}^\lambda)e_\mu=x^\mu e_\mu.$$

しかるに $\{e_\mu\}$ は1次独立であるから

$$(a_\lambda{}^\mu\bar{x}^\lambda-x^\mu)e_\mu=0$$

から $a_\lambda{}^\mu\bar{x}^\lambda=x^\mu$ が得られる．したがって，

**定理 1.3.** 基底の変換

$$\bar{e}_\lambda=a_\lambda{}^\mu e_\mu$$

によって，ベクトル $x$ の成分は

(1.12) $$x^\lambda=a_\mu{}^\lambda\bar{x}^\mu$$

なる変換をする．

逆に，$V$ の各基底 $\{e_\lambda\}$ に対して $n$ 個の実数の組 $x^\lambda$ が与えられていて，基底 $\{e_\lambda\}, \{\bar{e}_\lambda\}$ に対応して与えられた $x^\lambda, \bar{x}^\lambda$ が常に (1.12) の関係を満足していれば，これら $n$ 個の実数の組 $x^\lambda$ は1つのベクトルの各基底 $\{e_\lambda\}$ に関する成分と見なすことが出来る．それは $x^\lambda e_\lambda=\bar{x}^\lambda\bar{e}_\lambda$ が常に成りたち，したがってこれが表わすベクトルを $x$ とすればよいからである．

$V$, $U$ をそれぞれ $n$ 次元，$m$ 次元のベクトル空間とする．$V$ から $U$ の中への対応 $\phi: V\to U$, $x\to\phi(x)$, について次の定義をしよう．

**定義 1.4.** 対応 $\phi: V\to U$ は任意の $x, y\in V, a\in\boldsymbol{R}$ に対して

$$\phi(x+y)=\phi(x)+\phi(y), \qquad \phi(ax)=a\phi(x)$$

を満足するならば**線型写像**という．

$V, U$ にそれぞれ一組の基底 $\{e_\lambda\}, \{f_i\}, i=1, \cdots, m$, をとれば，線型写像 $\phi$ について $\phi(e_\lambda)\in U$ は $\{f_i\}$ の1次結合

(1.13) $$\phi(e_\lambda)=b_\lambda{}^i f_i$$

の形で表わされて，係数が作る $m\times n$ 行列 $B=(b_\lambda{}^i)$ が定まる．逆に，1つの $m\times n$ 行列 $B=(b_\lambda{}^i)$ が与えられれば，(1.13) によって $\phi(e_\lambda)$ を定義し，さらに $x=x^\lambda e_\lambda\in V$ に対しては $\phi(x)=x^\lambda\phi(e_\lambda)$ とすることによって，$V$ から $U$ への線型写像 $\phi$ が定義される．

$V$ と $U$ とに一組ずつの基底を定めておけば上に述べた方法によって，$V$ か

ら $U$ への線型写像全体の集合と $m\times n$ 行列全体の集合との間に1対1対応があることがわかる.

**定義 1.5.** 線型写像 $\phi: V\to U$ は1対1ならば中への**同型写像**といい，特に $\phi(V)=U$ であるとき（上への）同型写像という.

$\phi$ を $V$ から $U$ への線型写像とすれば，次の3つの命題は同値である.

（i） $\phi$ は中への同型写像である.

（ii） $K=\{x|\ x\in V,\ \phi(x)=0\}$ は $V$ の零ベクトルだけからなる.

（iii） $\phi(e_\lambda)$, $\lambda=1,\cdots,n$, は1次独立である.

このとき，$V$ の次元 $n$ と $U$ の次元 $m$ について，$m\geqq n$ が必要であることがわかる.

$m\times n$ 行列 $B=(b_\lambda{}^i)$ はその中に行列式が0でないような少なくとも1つの $n$ 次の正方行列をもつとき，階数 $n$ という.

$\phi$ に対応する行列を $B=(b_\lambda{}^i)$ とすれば，（i），（ii），（iii）の各々は次の命題とも同値である.

（iv） $B$ の階数は $n$ である.

**問 1.** 零ベクトル，逆元の一意性を示せ.

**問 2.** $0x=0,\qquad (-1)x=-x$

**問 3.** $V$ の $r$ 個のベクトル $x_1,\cdots,x_r$ について，それらの1次結合全体が作る集合 $U=\{x|\ x=\sum_{i=1}^{r}a_ix_i, a_i\in\boldsymbol{R}\}$ を $x_1,\cdots,x_r$ が**張る**空間という.

（i） $U$ は部分空間である.（ii） $x_1,\cdots,x_r$ が1次独立であれば，$U$は $r$ 次元である.（特に，ただ1つのベクトル $x(\neq 0)$ の張る空間を直線，1次独立な $x,y$ の張る空間を平面という.）

## § 2. 双対ベクトル空間

実数全体の集合 $\boldsymbol{R}$ は普通の和，積に関して1次元のベクトル空間となる. $n$ 次元ベクトル空間 $V$ から1次元ベクトル空間 $\boldsymbol{R}$ への線型写像を考え，任意の $x\in V$ について $f(x)=g(x)$ ならば $f=g$ と約束して，$V$ から $\boldsymbol{R}$ への線型写像の全体を $V^*$:

$$V^*=\{f|\ \text{線型写像}\ f:\ V\to\boldsymbol{R}\}$$

としよう．このとき，$V^*$ は自然な仕方で定義された和とスケーラー倍に関して $n$ 次元のベクトル空間となる．それを以下で示そう．

$f, g \in V^*$,　$a \in \boldsymbol{R}$ について $h=f+g$,　$k=af$ を

$$h(x)=f(x)+g(x), \qquad k(x)=af(x)$$

によって定義する．これらの式で右辺は $\boldsymbol{R}$ の元であるから，$h, k$ はともに $V$ から $\boldsymbol{R}$ への対応となるが

$$\begin{aligned} h(x+y) &= f(x+y)+g(x+y) \\ &= f(x)+f(y)+g(x)+g(y) \\ &= f(x)+g(x)+f(y)+g(y) \\ &= h(x)+h(y), \\ h(ax) &= f(ax)+g(ax)=af(x)+ag(x) \\ &= a\{f(x)+g(x)\}=ah(x) \end{aligned}$$

であるから，$h$ は線型写像である．同様に $k$ も線型写像であることがわかるから，$h, k \in V^*$．このように定義した演算が定義 1.1 の (1.1)〜(1.7) を満足することは容易に確かめられる．したがって，$V^*$ はベクトル空間となる．特に，$V^*$ の零ベクトルはすべての $x \in V$ を実数の 0 にうつす写像：$0(x)=0$，また，$f \in V^*$ の逆元 $-f$ は $(-f)(x)=-f(x)$ で与えられる．

次に $V^*$ が $n$ 次元であることを示そう．$V$ の一組の基底を $\{e_\lambda\}$ とし，いま $\{f^\alpha\}$，　$\alpha=1, \cdots, n$，を

(2.1)
$$f^\alpha(e_\lambda)=\delta_\lambda{}^\alpha$$

なる $n$ 個の $V^*$ の元：$f^\alpha \in V^*$ とする．ここに，$\delta_\lambda{}^\alpha$ は

$$\delta_\lambda{}^\alpha = \begin{cases} 1, & \alpha=\lambda \text{ のとき}, \\ 0, & \alpha \neq \lambda \text{ のとき} \end{cases}$$

なる意味の記号で，**クロネッカーのデルタ**とよばれるものである．

(2.1) をくわしく説明すると，たとえば $f^1$ は

$$f^1(e_1)=1, \qquad f^1(e_2)=0, \qquad \cdots, \qquad f^1(e_n)=0$$

となるような $V$ から $\boldsymbol{R}$ への線型写像で，このような写像が存在することは (1.13) において $1\times n$ 行列 $(b_\lambda{}^i)$ を $b_1{}^1=1$,　$b_\lambda{}^1=0$ $(\lambda>1)$ とすればよいこ

とからわかる．

ここで $f^\alpha$ のように添字を右肩につけたのは，$V$ の元と $V^*$ の元とを一目で区別出来るようにするためである．

これら $n$ 個の $f^\alpha$ が $V^*$ の基底を作ることを示そう．まず $\{f^\alpha\}$ の1次結合が $V^*$ の零ベクトルであるとすれば $a_\alpha f^\alpha=0,\quad a_\alpha\in\boldsymbol{R}$，から

$$
\begin{aligned}
(a_\alpha f^\alpha)(e_\lambda)&=a_\alpha f^\alpha(e_\lambda)=a_\alpha\delta_\lambda{}^\alpha=a_\lambda\\
&=0(e_\lambda)=0\in\boldsymbol{R}
\end{aligned}
$$

によって $a_\lambda=0$ となるから $\{f^\alpha\}$ は1次独立である．次に任意の $g\in V^*$ について

$$
\begin{aligned}
g(x)&=g(x^\lambda e_\lambda)=x^\lambda g(e_\lambda),\\
f^\lambda(x)&=f^\lambda(x^\alpha e_\alpha)=x^\alpha f^\lambda(e_\alpha)=x^\alpha\delta_\alpha{}^\lambda=x^\lambda
\end{aligned}
$$

から

$$
g(x)=f^\lambda(x)g(e_\lambda)=g(e_\lambda)f^\lambda(x).
$$

しかるに，$x\in V$ は任意であるから $g=g(e_\lambda)f^\lambda$，すなわち $V^*$ の任意の元 $g$ は実数 $g(e_\lambda)$ を係数として $\{f^\lambda\}$ の1次結合として表わされた．したがって，$\{f^\lambda\}$ は $V^*$ の基底となることがわかった．ゆえに

**定理 2.1.** $V^*$ は $n$ 次元ベクトル空間である．

**定義 2.1.** $V^*$ を $V$ の**双対ベクトル空間**，(2.1) で定義された $V^*$ の基底 $\{f^\lambda\}$ を $V$ の基底 $\{e_\lambda\}$ の**双対基底**という．

$V^*$ はベクトル空間であるからその元はベクトルであるが，$V$ の元と $V^*$ の元とを区別する意味で $V$ の元を**反変ベクトル**，$V^*$ の元を**共変ベクトル**という．$x\in V, u\in V^*$ について

$$
u(x)=\langle u, x\rangle=\langle x, u\rangle\in\boldsymbol{R}
$$

と書いて，これを $x$ と $u$ との**内積**とよぶことにする．

$\{f^\lambda\}$ を $V^*$ の任意の基底とすれば，任意の $u\in V^*$ は $\{f^\lambda\}$ の1次結合

$$
u=u_\lambda f^\lambda,\qquad u_\lambda\in\boldsymbol{R}
$$

の形に一意に表わすことが出来る．$u_\lambda$ は $u$ の $\{f^\lambda\}$ に関する成分であるが，ここで添字を右下に書いたのは，添字を右上にもつ反変ベクトルの成分と区別

するためと，総和に関する規約が使えるようにするためである．

$\{f^\lambda\}$, $\{\bar{f}^\lambda\}$ をそれぞれ $V^*$ の基底とすれば，それらの間に

$$\bar{f}^\lambda = b_\mu{}^\lambda f^\mu$$

の形の関係があり，基底の変換であるから $n\times n$ 行列 $B=(b_\mu{}^\lambda)$ は正則である．このような基底の変換に対応して共変ベクトル $\boldsymbol{u}$ は

$$u = \bar{u}_\lambda \bar{f}^\lambda = \bar{u}_\lambda b_\mu{}^\lambda f^\mu = u_\mu f^\mu$$

によってその成分は

$$u_\mu = b_\mu{}^\lambda \bar{u}_\lambda$$

なる斉一次変換をうける．

**定義 2.2.** $\{f^\lambda\}$ が $\{e_\lambda\}$ の双対基底であるとき，$u\in V^*$ の $\{f^\lambda\}$ に関する成分を $\{e_\lambda\}$ に関する成分という．

以下ではたんに $\boldsymbol{u}$ の成分といえば $\{e_\lambda\}$ に関する成分とする．

$\{e_\lambda\}$, $\{\bar{e}_\lambda\}$ を $V$ の基底とし，$\{f^\lambda\}$, $\{\bar{f}^\lambda\}$ をそれらの双対基底とする．

$$\bar{e}_\lambda = a_\lambda{}^\mu e_\mu, \qquad \bar{f}^\nu = b_\omega{}^\nu f^\omega$$

とすれば

$$\begin{aligned}\delta_\lambda{}^\nu &= \bar{f}^\nu(\bar{e}_\lambda) = b_\omega{}^\nu f^\omega(a_\lambda{}^\mu e_\mu)\\ &= b_\omega{}^\nu a_\lambda{}^\mu f^\omega(e_\mu) = b_\omega{}^\nu a_\lambda{}^\mu \delta_\mu{}^\omega\\ &= b_\mu{}^\nu a_\lambda{}^\mu\end{aligned}$$

が成りたつから，行列 $A=(a_\lambda{}^\mu)$, $B=(b_\mu{}^\nu)$ は

$$BA=I, \quad (n\text{ 次の単位行列})$$

の関係にある．すなわち，$B=A^{-1}$,（$A$ の逆行列），であるから

$$AB=I, \qquad a_\mu{}^\lambda b_\nu{}^\mu = \delta_\nu{}^\lambda$$

も成りたつことがわかる．定理 1.3 と上に述べたことから次の定理が得られる．

**定理 2.2.** $V$ の基底の変換

$$\bar{e}_\lambda = a_\lambda{}^\mu e_\mu$$

によって，反変ベクトル $\boldsymbol{x}$，共変ベクトル $\boldsymbol{u}$ の成分はそれぞれ次の変換をうける．

$$x^\lambda = a_\mu{}^\lambda \bar{x}^\mu, \qquad \bar{x}^\lambda = b_\mu{}^\lambda x^\mu,$$

$$\bar{u}_\lambda = a_\lambda{}^\mu u_\mu, \qquad u_\lambda = b_\lambda{}^\mu \bar{u}_\mu.$$

ここに $B=(b_\mu{}^\lambda)$ は $A=(a_\lambda{}^\mu)$ の逆行列である．

**注意．** $n$ 次の正方行列 $A=(a_{\lambda\mu})$ が正則 $(\det A \neq 0)$ ならば逆行列 $A^{-1}=(b_{\lambda\mu})$ が一意に存在する．$b_{\lambda\mu}$ は具体的には次のようにして求められる．$A$ から $\lambda$ 行と $\mu$ 列をとり去った残りの $(n-1)$ 次の行列が作る行列式を $\Delta_{\lambda\mu}$ とし，$b_{\mu\lambda}=(-1)^{\lambda+\mu}\Delta_{\lambda\mu}/\det A$ $(\lambda, \mu$ は和をとらない) を作ればこれが $A^{-1}$ の $\mu$ 行 $\lambda$ 列の要素である．

**問 1．** $V$ の元は $V^*$ から $\boldsymbol{R}$ への線型写像と考えられる．

**問 2．** $V^*$ の任意の基底は $V$ のある基底の双対基底である．

## § 3．テンソル

$V$ を $n$ 次元ベクトル空間，$V^*$ をその双対空間とする．$V^*$ の元は $V$ から $\boldsymbol{R}$ への線型写像であり，$V$ の元も同様に $V^*$ から $\boldsymbol{R}$ への線型写像と考えられる．この考えを一般化してテンソルの概念が得られる．直積集合

$$\underbrace{V^* \times \cdots \times V^*}_{r\text{ 個}} \times \underbrace{V \times \cdots \times V}_{s\text{ 個}}$$

から $\boldsymbol{R}$ への写像 $T$ は $(u_1, \cdots, u_r, x_1, \cdots, x_s)$ に実数 $T(u_1, \cdots, u_r, x_1, \cdots, x_s)$ を対応させるが，$u_1, \cdots, u_r, x_1, \cdots, x_s$ の任意の $r+s-1$ 個を固定したとき残りの1つのベクトルについて線型であれば**多重線型**といわれる．

**定義 3.1．** 多重線型写像

$$T:\ \underbrace{V^* \times \cdots \times V^*}_{r\text{ 個}} \times \underbrace{V \times \cdots \times V}_{s\text{ 個}} \to \boldsymbol{R}$$

を $(r, s)$ 次の**テンソル**，特に $(r, 0)$ 次，$(0, s)$ 次のテンソルをそれぞれ $r$ 次の反変テンソル，$s$ 次の共変テンソルという．

1次の反変テンソルは反変ベクトルであり，1次の共変テンソルは共変ベクトルである．便宜上，スケーラー（実数）を $(0, 0)$ 次のテンソルと考える．

$(r, s)$ 次の2つのテンソル $S, T$ は写像として等しければ等しいといい，$S=T$ で表わす．

以下では簡単のために，主に $(1, 2)$ 次のテンソルについて説明する．

$T$ を $(1, 2)$ 次のテンソルとすれば，それは

$$T:\ V^* \times V \times V \to \boldsymbol{R}$$

なる写像で，任意の $u, v \in V^*$, $x, y, z \in V$, $a, b \in \boldsymbol{R}$ について次の関係式を満足するものである.

$$T(au+bv, x, y) = aT(u, x, y) + bT(v, x, y),$$
$$T(u, ax+by, z) = aT(u, x, z) + bT(u, y, z),$$
$$T(u, x, ay+bz) = aT(u, x, y) + bT(u, x, z).$$

特に，任意の $(u, x, y)$ を $0 \in \boldsymbol{R}$ に写すようなテンソルを**零テンソル**といい，0 で表わす.

$\{e_\lambda\}$ を $V$ の一組の基底とし，$\{f^\lambda\}$ をその双対基底とすれば多重線型性によって

$$T(u, x, y) = T(u_\lambda f^\lambda, x^\mu e_\mu, y^\nu e_\nu)$$
$$= u_\lambda x^\mu y^\nu T(f^\lambda, e_\mu, e_\nu)$$

が成りたつ. したがって，テンソル $T$ は $n^3$ 個の実数 $T(f^\lambda, e_\mu, e_\nu) \in \boldsymbol{R}$ によって完全に決定する. これを

$$T^\lambda{}_{\mu\nu} = T(f^\lambda, e_\mu, e_\nu)$$

と書いてテンソル $T$ の基底 $\{e_\lambda\}$ に関する成分とよぶ.

**注意 1.** 任意の $r, s$ について $(r, s)$ 次の零テンソルが考えられるが，これらをすべて同じ記号 0 で表わす.

**注意 2.** $V \times V^* \times V$，または $V \times V \times V^*$ から $\boldsymbol{R}$ への多重線型写像も (1,2) 次のテンソルという. この場合，テンソルの成分を

$$T_\mu{}^\lambda{}_\nu = T(e_\mu, f^\lambda, e_\nu), \qquad T_{\mu\nu}{}^\lambda = T(e_\mu, e_\nu, f^\lambda)$$

のように書く. ここでは簡単のために $T^\lambda{}_{\mu\nu}$ の形のテンソルにかぎって話をするが，一般の場合も全く同様である.

定義から次の定理は明らかであろう.

**定理 3.1.** テンソル $S, T$ について，$S=T$ であるための必要十分条件はある一組の基底に関するそれらの成分が等しいことである. 特に，テンソル $T$ が零テンソルである条件は一組の基底に関する成分がすべて 0 なることである.

この定理によって，テンソルの相等を示すにはそのために都合のよい基底をとって証明すればよいことがわかる.

**定理 3.2.** $T^\lambda{}_{\mu\nu}$ を与えられた $n^3$ 個の実数とするとき，与えられた基底 $\{e_\lambda\}$ に関して $T^\lambda{}_{\mu\nu}$ を成分にもつようなテンソルが存在する.

**証明.** $\{f_\lambda\}$ を双対基底として，$T$: $V^*\times V\times V\to \boldsymbol{R}$ を

$$T(u_\lambda f^\lambda, x^\mu e_\mu, y^\nu e_\nu)=u_\lambda x^\mu y^\nu T^\lambda{}_{\mu\nu}$$

によって定義すれば $T$ は多重線型となるからテンソルであり，しかもその成分は $T^\lambda{}_{\mu\nu}$ である. (証明終)

$(r,s)$ 次のテンソル $T$ は $n^{r+s}$ 個の実数

$$T(f^\alpha,\cdots,f^\beta,e_\lambda,\cdots,e_\mu)=T^{\alpha\cdots\beta}{}_{\lambda\cdots\mu}$$

により完全にきまる. これらを $T$ の $\{e_\lambda\}$ に関する成分とよぶのであるが，これを

$$T(f^{\alpha_1},\cdots,f^{\alpha_r},e_{\lambda_1},\cdots,e_{\lambda_s})=T^{\alpha_1\cdots\alpha_r}{}_{\lambda_1\cdots\lambda_s}$$

のように書けば，添字の数が一見してわかって便利である. $\alpha_1,\cdots,\alpha_r$ のように右上にある添字を $T$ の反変添字，$\lambda_1,\cdots,\lambda_s$ のように右下にある添字を共変添字という.

次に基底の変換

$$\bar{e}_\lambda=a_\lambda{}^\mu e_\mu$$

によってひきおこされるテンソルの成分の変換法則を求めよう. 双対基底を $\{f^\lambda\}$, $\{\bar{f}^\lambda\}$ とすれば

$$\bar{f}^\lambda=b_\mu{}^\lambda f^\mu$$

の関係があった. ここに，$B=(b_\mu{}^\lambda)=A^{-1}$ であるから，

$$b_\alpha{}^\mu a_\lambda{}^\alpha=\delta_\lambda{}^\mu,\qquad a_\alpha{}^\mu b_\lambda{}^\alpha=\delta_\lambda{}^\mu \tag{3.1}$$

が成りたっている. $T$ を $(1,2)$ 次のテンソルとすれば

$$\begin{aligned}\overline{T}^\lambda{}_{\mu\nu}&=T(\bar{f}^\lambda,\bar{e}_\mu,\bar{e}_\nu)=T(b_\alpha{}^\lambda f^\alpha, a_\mu{}^\beta e_\beta, a_\nu{}^\gamma e_\gamma)\\&=b_\alpha{}^\lambda a_\mu{}^\beta a_\nu{}^\gamma T(f^\alpha,e_\beta,e_\gamma),\end{aligned}$$

すなわち

$$\overline{T}^\lambda{}_{\mu\nu}=b_\alpha{}^\lambda a_\mu{}^\beta a_\nu{}^\gamma T^\alpha{}_{\beta\gamma}. \tag{3.2}$$

この式はまた (3.1) によって

$$a_\alpha{}^\lambda\overline{T}^\alpha{}_{\mu\nu}=a_\mu{}^\beta a_\nu{}^\gamma T^\lambda{}_{\beta\gamma} \tag{3.3}$$

と同値であることがわかる.

一般にテンソルの成分はその反変添字については反変ベクトルと，共変添字については共変ベクトルと同じ変換法則で変換する.

**注意 3.** (3.3) 式において，左右両辺共 $\lambda, \mu, \nu$ は和をとらないでいる．このようにテンソルの式では和をとっていない添字は，それらが上にあるか，下にあるかまでふくめて，左右両辺で一致している.

テンソルの成分は基底の変換によって (3.2) の変換をうけることがわかった．逆にあたる次の定理を証明しよう.

**定理 3.3.** 各基底 $\{e_\lambda\}$ に対して $n^3$ 個の実数 $T^\lambda{}_{\mu\nu}$ が与えられていて，それらが基底の変換において (3.2) の関係を常に満足していれば，$T^\lambda{}_{\mu\nu}$ は1つのテンソルの成分である.

**証明.** $u\in V^*$, $x, y\in V$ を任意とすると，それらの成分は基底の変換で

$$u_\alpha=b_\alpha{}^\lambda\bar{u}_\lambda, \qquad x^\beta=a_\mu{}^\beta\bar{x}^\mu, \qquad y^\gamma=a_\nu{}^\gamma\bar{y}^\nu$$

の関係があった．(3.2) によって

$$\begin{aligned}\bar{u}_\lambda\bar{x}^\mu\bar{y}^\nu\bar{T}^\lambda{}_{\mu\nu}&=\bar{u}_\lambda\bar{x}^\mu\bar{y}^\nu b_\alpha{}^\lambda a_\mu{}^\beta a_\nu{}^\gamma T^\alpha{}_{\beta\gamma}\\&=u_\alpha x^\beta y^\gamma T^\alpha{}_{\beta\gamma}\end{aligned}$$

が成りたつから

$$T(u, x, y)=u_\alpha x^\beta y^\gamma T^\alpha{}_{\beta\gamma}$$

によって $T$ を定義すれば，$T$ は基底 $\{e_\lambda\}$ のとり方に無関係に定まり，しかも $V^*\times V\times V\to \boldsymbol{R}$ の多重線型写像であるからテンソルである.　(証明終)

**例.** 各基底について $n^2$ 個の実数 $\delta_\lambda{}^\mu$ (クロネッカーのデルタ) を考える. $a_\alpha{}^\mu\delta_\lambda{}^\alpha=a_\lambda{}^\mu=\delta_\alpha{}^\mu a_\lambda{}^\alpha$ が成りたち，これは (3.3) の形であるから，$\delta_\lambda{}^\mu$ は1つの (1,1) 次のテンソルの成分である．このテンソルを**基本単位テンソル，**またはクロネッカーのデルタといい，テンソル $\delta_\lambda{}^\mu$ と表わす.

**注意 4.** テンソル $T$ は一組の基底 $\{e_\lambda\}$ に関する成分 $T^\lambda{}_{\mu\nu}$ が与えられれば決定するから，テンソル $T$ という代りにテンソル $T^\lambda{}_{\mu\nu}$ ということが多い．$\{e_\lambda\}$ に関する成分が $T^\lambda{}_{\mu\nu}$ のテンソルというべきところを基底 $\{e_\lambda\}$ を省略していうわけである．反変ベクトル $x^\lambda$, 共変ベクトル $u_\lambda$ ということがあるが同様の意味である.

**定義 3.2.** $s$ 次の共変テンソル $T$ は1つの基底に関する成分が

(3.4)　$$T_{\lambda_1\cdots\lambda_i\cdots\lambda_j\cdots\lambda_s}=T_{\lambda_1\cdots\lambda_j\cdots\lambda_i\cdots\lambda_s},$$

(3.5)　$$T_{\lambda_1\cdots\lambda_i\cdots\lambda_j\cdots\lambda_s}=-T_{\lambda_1\cdots\lambda_j\cdots\lambda_i\cdots\lambda_s}$$

を満足するならば，添字 $\lambda_i$，$\lambda_j$ についてそれぞれ**対称**，**交代**であるという．もし任意の2つの添字について対称(交代)であれば $T$ を対称(交代)テンソルという．

このような定義が基底のとり方に無関係であることは (3.4),(3.5) が

$$T(x_1,\cdots,x_i,\cdots,x_j,\cdots,x_s)=\pm T(x_1,\cdots,x_j,\cdots,x_i,\cdots,x_s)$$
$$x_1,\cdots,x_s\in V$$

と同値であることからわかる．

**定理 3.4.** 2次の共変テンソル $T$ は，任意の $x\in V$ について $T(x,x)=0$，を満足すれば交代である．

**証明.** 任意の $x,y\in V$ について

$$0=T(x+y,x+y)=T(x,x)+T(x,y)+T(y,x)+T(y,y).$$
$$\therefore\quad T(x,y)=-T(y,x).$$
(証明終)

次に3章で必要な次の定理を証明しておく．

**定理 3.5.** $R$ は4次の共変テンソルで，任意の $x,y,z,u\in V$ について

(3.6)　$$R(x,y,z,u)=-R(y,x,z,u),$$

(3.7)　$$R(x,y,z,u)=R(z,u,x,y),$$

(3.8)　$$R(x,y,z,u)+R(y,z,x,u)+R(z,x,y,u)=0$$

を満足するとする．このとき，1次独立な任意の $x,y\in V$ について

(3.9)　$$R(x,y,x,y)=0$$

が成りたてば，$R$ は実は零テンソルである．

**証明.** $x\neq 0$ を任意に1つきめておいて

$$S(y,u)=R(x,y,x,u)$$

とおけば，$S$ は2次の共変テンソルで，(3.9) から

(3.10)　$$S(y,y)=0$$

が $x$ と1次独立な任意の $y$ について成りたつ．$y$ が $x$ と1次従属であれば $y=ax$ となる実数 $a$ があるから

$$S(y, y)=a^2R(x, x, x, x)=0 \qquad \because \ (3.6)$$

となる．したがって，(3.10) は任意の $y$ について成りたつ．これから前定理によって $S$ は交代となるから

$$R(x, y, x, u)+R(x, u, x, y)=0. \tag{3.11}$$

この式は任意の $x$ に対して得られたから，$x$ の代りに $x+z$ を代入して $R$ の多重線型性と (3.11) を使えば

$$R(x, y, z, u)+R(z, y, x, u)+R(x, u, z, y)+R(z, u, x, y)=0.$$

ゆえに (3.6), (3.7) によって

$$R(x, y, z, u)=R(y, z, x, u)$$

となる．ここで $x\to y\to z\to x$ の交換をすると

$$R(y, z, x, u)=R(z, x, y, u).$$

これら両式を (3.8) に代入して $R(x, y, z, u)=0$ を得る． (証明終)

定理 3.5 をテンソルの成分を使って書き直しておく．

**定理 3.5′．** 共変テンソル $R_{\lambda\mu\nu\omega}$ は

$$R_{\lambda\mu\nu\omega}=-R_{\mu\lambda\nu\omega}, \qquad R_{\lambda\mu\nu\omega}=R_{\nu\omega\lambda\mu},$$
$$R_{\lambda\mu\nu\omega}+R_{\mu\nu\lambda\omega}+R_{\nu\lambda\mu\omega}=0$$

を満足するとする．このとき，任意の 1 次独立なベクトル $x^\lambda, y^\lambda$ について常に

$$R_{\lambda\mu\nu\omega}x^\lambda y^\mu x^\nu y^\omega=0$$

が成りたてば $R_{\lambda\mu\nu\omega}=0$ である．

次に，同じ次数のテンソルの全体はベクトル空間を作ることを示そう．

(1,2) 次のテンソル $T$ に対して

$$U\colon (u, x, y)\to aT(u, x, y)$$

なる (1,2) 次のテンソル $U$ を $T$ の $a$ 倍という．$U$ の成分は，$U^\lambda{}_{\alpha\beta}=U(f^\lambda, e_\alpha, e_\beta)=aT(f^\lambda, e_\alpha, e_\beta)=aT^\lambda{}_{\alpha\beta}$ である．この $U$ を $aT$ で表わそう．(1,2) 次のテンソル $S, T$ に対して，

$$U(u, x, y)=S(u, x, y)+T(u, x, y)$$

によって $U$ を定義すれば，$U$ も (1,2) 次のテンソルである．これを $S$ と $T$ との和といい $U=S+T$ と書く．$U$ の成分は $U^\lambda{}_{\alpha\beta}=S^\lambda{}_{\alpha\beta}+T^\lambda{}_{\alpha\beta}$ である．

同様に，$(r,s)$ 次のテンソルに対してもスケーラー倍，和が定義できる．$(r,s)$ 次のテンソル全体の集合を $T_s{}^r(V)$，または $T_s{}^r$ で表わし，ベクトル空間 $V$ に付随した**テンソル空間**とよぶ．明らかに

**定理 3.6.** テンソル空間 $T_s{}^r$ は $n^{r+s}$ 次元ベクトル空間である．

**注意 5.** $(1,2)$ 次のテンソルについて，$V^*\times V\times V\to\boldsymbol{R}$ のテンソルが作るテンソル空間 $T_2{}^1$ と，$V\times V^*\times V\to\boldsymbol{R}$ のテンソルが作る $T_2{}^1$ とは異なると考える．

テンソルについては和，スケーラー倍以外に次に述べるような新しい演算が定義される．

2つのテンソル，たとえば $(1,1)$ 次のテンソル $T$ と，1次の反変ベクトル $S$ について

$$U(u,x,v)=T(u,x)S(v) \qquad u,v\in V^*,x\in V$$

によって $U$ を定めれば，$U$ は

$$V^*\times V\times V^*\to\boldsymbol{R}$$

なる $(2,1)$ 次のテンソルで，その成分は

$$U^\lambda{}_\alpha{}^\mu=T^\lambda{}_\alpha S^\mu$$

で与えられる．この $U$ を $T$ と $S$ との**積**といい，$U=TS$ で表わす．一般に，$(r,s)$ 次のテンソルと，$(r',s')$ 次のテンソルの積は $(r+r',s+s')$ 次のテンソルである．

次に**縮約**といわれる演算を $(2,2)$ 次のテンソル $T$ について説明する．$T$ の成分 $T^{\lambda\mu}{}_{\alpha\beta}$ から

$$S^\mu{}_\beta=T^{\lambda\mu}{}_{\lambda\beta}$$

なる $n^2$ 個の実数 $S^\mu{}_\beta$ を各基底ごとに作ってみよう．このとき，テンソルの成分の変換法則 (3.2) によって

$$\begin{aligned}\bar{S}^\mu{}_\beta=\bar{T}^{\lambda\mu}{}_{\lambda\beta}&=b_\nu{}^\lambda b_\omega{}^\mu a_\lambda{}^\gamma a_\beta{}^\delta T^{\nu\omega}{}_{\gamma\delta}\\&=(b_\nu{}^\lambda a_\lambda{}^\gamma)b_\omega{}^\mu a_\beta{}^\delta T^{\nu\omega}{}_{\gamma\delta}=\delta_\nu{}^\gamma b_\omega{}^\mu a_\beta{}^\delta T^{\nu\omega}{}_{\gamma\delta}\\&=b_\omega{}^\mu a_\beta{}^\delta T^{\nu\omega}{}_{\nu\delta}=b_\omega{}^\mu a_\beta{}^\delta S^\omega{}_\delta\end{aligned}$$

となる．したがって，定理3.3から $S^\mu{}_\beta$ は $(1,1)$ 次のテンソルの成分であることがわかる．

このようにテンソルの成分の1つの反変添字と，1つの共変添字を等しいとおいて，それらについて和をとることによって新しいテンソルを作ることが出来る．この演算を縮約という．縮約によって $(r,s)$ 次のテンソルから $(r-1, s-1)$ 次のテンソルが得られる．縮約は任意の反変添字と，任意の共変添字とについて定義されるから，添字が上下にある限り何回でも縮約を続けることが出来る．たとえば $T_{\lambda\mu}{}^{\nu\omega\rho}$ から，

$$T_{\lambda\mu}{}^{\lambda\omega\rho},\ T_{\lambda\mu}{}^{\nu\lambda\rho},\ T_{\lambda\mu}{}^{\nu\omega\lambda},\ T_{\lambda\mu}{}^{\mu\omega\rho},\ T_{\lambda\mu}{}^{\nu\mu\rho},\ T_{\lambda\mu}{}^{\nu\omega\mu}$$

のように6個の $(2,1)$ 次のテンソルが得られ，これらをさらに縮約することによって 12 個の $(1,0)$ 次のテンソルを作ることが出来る．

特に，$(1,1)$ 次のテンソル $T$ を考えれば，その成分 $T^{\lambda}{}_{\mu}$ は $\boldsymbol{n}\times\boldsymbol{n}$ 行列の要素と考えられるから，縮約によって行列 $T=(T^{\lambda}{}_{\mu})$ の対角要素の和 $T^{\lambda}{}_{\lambda}$ が得られる．$T^{\lambda}{}_{\lambda}$ は $(0,0)$ 次のテンソル，すなわちスケーラーであるから基底のとり方に無関係に定まる量であることを注意しておこう．また，ベクトル $\boldsymbol{x}^{\lambda}$ と共変ベクトル $\boldsymbol{u}_{\mu}$ とから積 $\boldsymbol{x}^{\lambda}\boldsymbol{u}_{\mu}$ を作り，次に縮約をすれば内積 $\boldsymbol{x}^{\lambda}\boldsymbol{u}_{\lambda}=\langle u, x\rangle$ が得られる．

テンソル解析ではテンソル $T$ と $S$ との積を作り，次に $T$ の添字と $S$ の添字とについて縮約をすることが非常に多いのでこのような演算を**積和**ということにする．たとえば，$T_{\lambda}{}^{\mu\alpha}S_{\alpha\nu}$ は $T_{\lambda}{}^{\mu\alpha}$ と $S_{\alpha\nu}$ との積和，$T_{\lambda}{}^{\mu\nu}S_{\mu\nu}$ は $T_{\lambda}{}^{\mu\nu}$ と $S_{\mu\nu}$ との積和である．

**定理 3.7.（テンソルの商法則）** 基底ごとに $\boldsymbol{n}^3$ 個の実数 $S^{\lambda}{}_{\mu\nu}$ が与えられていて，任意のテンソル $T^{\lambda\mu}$ について

$$S^{\lambda}{}_{\mu\nu}T^{\mu\rho}=U^{\lambda}{}_{\nu}{}^{\rho}$$

が常にテンソルであれば，$S^{\lambda}{}_{\mu\nu}$ はテンソル(の成分)である．

**証明．** 基底の変換 $\bar{e}_{\lambda}=a_{\lambda}{}^{\mu}e_{\mu}$ によって $\overline{T}^{\mu\rho}=b_{\alpha}{}^{\mu}b_{\beta}{}^{\rho}T^{\alpha\beta}$ であるから

$$\overline{U}^{\lambda}{}_{\nu}{}^{\rho}=\overline{S}^{\lambda}{}_{\mu\nu}\overline{T}^{\mu\rho}=\overline{S}^{\lambda}{}_{\mu\nu}b_{\alpha}{}^{\mu}b_{\beta}{}^{\rho}T^{\alpha\beta}.$$

一方，$U$ はテンソルであるから

$$\overline{U}^{\lambda}{}_{\nu}{}^{\rho}=b_{\gamma}{}^{\lambda}a_{\nu}{}^{\varepsilon}b_{\beta}{}^{\rho}U^{\gamma}{}_{\varepsilon}{}^{\beta}=b_{\gamma}{}^{\lambda}a_{\nu}{}^{\varepsilon}b_{\beta}{}^{\rho}S^{\gamma}{}_{\alpha\varepsilon}T^{\alpha\beta}.$$

両式をくらべて

$$(\bar{S}^{\lambda}{}_{\mu\nu}b_{\alpha}{}^{\mu}-b_{\gamma}{}^{\lambda}a_{\nu}{}^{\varepsilon}S^{\gamma}{}_{\alpha\varepsilon})b_{\beta}{}^{\rho}T^{\alpha\beta}=0.$$

しかるに $B=(b_{\beta}{}^{\rho})$ は正則であるから上の式で $b_{\beta}{}^{\rho}$ の係数は0となり，さらに $T^{\alpha\beta}$ は任意であるからその係数も0となって

$$\bar{S}^{\lambda}{}_{\mu\nu}b_{\alpha}{}^{\mu}=b_{\gamma}{}^{\lambda}a_{\nu}{}^{\varepsilon}S^{\gamma}{}_{\alpha\varepsilon},$$

$$\bar{S}^{\lambda}{}_{\mu\nu}=b_{\gamma}{}^{\lambda}a_{\mu}{}^{\alpha}a_{\nu}{}^{\beta}S^{\gamma}{}_{\alpha\beta}$$

が得られる．したがって，定理3.3によって $S$ はテンソルである．（証明終）

最後にテンソルの微積分について2次の共変テンソルを例として説明する．

$S(t)$，$-a<t<a$，を各 $t$ について2次の共変テンソルとし，$\{e_{\lambda}\}$ に関する成分 $S(t)_{\lambda\mu}$ が $t$ について連続とする．基底の変換 $\bar{e}_{\lambda}=a_{\lambda}{}^{\mu}e_{\mu}$ によって $S(t)$ の成分は

$$\bar{S}(t)_{\lambda\mu}=a_{\lambda}{}^{\alpha}a_{\mu}{}^{\beta}S(t)_{\alpha\beta}$$

の変換をするから $\bar{S}(t)_{\lambda\mu}$ も $t$ について連続である．したがって，テンソルの成分の連続性は基底のえらび方に無関係である．このような $S(t)$ を $t$ について連続であるという．

いま，$S_{\lambda\mu}$ を $S_{\lambda\mu}=\int_0^c S(t)_{\lambda\mu}dt$ によって定義すれば

$$\bar{S}_{\lambda\mu}=\int_0^c \bar{S}(t)_{\lambda\mu}dt=\int_0^c a_{\lambda}{}^{\alpha}a_{\mu}{}^{\beta}S(t)_{\alpha\beta}dt$$

$$=a_{\lambda}{}^{\alpha}a_{\mu}{}^{\beta}\int_0^c S(t)_{\alpha\beta}dt=a_{\lambda}{}^{\alpha}a_{\mu}{}^{\beta}S_{\alpha\beta}$$

が成りたつ．これから定理3.3によって，$S_{\lambda\mu}$ は1つの2次の共変テンソルの成分であることがわかる．このテンソルを $S=\int_0^c S(t)dt$ と表わし，$S(t)$ の**積分**とよべば次の定理が得られた．

**定理 3.8.** $S(t)$ を $t$ について連続な $(r,s)$ 次のテンソルの集りとすれば，その積分も $(r,s)$ 次のテンソルである．

次に，$S(t)_{\lambda\mu}$ を $t$ について微分可能とすれば，$\bar{S}(t)_{\lambda\mu}$ もそうであるから，この性質も基底のとり方に無関係に意味をもつ．この場合 $S(t)$ は微分可能であるという．そのような $S(t)$ に対して

$$S_{\lambda\mu}=\left(\frac{dS(t)_{\lambda\mu}}{dt}\right)_{t=c}$$

とおけば，$\bar{S}_{\lambda\mu}=a_\lambda{}^\alpha a_\mu{}^\beta S_{\alpha\beta}$ が成りたつから，やはりテンソルであることがわかる．このテンソルを

$$\left(\frac{d}{dt}S(t)\right)_{t=c}$$

で表わし，$t=c$ での**微分商**という．一般に

**定理 3.9.** $S(t)$ を微分可能な $(r,s)$ 次のテンソルの集りとすれば，その微分商も$(r,s)$ 次のテンソルである．

**問 1.** $\delta_{\lambda\mu}=\delta^{\lambda\mu}=1$, $(\lambda=\mu$ のとき$)$, $=0$, $(\lambda\neq\mu$ のとき$)$ もクロネッカーのデルタという．どの基底に関する成分も常に $\delta^{\lambda\mu}$ であるという 2 次の反変テンソルは存在しない．

**問 2.** $(1,1)$ 次のテンソルは $V\to V$, および $V^*\to V^*$ の線型写像と考えられる．

**問 3.** $\phi$: $V\to U$ を線型写像，$x(t)$ を $V$ の微分可能なベクトルの集りとするとき，

$$\phi\left(\frac{d}{dt}x(t)\right)=\frac{d}{dt}\phi(x(t)).$$

## § 4. ユークリッド・ベクトル空間

今まで考えてきたベクトル空間 $V$ ではベクトルの長さや，2つのベクトルのなす角を考えていなかった．それはそれらを測る物指しを指定していなかったからである．この節では物指しをもつベクトル空間を扱う．

**定義 4.1.** 2 次の対称共変テンソル $g$ は任意の $x\in V$ について

$$x\neq 0 \Rightarrow g(x,x)>0$$

ならば**正定値**という．同様に，2 次の対称共変テンソル $\boldsymbol{h}$ は

$$x\neq 0 \Rightarrow h(x,x)<0$$

ならば**負定値**という．

$V$ の任意の基底 $\{e_\lambda\}$ に関する $g$ の成分を

$$g_{\lambda\mu}=g(e_\lambda, e_\mu)$$

とすれば対称性によって

$$g_{\lambda\mu}=g_{\mu\lambda}$$

である．正定値ということを成分を使って表わせば，

任意の $\boldsymbol{n}$ 個の実数 $x^1,\cdots,x^n$ について，$g_{\lambda\mu}x^\lambda x^\mu\geqq 0$ が成りたち，等号は $x^1$

$=\cdots=x^n=0$ のときにかぎる

となる．

正定値(負定値)ならば行列 $G=(g_{\lambda\mu})$ の行列式 $\mathfrak{g}=\det G$ は0ではない，すなわち行列 $G$ は正則である．それは $g_{\lambda\mu}x^\lambda=0$ なる $x^\lambda$ があるとすれば $g_{\lambda\mu}x^\lambda x^\mu=0$ から $x^1=\cdots=x^n=0$ となるからである．

**定義 4.2.** $V$ に正定値な2次の対称共変テンソル $g$ が与えられたとき，$V$ と $g$ との組を $g$ を**計量テンソル**とする**ユークリッド・ベクトル空間**といい，$\{V, g\}$ で表わす．

特に断わらなければ計量テンソルを常に $g$ と書いて $V$ によって $\{V, g\}$ を意味することにする．この節ではそのようなユークリッド・ベクトル空間 $V$ を考える．$g(x, y)$ を

$$\langle x, y\rangle=g(x, y), \qquad x, y\in V,$$

と書いてこれを $x$ と $y$ との内積とよぶ．この記号を使えば定義 4.1 の条件は

$$\langle x, y\rangle=\langle y, x\rangle\in \boldsymbol{R}, \tag{4.1}$$

$$\langle x+y, z\rangle=\langle x, z\rangle+\langle y, z\rangle, \tag{4.2}$$

$$\langle ax, y\rangle=a\langle x, y\rangle, \tag{4.3}$$

$$x\neq 0 \Rightarrow \langle x, x\rangle>0 \tag{4.4}$$

と表わすことが出来る．

$x\in V$ に対して $\|x\|^2=\langle x, x\rangle$, $\|x\|\geqq 0$ なる実数 $\|x\|$ が定まるから，これをベクトル $x$ の**長さ**という．特に，長さ1のベクトルを**単位ベクトル**とよぶ．

ベクトル $x, y$ について実変数 $t$ に関する2次式

$$\begin{aligned} f(t)&=\langle tx+y, tx+y\rangle \\ &=t^2\langle x, x\rangle+2t\langle x, y\rangle+\langle y, y\rangle\geqq 0 \end{aligned}$$

の判別式を考えることにより次の公式が得られる．

$$|\langle x, y\rangle|\leqq\|x\|\|y\| \qquad \text{（シュバルツの不等式）.}$$

したがって，$x\neq 0$, $y\neq 0$ ならば

$$\cos\theta=\frac{\langle x, y\rangle}{\|x\|\|y\|}, \qquad 0\leqq\theta\leqq\pi$$

なる実数 $\theta$ が一意に定まる．これを $x$ と $y$ とのなす**角**といい，特に $\theta=\pi/2$ ならば $x$ と $y$ とは垂直，または直交するという．

**定義 4.3.** $k(\leqq n)$ 個のベクトル $e_1,\cdots,e_k$ は互に直交しているとき**直交系**をなすといい．$e_1,\cdots,e_k$ の各々が単位ベクトルであるような直交系を**正規直交系**という．特に，$k=n$ であるとき直交系は $V$ の基底となるから，**直交基底，正規直交基底**という．

正規直交系の存在は次のようにして示される（**シュミットの直交化**）．$a_1,\cdots,a_k$ を任意の1次独立なベクトルとして $p=1,\cdots,k$ について帰納的に

$$e_1=\frac{a_1}{\|a_1\|},\qquad e_p=\frac{a_p-\sum_{i=1}^{p-1}\langle a_p,e_i\rangle e_i}{\left\|a_p-\sum_{i=1}^{p-1}\langle a_p,e_i\rangle e_i\right\|}$$

によって $e_1,\cdots,e_k$ を定義すればよい．

さて正規直交基底は存在するからその一組を $e_1,\cdots,e_n$ とすれば

$$\langle e_\lambda,e_\mu\rangle=\delta_{\lambda\mu}$$

が成りたつ．したがって，計量テンソル $g$ の正規直交基底に関する成分は $\delta_{\lambda\mu}$ であり，このとき内積，ベクトルの長さの平方はそれぞれ

$$\langle x,y\rangle=x^1y^1+\cdots+x^ny^n,$$

$$\|x\|^2=(x^1)^2+\cdots+(x^n)^2$$

で与えられる．

次に，ベクトル空間からはなれて，行列についての2,3の性質を思い出しておこう．

$n$ 次の正方行列 $A=(a_\mu{}^\lambda)$，$\lambda$ は行，$\mu$ は列，の転置行列 ${}^tA$ とは $A$ の行と列とを交換した行列であるから，

$${}^tA=(b_\mu{}^\lambda),\qquad b_\mu{}^\lambda=a_\lambda{}^\mu$$

で与えられる．もし，${}^tA=A^{-1}$ ならば $A$ は $n$ 次の直交行列といわれる．したがって，$A$ が直交行列であるための条件は

$$(4.5)\qquad A{}^tA=I,\qquad \sum_{\mu=1}^{n}a_\mu{}^\lambda a_\mu{}^\nu=\delta^{\lambda\nu},$$

(4.6)　$$ {}^tAA=I, \qquad \sum_{\mu=1}^{n} a_\lambda{}^\mu a_\nu{}^\mu=\delta_{\lambda\nu}$$

の各々で，(4.5) と (4.6) とは互に同値である．$n$ 次の直交行列の全体を$O(n)$とすれば，行列の積を演算として $O(n)$ は群となる．すなわち，群の公理系 $A(BC)=(AB)C$, $AI=IA=A$, $AA^{-1}=A^{-1}A=I$ ($n$ 次の単位行列) を満足する．$O(n)$ を $n$ 次の直交群という．

再びベクトル空間にもどって，2つのユークリッド・ベクトル空間 $\{V, g\}$, $\{V', g'\}$ を考える．

**定義 4.4.** 線型写像 $\phi$:　$V\to V'$ が任意の $x$ について $\|x\|=\|\phi(x)\|$ を満足するならば $\phi$ を**直交写像**，特に $V=V'$, $g=g'$ のとき $\phi$ を $V$ の**直交変換**とよぶ．

$V$ の直交変換の全体 $O(V)$ が，変換の合成を演算として，群を作ることは容易に確かめられ，これを $V$ の直交変換群という．

$\phi$ を直交変換とすれば，任意の $x, y\in V$ について

$$\|\phi(x+y)\|^2=\langle\phi(x+y), \phi(x+y)\rangle=\|x+y\|^2$$
$$=\langle x+y, x+y\rangle$$

であるが，$\phi$ と $\langle\,,\,\rangle$ の線型性とによって

$$\|\phi(x)\|^2+2\langle\phi(x), \phi(y)\rangle+\|\phi(y)\|^2$$
$$=\|x\|^2+2\langle x, y\rangle+\|y\|^2.$$

これから

(4.7)　$$\langle\phi(x), \phi(y)\rangle=\langle x, y\rangle.$$

したがって，直交変換によって内積，および角が不変であることがわかる．

いま，$\{e_\lambda\}$ を任意の正規直交基底とし，$\phi(e_\lambda)\in V$ の $\{e_\lambda\}$ に関する成分を $a_\lambda{}^\mu$ とすれば

(4.8)　$$\phi(e_\lambda)=a_\lambda{}^\mu e_\mu.$$

(4.7) によって

$$\delta_{\mu\nu}=\langle e_\mu, e_\nu\rangle=\langle\phi(e_\mu), \phi(e_\nu)\rangle$$
$$=\langle a_\mu{}^\alpha e_\alpha, a_\nu{}^\beta e_\beta\rangle=a_\mu{}^\alpha a_\nu{}^\beta\langle e_\alpha, e_\beta\rangle$$

$$=a_\mu{}^\alpha a_\nu{}^\beta \delta_{\alpha\beta}=\sum_{\alpha=1}^{n} a_\mu{}^\alpha a_\nu{}^\alpha$$

となるから，${}^tAA=I$，すなわち行列 $A=(a_\mu{}^\alpha)$ は直交行列である．

逆に，直交行列 $A$ が与えられたとき (4.8) によって $\phi(e_\lambda)$ を，次に $\phi(x)=\phi(x^\lambda e_\lambda)=x^\lambda\phi(e_\lambda)$ によって $\phi$ を定義すれば，$\phi$ は直交変換となる．

これから $O(n)$ と $O(V)$ との間に1対1対応があることがわかる．さらに，直交変換 $\phi, \psi$ に対応する直交行列を $A, B$ とすれば，直交変換 $\phi\circ\psi$ には直交行列 $AB$ が対応するから

**定理 4.1.** $n$ 次元ユークリッド・ベクトル空間 $V$ の直交変換群 $O(V)$ は $n$ 次の直交群 $O(n)$ と同型である．

$\{e_\lambda\}$，$\{\bar{e}_\lambda\}$ をそれぞれ $V$ の任意の正規直交基底とする．$\phi$ を $\phi(e_\lambda)=\bar{e}_\lambda$，$\phi(x)=\phi(x^\lambda e_\lambda)=x^\lambda\bar{e}_\lambda$ によって定義すれば

$$\|x\|^2=(x^1)^2+\cdots+(x^n)^2=\|\phi(x)\|^2$$

となるから，$\phi$ は直交変換である．したがって，

**定理 4.2.** 任意の正規直交基底を任意の正規直交基底に移すような直交変換が存在する．

次に計量テンソルによってベクトル，テンソルの成分の添字を上げ下げする演算を説明する．

$e_1, \cdots, e_n$ をユークリッド・ベクトル空間 $V$ の任意の基底とすると，$g_{\lambda\mu}=\langle e_\lambda, e_\mu\rangle$ を要素とする $n\times n$ 行列 $G=(g_{\lambda\mu})$ は正則であった．すなわち，

$$\mathfrak{g}=\det G$$

と書くことにすれば $\mathfrak{g}\neq 0$ である．したがって，逆行列 $G^{-1}$ が存在するからこれを

$$G^{-1}=(g^{\lambda\mu})$$

とする．

$$g_{\lambda\mu}g^{\mu\nu}=\delta_\lambda{}^\nu, \qquad g^{\lambda\mu}g_{\mu\nu}=\delta_\nu{}^\lambda$$

が成りたつ．この式を利用すれば $g^{\lambda\mu}$ が2次の反変テンソルであることがわかり，さらに $g$ が対称であるから

$$g^{\lambda\mu}=g^{\mu\lambda}$$

も成りたつ.

いま $V$ からその双対空間 $V^*$ への次のような対応を考えよう.

$$\phi:\ V\to V^*,$$
$$x=x^\lambda e_\lambda\to\phi(x)=(g_{\lambda\mu}x^\mu)f^\lambda,$$

ここに $\{f^\lambda\}$ は基底 $\{e_\lambda\}$ の双対基底である. $\phi$ は一応基底 $\{e_\lambda\}$ に関して定義されているが, 実は基底のとり方に無関係に定まることが容易に示される.

このように定義された $\phi$ は $V^*$ の上への1対1対応である. それは $\phi$ の逆対応

$$\phi^{-1}:\ V^*\to V$$
$$y=y_\lambda f^\lambda\to\phi^{-1}(y)=(g^{\lambda\mu}y_\mu)e_\lambda$$

が存在するからである.

$x=x^\lambda e_\lambda$ に対して

(4.9) $$x_\mu=g_{\mu\lambda}x^\lambda$$

によって $n$ 個の実数 $x_\mu$ を定義すれば $\phi(x)=x_\mu f^\mu$ となる. また (4.9) を $x^\lambda$ について解けば

(4.10) $$x^\lambda=g^{\lambda\mu}x_\mu$$

が得られる.

さて, $V$ の元 $x$ は, 基底 $\{e_\lambda\}$ をきめておけば, それに関する成分 $x^\lambda$ により決定されるが, $\phi$ が1対1であるから $\phi(x)$ の成分 $x_\mu$ によっても完全に決定される. この意味で $x_\mu$ を $x$ の $\{e_\lambda\}$ に関する**共変成分**といい, これに対して $x^\lambda$ を $x$ の $\{e_\lambda\}$ に関する**反変成分**という. 同様に, $V^*$ の元 $u=u_\lambda f^\lambda$ について $u_\lambda$ をその共変成分, $u^\lambda=g^{\lambda\mu}u_\mu$ を反変成分とよぶ. ユークリッド・ベクトル空間に対しては, 計量テンソルによって $V$ と $V^*$ との間に同型対応 $\phi$ が1つ指定されたから, これによって対応する元 $x^\lambda e_\lambda$, $x_\lambda f^\lambda$ を同一視して $x_\lambda$, $x^\lambda$ を共に $x$ の成分というわけである.

**定理 4.3.** 基底 $\{e_\lambda\}$ に関する計量テンソルの成分を $g_{\lambda\mu}$, $g^{\lambda\mu}$ とし, $x_i=x_i{}^\lambda e_\lambda$, $i=1,\cdots,n$, を正規直交基底とすれば

(i) $x_{i\mu}=g_{\lambda\mu}x_i{}^\lambda$ を要素とする行列 $(x_{i\mu})$ は行列 $(x_i{}^\lambda)$ の逆行列である.

(ii) $$g_{\lambda\mu}=\sum_{i=1}^n x_{i\lambda}x_{i\mu}, \qquad g^{\lambda\mu}=\sum_{i=1}^n x_i{}^\lambda x_i{}^\mu.$$

**証明.** (i) $\delta_{ij}=\langle x_i, x_j\rangle=\langle x_i{}^\lambda e_\lambda, x_j{}^\mu e_\mu\rangle=g_{\lambda\mu}x_i{}^\lambda x_j{}^\mu=x_{i\mu}x_j{}^\mu$. したがって, $(x_{i\mu})$ は $(x_j{}^\mu)$ の逆行列である. これから逆行列の一意性によって $\sum_{i=1}^n x_i{}^\lambda x_{i\mu}=\delta_\mu{}^\lambda$ も成りたつことがわかる.

(ii) $\delta_{ij}=g_{\lambda\mu}x_i{}^\lambda x_j{}^\mu$ の両辺に $x_{i\nu}x_{j\omega}$ をかけて $i, j$ について和をとれば

$$\sum_{i=1}^n x_{i\nu}x_{i\omega}=g_{\nu\omega}.$$

さらに両辺と $g^{\nu\lambda}g^{\omega\mu}$ との積和をとれば

$$\sum_{i=1}^n x_i{}^\lambda x_i{}^\mu=\delta_\omega{}^\lambda g^{\omega\mu}=g^{\lambda\mu}.$$ (証明終)

ベクトルの2種類の成分 $x_\lambda$, $x^\lambda$ の間には (4.9), (4.10) の関係があった. 一般のテンソルに対しても, 同様に添字の上げ下げをすることが出来る. たとえば,

$$T_{\lambda\mu\nu}=g_{\lambda\alpha}T^\alpha{}_{\mu\nu}, \qquad T_\lambda{}^\mu{}_\nu=g^{\mu\beta}T_{\lambda\beta\nu}$$

のように書いて, これをすべて3次のテンソル $T$ の成分とよぶ.

**注意.** 正規直交基底 $\{e_\lambda\}$ に関する成分を考えると, $g_{\lambda\mu}=\delta_{\lambda\mu}$, $g^{\lambda\mu}=\delta^{\lambda\mu}$ であるから $x_\lambda=x^\lambda$, $T_{\lambda\mu\nu}=T^\lambda{}_{\mu\nu}$ などが成りたつ. この場合反変添字と共変添字の区別をすることがあまり意味がないので, 添字をすべて $x_\lambda$, $T_{\lambda\mu\nu}$ のように右下だけに書くことがある. この場合, たとえば $x=x^\lambda e_\lambda$, $\langle x, y\rangle=\delta_{\lambda\mu}x^\lambda y^\mu$ は $x=\sum x_\lambda e_\lambda$, $\langle x, y\rangle=\sum x_\lambda y_\lambda$ のように $\sum$ をつけて書くことになる.

$V$ に付随したテンソル空間, たとえば $T_2{}^1$ は $n^3$ 次元のベクトル空間であったが, $V$ の計量から自然に定まる計量によって $T_2{}^1$ もユークリッド・ベクトル空間となる.

それは, $T, S\in T_2{}^1$ に対して

$$\begin{aligned}\langle T, S\rangle&=g_{\lambda\alpha}g^{\mu\beta}g^{\nu\gamma}T^\lambda{}_{\mu\nu}S^\alpha{}_{\beta\gamma}\\&=T_{\lambda\mu\nu}S^{\lambda\mu\nu}\end{aligned}$$

によって $\langle\ ,\ \rangle$ を定義すれば, $\langle T, S\rangle$ はスケーラーであるから基底のえらび方

に独立にその値は定まり，しかも内積の条件 (4.1)〜(4.4) を満足して $\langle\ ,\ \rangle$ は $T_2{}^1\times T_2{}^1\to \boldsymbol{R}$ の対称，正定値，多重線型写像となるからである．

テンソル $T$ の長さは $\|T\|=\sqrt{T_{\lambda\mu\nu}T^{\lambda\mu\nu}}$ で与えられるがこれを $\|T_{\lambda\mu\nu}\|$, $\|T_{\lambda\mu}{}^{\nu}\|$ のようにも表わす．

**問 1.** $\det(g_{\lambda\mu})=\mathfrak{g}>0$ を証明せよ．

**問 2.** 基底 $a_1,\cdots,a_n$ からシュミットの直交化によって得られた正規直交基底を $e_1,\cdots,e_n$ とする．このとき $a_1,\cdots,a_k,e_{k+1},\cdots,e_n$ も基底であって

$$\langle a_i,e_j\rangle=0,\qquad i=1,\cdots,k,\qquad j=k+1,\cdots,n$$

が成りたつ．

## 問　題　1

**1.** $V=\{x|\ x=(x_1,\cdots,x_n),x_\lambda\in\boldsymbol{R}\}$ に対して

$$x=y \iff x_1=y_1,\cdots,x_n=y_n,$$
$$x+y=(x_1+y_1,\cdots,x_n+y_n),$$
$$ax=xa=(ax_1,\cdots,ax_n)$$

によって演算を定義すれば，$V$ は $n$ 次元ベクトル空間となる．

**2.** $\phi$: $V\to U$ を線型写像とすれば $\phi(V)=\{y|\ y=\phi(x),\ x\in V\}$ は $U$ の部分空間である．また，$\phi^{-1}(0)=\{x|\ \phi(x)=0\}$ は $V$ の部分空間となる．

**3.** $\phi$: $V\to U$, $\psi$: $U\to W$ が共に線型写像であれば，それらの合成 $\psi\circ\phi$ も線型写像である．

**4.** $\{e_\lambda\}$ を1組の基底とするとき，$x=x^\lambda e_\lambda$ に対して，$\phi(x)=\sum_{i=1}^{r}x^ie_i$, $\psi(x)=\sum_{a=r+1}^{n}x^ae_a$ とおけば，$\phi,\psi$ は共に線型写像で次式が成りたつ．

$$\phi\circ\psi=\psi\circ\phi=0,\ \phi\circ\phi=\phi,\ \psi\circ\psi=\psi,\ \phi+\psi=\psi+\phi=I.$$

ここで I は恒等写像とする．

**5.** 同じ次元の2つのベクトル空間は互いに同型である．

**6.** $\bar{e}_\lambda=a_\lambda{}^\mu e_\mu$, $e'_\lambda=c_\lambda{}^\mu\bar{e}_\mu$ を基底の変換 $\{e_\lambda\}\to\{\bar{e}_\lambda\}\to\{e'_\lambda\}$ とするとき，ベクトルの成分 $x^\lambda,x'^\lambda$ の間の関係を求めよ．

**7.** テンソル $T_{\lambda\mu\nu}$ は，$\lambda,\mu$ について対称でしかも $\lambda,\nu$ について交代であれば，零テンソルである．

**8.** $a_{\lambda\mu},a_{\lambda\mu\nu}$ を任意のテンソルとすれば

$$b_{\lambda\mu}=a_{\lambda\mu}+a_{\mu\lambda},$$
$$b_{\lambda\mu\nu}=a_{\lambda\mu\nu}+a_{\mu\nu\lambda}+a_{\nu\lambda\mu}+a_{\lambda\nu\mu}+a_{\mu\lambda\nu}+a_{\nu\mu\lambda}$$

は共に対称テンソルである．また

$$c_{\lambda\mu}=a_{\lambda\mu}-a_{\mu\lambda},$$
$$c_{\lambda\mu\nu}=a_{\lambda\mu\nu}+a_{\mu\nu\lambda}+a_{\nu\lambda\mu}-a_{\lambda\nu\mu}-a_{\mu\lambda\nu}-a_{\nu\mu\lambda}$$

は共に交代テンソルである.

**9.** テンソル $a_{\lambda\mu\nu}$ に対して $a_{\lambda\mu\nu}x^\lambda x^\mu x^\nu=0$ が任意のベクトル $x$ について成りたてば, 前問の $b_{\lambda\mu\nu}=0$ である. 特に, $a_{\lambda\mu\nu}$ が対称テンソルであれば $a_{\lambda\mu\nu}=0$.

**10.** $a^{\lambda\mu}$ を対称, $b_{\lambda\mu}$ を交代テンソルとすれば $a^{\lambda\mu}b_{\lambda\mu}=0$. 逆に任意の対称テンソル $a^{\lambda\mu}$ に対して $a^{\lambda\mu}b_{\lambda\mu}=0$ が成りたてば, $b_{\lambda\mu}$ は交代である.

**11.** $(1,p)$ 次のテンソルは $V\times\cdots\times V$ ($p$個) から $V$ への多重線型写像と考えられる.

**12.** テンソルの成分の対称, 交代性が基底のえらび方に独立であることを成分の変換式を調べることによって示せ.

**13.** 各基底ごとに $n^3$ 個の実数 $S^\lambda{}_{\mu\nu}$ が与えられていて, 任意の対称テンソル $T^{\mu\nu}$ に対して $S^\lambda{}_{\mu\nu}T^{\mu\nu}=U^\lambda$ がベクトルであれば, $S^\lambda{}_{\mu\nu}+S^\lambda{}_{\nu\mu}$ はテンソルである. $T^{\mu\nu}$ が交代であれば $S^\lambda{}_{\mu\nu}-S^\lambda{}_{\nu\mu}$ がテンソルである.

**14.** テンソル $T_{\lambda\mu\nu\omega}$ が

$$T_{\lambda\mu\nu\omega}=-T_{\mu\lambda\nu\omega}=-T_{\lambda\mu\omega\nu},$$
$$T_{\lambda\mu\nu\omega}+T_{\mu\nu\lambda\omega}+T_{\nu\lambda\mu\omega}=0$$

を満足すれば, $T_{\lambda\mu\nu\omega}=T_{\nu\omega\lambda\mu}$ も成りたつ.

**15.** $n$次元ユークリッド・ベクトル空間において, $\{e_1,e_2\}$, $\{\bar{e}_1,\bar{e}_2\}$ をそれぞれ任意の正規直交系とすれば, $\phi(e_1)=\bar{e}_1$, $\phi(e_2)=\bar{e}_2$ となるような直交変換 $\phi$ が存在する.

**16.** テンソル $T_{\lambda\mu}$ について, $\|T\|^2=g_{\lambda\alpha}g_{\mu\beta}T^{\lambda\mu}T^{\alpha\beta}\geqq 0$ が成りたつこと, 等号は $T_{\lambda\mu}=0$ のときにかぎることを示せ.

# 第2章　微 分 多 様 体

## §5.　微分多様体の定義

ユークリッド幾何学はユークリッド空間の図形の性質を研究する学問であるが，リーマン幾何学で扱う空間はどのようなものであろうか．それは曲面を一般化した曲った空間――微分多様体――で，直観的にいえば微分が意味をもつ位相空間である．

まず位相空間の定義を思い出しておこう(亀谷 p.109)．　集合 $S$ の部分集合の族 $\boldsymbol{G}=\{G_i\}$，$i\in I$ ($I$ は有限または無限個の添字の集合)が

($O_1$)　　$G_1, G_2\in\boldsymbol{G} \Rightarrow G_1\cap G_2\in\boldsymbol{G}$

($O_2$)　　$G_i\in\boldsymbol{G} \Rightarrow \bigcup_i G_i\in\boldsymbol{G}$

($O_3$)　　$\emptyset\in\boldsymbol{G}$,　　$S\in\boldsymbol{G}$

の3条件をみたしていると仮定する．このとき，$S$ は $\boldsymbol{G}$ によって位相が与えられたといい，$S$ を位相空間，$\boldsymbol{G}$ の各元 $G_i$ を開集合，点 $p\in S$ を含む開集合を $p$ の近傍という．位相空間 $S$ はさらに

($O_4$)　任意の相異なる2点 $p, q$ について

$$U(p)\cap U(q)=\emptyset \text{ (空集合)}$$

となる $p$ の近傍 $U(p)$ と $q$ の近傍 $U(q)$ とが存在する

を満足すれば**ハウスドルフ空間**とよばれる．

位相空間 $S$ は，$G\cap G'=\emptyset$(空集合)，$G\cup G'=S$ となるような開集合 $G\neq\emptyset$, $G'\neq\emptyset$ をもたなければ連結という．

位相空間 $S$ で定義された実数値函数 $f: S\to\boldsymbol{R}$ が点 $p$ で連続とは

任意の $\varepsilon>0$ に対して，$p$ のある近傍 $U(p)$ で

$$q\in U(p) \Rightarrow |f(q)-f(p)|<\varepsilon$$

なるものが存在する

ことである．$f$ の定義域は $S$ であるから，$f$ は $S$ の点の函数であって実変数の函数ではない．したがって，$f$ が微分可能か否かということは一般の位相空

間では意味をもたない．我々がこれから扱う空間は$f$を実変数の函数とみなせるという特殊の位相空間で，微分法の力を借りてその空間の幾何学を研究しようというのである．それは微分多様体とよばれ，各点に局所座標という$n$個の実数を対応させて$f$をこれら実変数の函数とみなすわけである．定義に入る前に1つの準備をする．

$n$個の実数の組 $(x^1, \cdots, x^n)$ 全体の集合

$$\boldsymbol{R}^n=\{x|\ x=(x^1, \cdots, x^n),\ x^\lambda\in\boldsymbol{R}\}$$

を考え，$x$を $\boldsymbol{R}^n$ の点，$x^\lambda$ を$x$の座標とよぶ．$\boldsymbol{R}^n$ を普通の方法で位相を定義して位相空間としよう．すなわち $\boldsymbol{R}^n$ の部分集合 $G$ は「任意の $x\in G$ に対して

$$|x^\lambda-y^\lambda|<\varepsilon\ \ (\lambda=1, \cdots, n)\ \Rightarrow\ y\in G$$

となるような $\varepsilon>0$ が存在する」を満足するとき開集合とよぶ．直観的にいえば $x, y$ の座標が近ければ点 $x, y$ は近いという位相である．このような位相をもつ $\boldsymbol{R}^n$ を$n$次元数空間といい，再び $\boldsymbol{R}^n$ で表わす．$\bar{x}^\lambda=a_\mu{}^\lambda x^\mu+b^\lambda$ なる変換で得られる $\{\bar{x}^\lambda\}$ を平行座標系という．ここに $a_\mu{}^\lambda, b^\lambda$ は実数で，$\det(a_\mu{}^\lambda)\neq 0$ とする．

$\boldsymbol{R}^n$ の開集合 $G$ で定義された函数 $f(x)$ は $r(\geqq 0)$ 回までの連続な偏導函数が存在すれば $G$ で $\boldsymbol{C^r}$ **級**の函数といい，任意の自然数$r$について $C^r$ 級であれば $C^\infty$ 級という．また，任意の $(x_0{}^\lambda)\in G$ の近傍で $f(x)$ が $x^\lambda-x_0{}^\lambda$ のべき級数として表わされるならば $C^\omega$ 級という．$0<1<\cdots<\infty<\omega$ と考えて，$s<r$ ならば $C^r$ 級の函数は $C^s$ 級である．

**定義 5.1.** $C^r(r=0, 1, \cdots, \infty, \omega)$ 級の$n$次元**多様体** $M^n$ とは次の条件 (i), (ii), (iii) を満足するような開集合族 $\boldsymbol{U}=\{U_i|i\in I\}$ と写像の族 $\Theta=\{\theta_i|i\in I\}$ をもつ連結なハウスドルフ空間である．

(i) すべての点は少なくとも1つの $U_i$ に属す．すなわち，$\boldsymbol{U}$ は $M^n$ の開被覆である：$\bigcup_{i\in I} U_i=M^n$.

(ii) $\theta_i$: $U_i\to O_i$ は $U_i$ から $\boldsymbol{R}^n$ の中の開集合 $O_i$ の上への位相同型写像(1対1，かつ $\theta_i, \theta_i{}^{-1}$ が共に連続)である．

(iii) $U_i \cap U_j \neq \emptyset$ ならば $\boldsymbol{R}^n$ での変換

$$\theta_{ji}=\theta_j \circ \theta_i^{-1} : \theta_i(U_i \cap U_j) \to \theta_j(U_i \cap U_j)$$

は $C^r$ 級である.

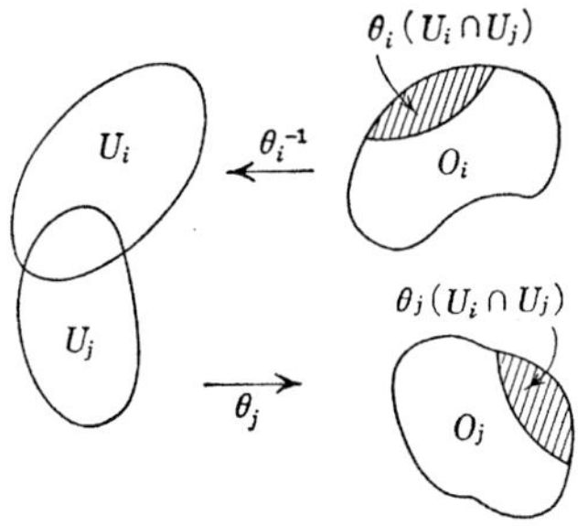


図 1

このとき, $\boldsymbol{U}$ を $M^n$ の**決定近傍系**という. $C^0$ 級の多様体はまた位相多様体ともいわれる.

$p$ を $C^r$ 級多様体 $M^n$ の点とすれば, (i) によって $p \in U_i$ なる $i$ が存在する. (ii) によって, $U_i$ は $O_i$ と位相同型であるが, $O_i$ は $\boldsymbol{R}^n$ の部分集合であるから $O_i$ の点は座標 $x^\lambda$ をもつ. $\theta_i(p) \in O_i$ を

$$\theta_i(p)=(x^1(p), \cdots, x^n(p))$$

とすれば $p \to \theta_i(p)$ は1対1であるから $O_i$ の点 $\theta_i(p)$, したがって, $n$ 個の実数の組 $(x^1, \cdots, x^n) \in O_i$ を指定することによって一意に $U_i$ の点がきまる. この意味で $\theta_i(p)$ の座標 $(x^1(p), \cdots, x^n(p))$ を点 $p$ の**局所座標**, $U_i$ を**座標近傍**, $\theta_i$ を $U_i$ における局所座標系といい, $\{\theta, U, O, x\}$, $\{U, x^\lambda\}$ または, (局所)座標系 $\{x^\lambda\}$ のように表わすことにする.

$U_i \cap U_j \neq \emptyset$ なるとき $p \in U_i \cap U_j$ は座標系

$$\theta_i : U_i \to O_i, \qquad \theta_j : U_j \to O_j$$

によって2つの局所座標 $x^\lambda(p)$, $\bar{x}^\lambda(p)$ をもつ. $\theta_{ji}=\theta_j \circ \theta_i^{-1}$: $x^\lambda(p) \to \bar{x}^\lambda(p)$ は $\theta_i(U_i \cap U_j) \to \theta_j(U_i \cap U_j)$ の位相同型写像で, これを $\bar{x}^\lambda = f^\lambda(x)$ または

$$\bar{x}^\lambda = \bar{x}^\lambda(x) \tag{5.1}$$

で表わせば, これら $n$ 個の実函数が $C^r$ 級であることを要求するのが条件 (iii) である. (5.1) を局所座標系の変換, または座標変換という.

(5.1) は位相同型であるから, $r \geqq 1$ ならばその函数行列式は0ではない:

$$\det\left(\frac{\partial \bar{x}^\lambda}{\partial x^\mu}\right)=\begin{vmatrix} \dfrac{\partial \bar{x}^1}{\partial x^1}, \cdots, \dfrac{\partial \bar{x}^1}{\partial x^n} \\ \vdots \qquad\quad \vdots \\ \dfrac{\partial \bar{x}^n}{\partial x^1}, \cdots, \dfrac{\partial \bar{x}^n}{\partial x^n} \end{vmatrix} \neq 0.$$

ハウスドルフ空間 $S$ を $C^r$ 級多様体に出来る場合に $S$ は $C^r$ 級の構造をもつという.

以下では話を簡単にするために常に $n$ 次元の $C^\infty$ 級多様体を考え，これを**微分多様体**とよぶことにする.

$V$ を微分多様体 $M^n$ の，必ずしも決定近傍系 $\boldsymbol{U}$ には属しない開集合で，次の条件 (ii)′, (iii)′ を満足するものとしよう.

(ii)′ $V$ から $\boldsymbol{R}^n$ の開集合 $O$ の上への位相同型写像 $\omega: V \to O$ が存在する.

(iii)′ $V \cap U_i \neq \emptyset$ ならば

$$\omega_i = \omega \circ \theta_i^{-1} : \theta_i(U_i \cap V) \to \omega(U_i \cap V)$$

および $\omega_i^{-1} = \theta_i \circ \omega^{-1}$ はともに $C^\infty$ 級である.

このとき，$V$ を**許容座標近傍**，$\omega$ を許容座標系という．すなわち，$\boldsymbol{U}$ に $V$ を追加した近傍の族 $\boldsymbol{U}'$ も定義 5.1 の条件 (i), (ii), (iii) を満足するとき，許容座標系というわけである．したがって，当然 $\boldsymbol{U}$ の元 $U_i$ は許容座標近傍である．我々は以下で局所座標というときは許容座標系を意味する．それは $\boldsymbol{U}$ に属しない許容座標系を利用して求められた結果は (iii)′ によってすべて決定近傍系の座標で書き直すことが出来，したがって $M^n$ の性質と考えられるためである.

$G$ を微分多様体 $M^n$ の開集合とすると，$G$ は相対位相によってハウスドルフ空間となる．ここに相対位相とは $M^n$ の開集合と $G$ との共通部分を $G$ の開集合と定義することによって $G$ を位相空間とする位相をいう．さらに，$G$ は自然な仕方で $n$ 次元の微分多様体となることがわかる．それは $U_i \in \boldsymbol{U}$, $U_i' = G \cap U_i$ とすれば $U_i'$ は $G$ の開集合であり，

$$\theta_i' = \theta_i | U_i' : U_i' \to \theta_i(U_i') \subset O_i$$

が位相同型となって定義 5.1 の条件を満足するからである．このような微分多様体を $M^n$ の**開部分多様体**という.

**例 1.** $n$ 次元数空間 $\boldsymbol{R}^n$. 開被覆として $\boldsymbol{R}^n$ 自身 1 つをとり，$O$ としてやはり $\boldsymbol{R}^n$ をとれば恒等写像 $\boldsymbol{i}$: $\boldsymbol{R}^n(=U) \to \boldsymbol{R}^n(=O)$ は位相同型で条件 (iii) は決定近傍系の近傍が 1 つしかないから自明となる．このような構造で微分多様

体と考えた $\boldsymbol{R}^n$ を再び $n$ 次元数空間 $\boldsymbol{R}^n$ という．

**例 2.** $M^n=\boldsymbol{R}^n-\{p_0\}$．$\boldsymbol{R}^n$ から1点 $p_0$ を取り除いた集合は $\boldsymbol{R}^n$ の開集合であるから，$\boldsymbol{R}^n$ の開部分多様体になる．

**例 3.** **球面** $S^n(k)$．$\boldsymbol{R}^{n+1}$ の中で

$$(x^1)^2+\cdots+(x^{n+1})^2=k^2, \qquad (k>0),$$

を満足する点 $x=(x^1,\cdots,x^{n+1})$ の集合は相対位相によってハウスドルフ空間であり，$U_i^{\pm}$，$(i=1,\cdots,n+1)$，を

$$U_i^{+}=\{(x^1,\cdots,x^{n+1})\in S^n(k)\mid x^i>0\},$$
$$U_i^{-1}=\{(x^1,\cdots,x^{n+1})\in S^n(k)\mid x^i<0\}$$

によって定義すれば $C^\infty$ 級の構造となる．このような微分多様体を $n$ 次元球面 $S^n(k)$ という．特に，円周 $S^1(k)$ は1次元微分多様体である．

$M^n, N^m$ をそれぞれ微分多様体として，その直積集合

$$M^n\times N^m=\{(p,q)\mid p\in M^n, q\in N^m\}$$

に直積位相を入れる(亀谷 p. 119)．すなわち「$M^n\times N^m$ の部分集合 $G$ が開集合であるとは，任意の $(p,q)\in G$ に対して $U(p)\times V(q)\subset G$ となるような近傍 $U(p),V(q)$ が存在することである」によって位相を定義すればハウスドルフ空間となる．さらに $M^n, N^m$ の座標系を

$$\{\theta_i, U_i, O_i, x_i{}^\lambda\}, \qquad \{\omega_j, V_j, O'_j, y_j{}^a\}$$

として

$$\theta_i\times\omega_j:\ U_i\times V_j\to O_i\times O'_j$$

を

$$(\theta_i\times\omega_j)(p,q)=(\theta_i(p),\omega_j(q))$$

によって定義すれば，$M^n\times N^m$ は $\{\theta_i\times\omega_j, U_i\times V_j, O_i\times O'_j, (x_i{}^\lambda, y_j{}^a)\}$ を近傍系とする $n+m$ 次元の微分多様体となる．このような多様体を**直積微分多様体**という．

**例 4.** **輪環面**．$T^2=S^1\times S^1$．同様にして $n$ 次元の輪環面 $T^n=S^1\times S^1\times\cdots\times S^1$ ($n$ 個) も定義される．

**例 5.** **円柱**．$S^1\times\boldsymbol{R}$．

微分多様体 $M^n$ 全体で定義された実数値函数を**大域的**なスケーラー函数といい，$M^n$ のある点の近傍で定義された函数を**小域的**，または**局所的**スケーラー函数という．特に区別する必要がないときはたんに（スケーラー）函数という．いま $f$ を $M^n$ 上のスケーラー函数とすると $f$ は点の函数であるが，これを次のようにして $n$ 個の実変数の函数と考えることが出来る．

$\{\theta, U, O, x\}$ を座標系として，$\tilde{f}(\theta(p))=(f\circ\theta^{-1})(\theta(p))$ とおけば $\tilde{f}$ は $O$ の上で定義された $\theta(p)=(x^1, \cdots, x^n)$ の実変数函数である．$\tilde{f}(x)=f(p)$ であるから函数値は座標系 $\{\theta, U\}$ のえらび方には無関係であるが，$\tilde{f}$ の形と定義域は座標系のとり方に関係する．2つの座標近傍 $U$, $U'$ の共通部分においては $\tilde{f}(x)=\tilde{f}'(x'(x))$ であるから，$\tilde{f}'$ が $x'$ の $C^\infty$ 級の函数であれば $\tilde{f}$ も $x$ の $C^\infty$ 級である．したがって，$\tilde{f}$ が $C^\infty$ 級という性質は座標系のとり方に無関係に意味をもつ．$\tilde{f}$ が $C^\infty$ 級であるとき，スケーラー函数 $f$ は $C^\infty$ 級であるという．

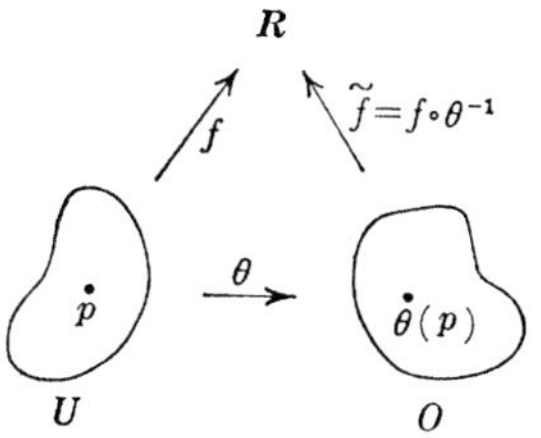

図 2

以下では特にことわらなければ，考える函数はすべて $C^\infty$ 級であると仮定し，さらに $\tilde{f}(x)$ をあらためて $f(x)$ と書くことにする．

**問 1.** 例3の $S^n(k)$ が微分多様体であることを証明せよ．
**問 2.** $M^n\times N^m$ が微分多様体であることを証明せよ．

## §6. 接　空　間

空間にある滑らかな曲面 $S$ の点 $p$ における接平面を $T_p$ とすれば，それは $p$ を通る $S$ 上の曲線の $p$ における接線ベクトル全体が作る集合と考えられる．$n$ 次元微分多様体 $M^n$ が $N$ $(\geqq n)$ 次元ユークリッド空間 $E^N$ の中に曲面のように入っている場合は同様にして $T_p$ を作ることが出来る．この節では，$M^n$ がユークリッド空間の中に入っているいないにかかわらず，各点 $p$ に対して1つの $n$ 次元ベクトル空間を抽象的な方法で対応させることが出来ることを示そう．

開区間 $I_a=(-a, a)$ から $n$ 次元微分多様体 $M^n$ の中への連続写像 $c$ を $M^n$ の連続曲線という．$C=\bigcup_{t\in I_a} c(t)$ を被覆する座標近傍の族 $\{\theta_i, U_i, O_i, x_i^\lambda\}$ を任意にとれば，$c$ は $U_i$ で $\theta_i\circ c(t)$ により決定されるから

$$x_i^\lambda=x_i^\lambda(\theta_i\circ c(t))$$

なる形で表わされる．これを簡単のために

$$x_i^\lambda=x_i^\lambda(c(t)) \text{ または，} x_i^\lambda=x_i^\lambda(t)$$

と表わそう．$x_i^\lambda(t)$ がすべて $C^\infty$ 級の函数であるとき $c$ を $C^\infty$ 級の曲線という．

このような定義は $C$ を被覆する座標近傍の族 $\{U_i\}$ のとり方に無関係である．

それは他の被覆 $\{\theta_j', U_j', O_j', x_j'^\lambda\}$ を考え，$U_i\cap U_j'\neq\emptyset$ とすれば座標変換 $x_j'^\lambda=x_j'^\lambda(x_i)$ は $C^\infty$ 級であるから，$x_j'^\lambda=x_j'^\lambda(x_i(c(t)))$ も $C^\infty$ 級となるからである．

我々は以下で $C^\infty$ 級の曲線を主に考えるから，曲線といえば $C^\infty$ 級の曲線を意味することにし，特に必要があれば $C^r$ 級の曲線とことわることにする．

$p\in M^n$ の任意の座標近傍を $\{\theta, U, O, x^\lambda\}$，$p$ の座標を $x_0^\lambda$, $I_\varepsilon=(-\varepsilon, \varepsilon)$ として次の定義をする．

**定義 6.1.** $\boldsymbol{C}(p)$ を曲線の集合で

$$\boldsymbol{C}(p)=\{c\,|\,\varepsilon>0 \text{ が存在して，} c(0)=p,\ c: I_\varepsilon\to M^n\}$$

とする．$c_1, c_2\in\boldsymbol{C}(p)$ について，もし

$$\left(\frac{dx^\lambda(c_1(t))}{dt}\right)_{t=0}=\left(\frac{dx^\lambda(c_2(t))}{dt}\right)_{t=0} \tag{6.1}$$

が成りたつならば，$c_1, c_2$ は $p$ において同じ接線ベクトルを持つといい，$c_1\sim c_2$ で表わす．

この定義は $p$ を含む座標近傍のとり方に独立である．なぜならば，$p\in U\cap U'$ について $x'^\lambda=x'^\lambda(c_1(t))=x'^\lambda(x(c_1(t)))$ から

$$\left(\frac{dx'^\lambda(c_1(t))}{dt}\right)_{t=0}=\left(\frac{\partial x'^\lambda}{\partial x^\mu}\right)_p\left(\frac{dx^\mu(c_1(t))}{dt}\right)_{t=0},$$

$c_2$ についても同様の式が得られ，したがって $\{x'^\lambda\}$ に関しても (6.1) が成り

たつからである．

さて，この関係 $\sim$ は，$c\sim c$（反射律），$c_1\sim c_2 \Rightarrow c_2\sim c_1$（対称律），$c_1\sim c_2$, $c_2\sim c_3 \Rightarrow c_1\sim c_3$（推移律）をみたすことが容易にわかるから，同値関係である（亀谷 p. 52）．

$\sim$ によって $\boldsymbol{C}(p)$ を同値類にわけて，曲線 $c$ の同値類 $\{c' \mid c'\sim c\}$ を $c$ の $p$ における接線ベクトルといって $[\,c\,]$ で表わそう．また各同値類 $[\,c\,]$ を点 $p$ における $M^n$ の**接ベクトル**，あるいは（反変）ベクトルといい，$p$ をその**支点**という．さらに $p$ における $M^n$ の接ベクトル全体の集合を $T_p(M)$ または $T_p$ と書いて，$p$ における $M^n$ の**接空間**とよぶ．

$T_p(M)$ が $\boldsymbol{n}$ 次元ベクトル空間となることを次に示そう．

$c\in\boldsymbol{C}(p)$ について

$$\left(\frac{dx^\lambda(c(t))}{dt}\right)_{t=0}=\xi^\lambda$$

とおけば，$\xi^\lambda$ は $[\,c\,]$ の代表のとり方に無関係に定まるので，これをベクトル $[\,c\,]$ の座標系 $\{x^\lambda\}$ に関する成分とよんでおく．まず，$T_p(M)$ でスケーラー倍を定義しよう．$[\,c\,]\in T_p(M)$ の任意の代表 $c$ から新しい曲線 $c_1\in\boldsymbol{C}(p)$ を $c_1(t)=c(kt)$, $k\in\boldsymbol{R}$, によって作り $[c_1]=k[\,c\,]$ と書くことにする．$[c_1]$ を $[\,c\,]$ の $k$ 倍とよぶ．

$$\left(\frac{dx^\lambda(c_1(t))}{dt}\right)_{t=0}=k\left(\frac{dx^\lambda(c(t))}{dt}\right)_{t=0}$$

が成りたつから，$[c_1]$ の成分 $\eta^\lambda$ は $\eta^\lambda=k\xi^\lambda$ によって与えられる．次に 2 つのベクトル $[c_1],[c_2]$ の代表 $c_1, c_2$ に対して第 3 の曲線 $c_3$ を

$$x^\lambda(c_3(t))=x^\lambda(c_1(t))+x^\lambda(c_2(t))-x_0{}^\lambda$$

によって定めれば，$c_3\in\boldsymbol{C}(p)$ となる．$c_3$ を含む同値類 $[c_3]$ を $[c_1]$ と $[c_2]$ との和：$[c_3]=[c_1]+[c_2]$ と定義する．このとき，$[c_1],[c_2],[c_3]$ の成分 $\xi^\lambda$, $\eta^\lambda, \zeta^\lambda$ の間には $\zeta^\lambda=\xi^\lambda+\eta^\lambda$ の関係がある．このような和の定義が座標系のとり方に独立であることは容易に確かめられる．

これらの演算によって $T_p(M)$ は，ベクトル空間の公理系を満足するから，ベクトル空間となる．

各 $i=1,\cdots,n$ に対して $x_0{}^1,\cdots,x_0{}^{i-1},x_0{}^{i+1},\cdots,x_0{}^n$ を固定し，$x^i$ だけを動かして出来る曲線 $(x^i=x_0{}^i+t)$ を $x^i$-曲線とよぶと，$x^1$-曲線，$x^2$-曲線，…，$x^n$-曲線の接線ベクトルの成分はそれぞれ

$$(1,0,\cdots,0),\ (0,1,0,\cdots,0),\ \cdots,\ (0,\cdots,0,1)$$

である．これらのベクトルをそれぞれ

$$(6.2)\qquad \left(\frac{\partial}{\partial x^1}\right)_p,\ \left(\frac{\partial}{\partial x^2}\right)_p,\ \cdots,\ \left(\frac{\partial}{\partial x^n}\right)_p$$

と書くことにすれば，成分が $\xi^\lambda$ のベクトル $X=[c]$ は $T_p(M)$ での演算の定義によって

$$(\xi^1,\cdots,\xi^n)=\xi^1(1,0,\cdots,0)+\cdots+\xi^n(0,\cdots,0,1)$$
$$=\xi^\lambda\left(\frac{\partial}{\partial x^\lambda}\right)_p$$

の形になる．したがって

**定理 6.1.** 接空間 $T_p(M)$ は $n$ 次元のベクトル空間である．

これで微分多様体 $M^n$ の各点 $p$ にベクトル空間が対応させられたわけであるが，これらが曲面の場合の接平面の役割をするのである．

$p$ の各座標近傍 $\{U,x^\lambda\}$ ごとに $n$ 個のベクトル (6.2) が定まり $T_p(M)$ の基底を作った．これらを座標系 $\{x^\lambda\}$ に関する**自然標構**とよぶ．$X\in T_p(M)$ の自然標構に関する成分が先に定義した座標系 $\{x^\lambda\}$ に関する成分である．ベクトル$X$という代りにベクトル $\xi^\lambda$ ということもあるが，それは考える座標系に関する成分が $\xi^\lambda$ のベクトルという意味である．

**例.** 直交座標系 $x,y$ をもつユークリッド平面 $E^2$ を考える．座標ベクトルを $e_1=(1,0)$，$e_2=(0,1)$ とすれば，これらを任意の点 $p$ から画くことが出来る．この場合は原点における $T_0(E^2)$ と，各点 $p$ における $T_p(E^2)$ とを

$$e_1=\left(\frac{\partial}{\partial x}\right)_p,\qquad e_2=\left(\frac{\partial}{\partial y}\right)_p$$

となるように，同一視しているのである(実は

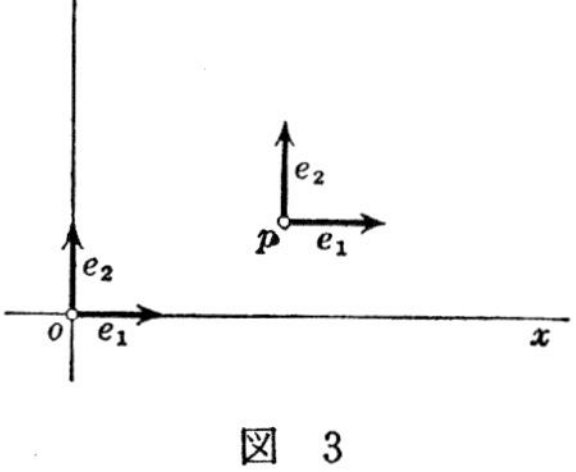


図　3

$T_0(E^2)$ と微分多様体としての $E^2$ とも同一視している). この様な同一視をした $E^2$ は3章で述べるような平坦な接続をもつ $E^2$ である. 微分多様体 $M^n$ に対しては今の段階では $T_p(M)$ と $T_q(M)$, $p \neq q$, との間には何の関係も規定していない.

さて, $p$ を含む座標系 $\{U, x^\lambda\}$, $\{U', x'^\lambda\}$ について自然標構が座標変換 $x^\lambda \to x'^\lambda$ でどのような変換をうけるかを調べよう.

$p$ における $c \in \boldsymbol{C}(p)$ の接線ベクトル $\dot{c}_p = [c]$ は

$$\dot{c}_p = \left(\frac{dx^\lambda}{dt}\right)_{t=0}\left(\frac{\partial}{\partial x^\lambda}\right)_p = \left(\frac{dx'^\mu}{dt}\right)_{t=0}\left(\frac{\partial}{\partial x'^\mu}\right)_p$$

で与えられる. 一方

$$\frac{dx^\lambda}{dt} = \frac{\partial x^\lambda}{\partial x'^\mu}\frac{dx'^\mu}{dt}$$

が成りたつから

$$\left(\frac{dx'^\mu}{dt}\right)_{t=0}\left\{\left(\frac{\partial}{\partial x'^\mu}\right)_p - \left(\frac{\partial x^\lambda}{\partial x'^\mu}\right)_p\left(\frac{\partial}{\partial x^\lambda}\right)_p\right\} = 0.$$

$c$ は任意であるから, したがって次式が得られる.

$$\left(\frac{\partial}{\partial x'^\mu}\right)_p = \left(\frac{\partial x^\lambda}{\partial x'^\mu}\right)_p\left(\frac{\partial}{\partial x^\lambda}\right)_p. \tag{6.3}$$

この式は $T_p(M)$ の基底 $\{(\partial/\partial x^\lambda)_p\}$ から他の基底 $\{(\partial/\partial x'^\mu)_p\}$ への変換の行列が $a_\mu{}^\lambda = (\partial x^\lambda/\partial x'^\mu)_p$ を要素とする行列であることを示し, §1 の $e'_\mu = a_\mu{}^\lambda e_\lambda$ に対応する.

ベクトル $X \in T_p(M)$ の成分の変換式は

$$X = \xi^\lambda\left(\frac{\partial}{\partial x^\lambda}\right)_p = \xi'^\mu\left(\frac{\partial}{\partial x'^\mu}\right)_p$$

から

$$\xi^\lambda = \left(\frac{\partial x^\lambda}{\partial x'^\mu}\right)_p \xi'^\mu, \qquad \xi'^\lambda = \left(\frac{\partial x'^\lambda}{\partial x^\mu}\right)_p \xi^\mu \tag{6.4}$$

で与えられることがわかる.

**注意.** $X \in T_p(M)$ と書けば (6.3), (6.4) における添字 $p$ は書かないでも誤解は起きないので省略する場合がある. (6.2) についても同様とする.

次に $X \in T_p(M)$ の函数への作用を定義しよう. $c \in \boldsymbol{C}(p)$, $\dot{c}_p = X = \xi^\lambda \partial/\partial x^\lambda$

とし，$p$の近傍で定義された函数$f$について曲線$c$に沿っての微分商を考えれば

$$\left(\frac{d}{dt}f(x^\lambda(c(t)))\right)_{t=0}=\left(\frac{dx^\lambda}{dt}\right)_{t=0}\left(\frac{\partial f}{\partial x^\lambda}\right)_p=\xi^\lambda\left(\frac{\partial f}{\partial x^\lambda}\right)_p.$$

したがって $X$ の$f$への作用を次のように定義するのが自然であろう．

**定義 6.2.** $X=\xi^\lambda(\partial/\partial x^\lambda)_p$ とするとき，

$$Xf=\xi^\lambda\left(\frac{\partial f}{\partial x^\lambda}\right)_p$$

を$f$の $X$ 方向への**微分商**とよぶ．

$Xf$ が座標系のとり方に独立に定まることは定義から明らかである．この定義によってベクトルは函数に対して微分演算子として作用することになる．

$p=c(0)$ なる曲線の接線ベクトル $\dot{c}_p$ は定義したが， $p=c(t_0)$ となるような曲線についても次のように定義しておく．

**定義 6.3.** 曲線$c$の点$p$における**接線ベクトル** $\dot{c}_p$ とは

$$\dot{c}_p=\left(\frac{dx^\lambda}{dt}\right)_{t=t_0}\left(\frac{\partial}{\partial x^\lambda}\right)_p$$

をいう．ここに，$p=c(t_0)$ とする．

**問.** $f, g$ を$p$の近傍で定義された函数，$X\in T_p(M)$ とすれば次式が成りたつ．

$$X(af+bg)=aXf+bXg,\qquad a,b\in\boldsymbol{R},$$
$$X(fg)=Xf\cdot g+f\cdot Xg.$$

## § 7. テンソル場

微分多様体 $M^n$ の各点に$n$次元ベクトル空間 $T_p(M)$ が対応して，$p$における $M^n$ の接ベクトル $X\in T_p(M)$ は自然標構の1次結合

$$X=\xi^\lambda\frac{\partial}{\partial x^\lambda}$$

の形で表わされ，その成分は座標変換 $x^\lambda\to x'^\lambda$ によって

$$\xi'^\lambda=\frac{\partial x'^\lambda}{\partial x^\mu}\xi^\mu \tag{7.1}$$

の変換をうけた．

さて，$M^n$ の曲線$c$について，$c(t)$ の各点で $T_{c(t)}(M)$ の元を1つずつ指

定する法則，またはそれらベクルトの集合を $c$ に沿っての（または，$c$ 上の）ベクトル場という．そのようなベクトル場 $X(t)$ は $\{\bigcup_t c(t)\}\cap U\neq\emptyset$ なる $\{U, x^\lambda\}$ で考えれば

$$X(t)=\xi^\lambda(t)\frac{\partial}{\partial x^\lambda}\in T_{c(t)}(M)$$

の形である．このとき，$\xi^\lambda(t)$ が $C^m$ 級 $(m\geqq 0)$ ならば $X(t)$ を $C^m$ 級のベクトル場という．この定義が座標近傍のとり方に独立であることは点 $c(t)$ で

$$\xi'^\lambda(t)=\left(\frac{\partial x'^\lambda}{\partial x^\mu}\right)_{c(t)}\xi^\mu(t)$$

が成りたつことからわかる．

同様に，$M^n$ の1つの領域 $G$ の各点で $T_p(M)$ の元を1つずつ指定することにより $G$ 上のベクトル場 $X$ が考えられ，$G\cap U$ で $X=\xi^\lambda(x)(\partial/\partial x^\lambda)_x$ の形に書くことが出来る．$G$ 上の $C^m$ 級のベクトル場も同様に定義される．

函数の場合と同様に特に断わらなければ，ベクトル場は常に $C^\infty$ 級のベクトル場を意味するものとする．また混乱が起らなければ，ベクトル $X$ によって1点 $p$ でのベクトルと，曲線に沿って，またはある領域でのベクトル場とを同じ記号で意味し，$X=\xi^\lambda(\partial/\partial x^\lambda)$ と書く．ベクトル $\xi^\lambda$ と書いた場合も同様である．ベクトル場 $X$ の $p$ における値を $X_p$，または $X(p)$ で表わす．

1つの座標近傍 $\{U, x^\lambda\}$ で成分が常に $(\xi^1,\cdots,\xi^n)=(1,0,\cdots,0)$ であるベクトルは各点で $\partial/\partial x^1$ を表わすが，成分 $\xi^\lambda=\delta_1^\lambda$ は定数であるから $C^\infty$ 級の函数で，したがって $U$ 上のベクトル場である．同様に各 $\lambda$ について自然標構は $U$ 上のベクトル場を作る．

前節で $M^n$ の各点 $p$ に $T_p(M)$ を対応させたが，$p\neq q$ について $T_p(M)$ と $T_q(M)$ との間には何の関係もなかった．ここで自然標構が $U$ 上で($C^\infty$ 級の)ベクトル場ということになったので，$p$, $q$ が近ければ $T_p(M)$ の基底のベクトル $\partial/\partial x^\lambda$ と $T_q(M)$ の基底のベクトル $\partial/\partial x^\lambda$ は近いと考えられるようになった．さらに，$T_p(M)$ と $T_q(M)$ とがどのような相互位置にあると考えるかということは次章で接続の概念によって扱われる．

自然標構のようにある近傍で定義されたベクトル場を局所的ベクトル場とい

い，これに反して $M^n$ 全体で定義されるベクトル場を大域的という．1つの座標近傍では函数 $\xi^\lambda(x)$ を任意に考えることによって $U$ 上にベクトル場を作ることが出来る．しかし大域的なベクトル場の存在は $M^n$ の位相的構造と関連してくる（たとえば，2次元球面上にはいたる所0でない $C^0$ 級のベクトル場は存在しない）．

このように局所的と大域的のベクトル場が考えられるが，特に必要な場合にだけ断わることにする．局所的なベクトル場についてはその定義域だけで考えるということである．以下に定義する共変ベクトル場，テンソル場についても同様とする．

**定義 7.1.** 曲線 $c$ がベクトル場 $X$ の**積分曲線**であるとは，任意の $t$ について $\dot{c}_t=X_{c(t)}$ なることをいう．

**定理 7.1.** $X$ を与えられたベクトル場とすれば，任意の点 $p_0$ について，次の条件を満足するような $\varepsilon>0$ が存在する．$I_\varepsilon=(-\varepsilon,\varepsilon)$ で定義され，かつ $c(0)=p_0$ であるような $X$ の積分曲線 $c$ が一意に存在する．

**証明.** $p_0$ の座標近傍 $\{U,x^\lambda\}$ で $X$ は $X=\xi^\lambda\partial/\partial x^\lambda$ の形で，$X$ の積分曲線は微分方程式系

$$\frac{dx^\lambda(t)}{dt}=\xi^\lambda(x(t))$$

の解 $x^\lambda=x^\lambda(t)$ である．したがって，微分方程式の解の存在定理(p. 51 参照)によって $\varepsilon$ の存在がわかる． （証明終）

ベクトル空間 $T_p(M)$ の双対ベクトル空間 $T_p{}^*(M)$ を考え，$T_p(M)$ の基底 $\{(\partial/\partial x^\lambda)_p\}$ の双対基底を $\{(dx^\lambda)_p\}$ と書くことにする．ここで，$dx^\lambda$ は $x^\lambda$ の全微分という意味ではなく，たんに記号と考える．定義によって $(dx^\lambda)_p$ は $(\partial/\partial x^\mu)_p$ を実数 $\delta_\mu{}^\lambda$ にうつすような $T_p(M)$ から $\boldsymbol{R}$ への線型写像であったから，

$$(dx^\lambda)_p\left(\left(\frac{\partial}{\partial x^\mu}\right)_p\right)=\left\langle (dx^\lambda)_p,\ \left(\frac{\partial}{\partial x^\mu}\right)_p\right\rangle=\delta_\mu{}^\lambda$$

を満足する．ここでも誤解が起きないから添字 $p$ を省略して上式を次のように書こう．

$$dx^\lambda\left(\frac{\partial}{\partial x^\mu}\right)=\left\langle dx^\lambda, \frac{\partial}{\partial x^\mu}\right\rangle=\delta_\mu{}^\lambda.$$

$T_p{}^*(M)$ の元を $p$ における共変ベクトルという．それは基底 $\{dx^\lambda\}$ の1次結合として

$$u=u_\lambda dx^\lambda\in T_p{}^*(M), \qquad u_\lambda\in \boldsymbol{R},$$

の形に一意に書けて，$u_\lambda$ を $\{\partial/\partial x^\lambda\}$ に関する成分とよぶ．

$p\in U\cap U'$ での基底の変換は (6.3) に対応して

$$dx'^\lambda=\left(\frac{\partial x'^\lambda}{\partial x^\mu}\right)_p dx^\mu$$

で与えられるから，$u$ の成分は

$$u'_\lambda=\left(\frac{\partial x^\mu}{\partial x'^\lambda}\right)_p u_\mu$$

の変換をする．これが $p$ における共変ベクトルの成分の変換式である．

(反変)ベクトルの場合と同様にして共変ベクトル場が定義される． また $u=u_\lambda dx^\lambda$ は $u_\lambda$ が $C^\infty$ 級ならば $C^\infty$ 級とよばれる．共変ベクトル場についても $C^\infty$ 級だけを考えることにし反変ベクトル場における注意，および記号は同様とする．

共変ベクトル場を1次の微分形式，またはパフ形式ともいう．

任意の函数 $f$ について

$$\frac{\partial f}{\partial x'^\lambda}=\frac{\partial x^\mu}{\partial x'^\lambda}\frac{\partial f}{\partial x^\mu}$$

が成りたつから，$\partial f/\partial x^\lambda$ は共変ベクトル場の成分であることがわかる．このベクトルを $f$ の**勾配ベクトル**といい $\mathrm{grad}\, f$ で表わす．

$T_p=T_p(M)$ に付随したテンソルを $p$ における $M^n$ のテンソルという．たとえば，多重線型写像

$$S: T_p{}^*\times T_p\times T_p\to \boldsymbol{R}$$

が $p$ における $M^n$ の $(1,2)$ 次のテンソルであり，

$$S(dx^\lambda,\ \partial/\partial x^\mu,\ \partial/\partial x^\nu)=S^\lambda{}_{\mu\nu}$$

が $S$ の自然標構に関する成分である．

テンソルについても，$C^\infty$ 級，大域的，局所的テンソル場の定義，その他の注意はすべてベクトルの場合と同様とする．

$p$ における $(r,s)$ 次のテンソル全体の作るベクトル空間を $T_s{}^r{}_{,p}(M)$ と書くことにする．特に，$T_0{}^1{}_{,p}(M)=T_p(M)$，$T_1{}^0{}_{,p}(M)=T_p{}^*(M)$，$T_0{}^0{}_{,p}(M)=\boldsymbol{R}$ である．

テンソルの成分の変換法則は §3 の $a_\mu{}^\lambda$ を各点 $p$ で $(\partial x^\lambda/\partial x'^\mu)_p$ でおき直せばよい．これを次に定理として書いておく．

**定理 7.2.** 反変ベクトル $\xi^\lambda$，共変ベクトル $u_\lambda$，およびテンソル $T^{\lambda_1\cdots\lambda_r}{}_{\mu_1\cdots\mu_s}$ は座標変換で次の変換をする．

$$\xi'^\lambda=\frac{\partial x'^\lambda}{\partial x^\mu}\xi^\mu,\qquad u'_\lambda=\frac{\partial x^\mu}{\partial x'^\lambda}u_\mu,$$

$$T'^{\lambda_1\cdots\lambda_r}{}_{\mu_1\cdots\mu_s}=\frac{\partial x'^{\lambda_1}}{\partial x^{\alpha_1}}\cdots\frac{\partial x'^{\lambda_r}}{\partial x^{\alpha_r}}\frac{\partial x^{\beta_1}}{\partial x'^{\mu_1}}\cdots\frac{\partial x^{\beta_s}}{\partial x'^{\mu_s}}T^{\alpha_1\cdots\alpha_r}{}_{\beta_1\cdots\beta_s}.$$

この定理でベクトル，テンソルはもちろんベクトル場，テンソル場と考えてよい．その場合はそれらの成分と，$\partial x'^\lambda/\partial x^\mu$ などは当然点の函数と考えるわけである．

§3 で述べたように，テンソルに対して和，スケーラー倍，積，縮約という演算が定義された．これらの演算が点 $p$ でのテンソルに対して考えられることは当然であるが，テンソル場についても定義される．

たとえば，(1,2) 次のテンソル場 $S,T$ について座標近傍 $\{U,x^\lambda\}$ での成分を $S^\lambda{}_{\mu\nu}$，$T^\lambda{}_{\mu\nu}$ とすれば

$$V^\lambda{}_{\mu\nu}=S^\lambda{}_{\mu\nu}+T^\lambda{}_{\mu\nu},\qquad W^\lambda{}_{\mu\nu}=kS^\lambda{}_{\mu\nu}$$

を $S,T$ の和，$S$ の $k$ 倍という．積についても同様で，これらの定義が $U$ のとり方に独立であることも容易に確かめられて，テンソル場の和，スケーラー倍もまたテンソル場であることがわかる．

テンソル場 $S^\lambda{}_{\mu\nu}$ から各点 $p$ で縮約して作ったベクトル $(S^\lambda{}_{\lambda\nu})_p$ がベクトル場を作ることも明らかであろう．一般に，$(r,s)$ 次のテンソル場から縮約によって $(r-1,s-1)$ 次のテンソル場が得られる．(1,1) 次のテンソル場 $T^\lambda{}_\mu$ からは縮約によってスケーラー函数 $T^\lambda{}_\lambda$ が，特に反変ベクトル $\xi^\lambda$ と共変ベクト

ル $u_\lambda$ とからスケーラー函数 $\xi^\lambda u_\lambda$ が得られる.

**問 1.** (1,1) 次のテンソル場 $S$ が任意の点 $p$ で常に $S(X,u)=\langle X,u\rangle$, $X\in T_p$, $u\in T_p{}^*$, を満足すれば, 任意の自然標構に関する成分は $\delta_\mu{}^\lambda$ である. 逆にどの自然標構に関しても $\delta_\mu{}^\lambda$ を成分にもつというテンソル場が存在する. (このテンソル場を**クロネッカーのデルタ**, または**基本単位テンソル**といい $\delta_\mu{}^\lambda$ で表わす.)

**問 2.** 曲線 $c$: $x^\lambda=x^\lambda(t)$ について, $d^2x^\lambda/dt^2$ は座標変換でベクトルの成分の変換式を満足しないことを示せ.

## § 8. 微 分 写 像

位相空間の間では写像の連続性は意味をもつが, その微分可能性は一般には意味がない. しかし微分多様体については微分可能な写像を定義することが出来る. この節ではそのような写像とそれから誘導される接空間の間の対応について調べよう.

$N^m, M^n$ を微分多様体として, 写像

$$\phi:\ N^m\to M^n$$

による $p\in N^m$ の像を $p'=\phi(p)$ とする. $N^m, M^n$ の $p, p'$ を含む座標近傍をそれぞれ

$$\{\theta, U, O, y^a\},\qquad a=1,\cdots,m,$$

$$\{\theta', U', O', x^\lambda\},\qquad \lambda=1,\cdots,n$$

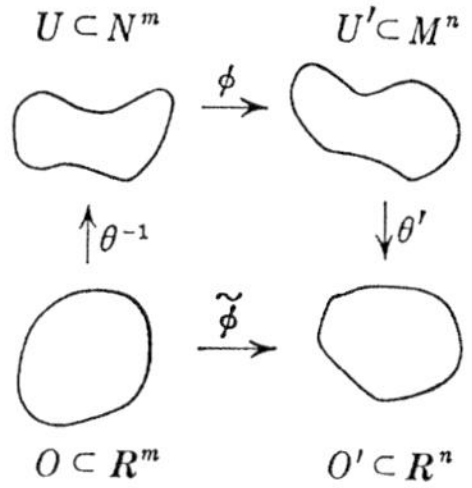

図 4

とすれば, $\theta, \theta'$ が1対1であるから

$$\tilde\phi=\theta'\circ\phi\circ\theta^{-1}$$

なる $\boldsymbol{R}^m$ の開集合から $\boldsymbol{R}^n$ の開集合の中への写像が定義され, それは $n$ 個の函数

$$x^\lambda=x^\lambda(y^a) \tag{8.1}$$

によって表わされる.

$N^m$, $M^n$ の座標近傍による被覆を $N^m=\cup U_i$, $M^n=\cup U_j{}'$ とするとき, $p\in U_i$, $p'=\phi(p)\in U_j{}'$ なる各 $U_i, U_j{}'$ の対について考えた (8.1) の函数が常に $C^r$ 級であれば, $\phi$ を **$C^r$ 級の写像**という. このような定義が被覆 $\{U_i\}$, $\{U_j{}'\}$ のえらび方に無関係であることはいつもの方法によって確かめられる.

$\phi$ が $N^m$ の開集合 $G$ から $M^n$ への写像である場合は，$G$ を $N^m$ の開部分多様体としての微分多様体とみて，$G$ から $M^n$ への $C^r$ 級の写像が定義される．

テンソル場の場合と同様に，$\phi$ がある近傍で定義されていれば局所的，または小域的，$N^m$ 全体で定義されていれば大域的という．特に区別する必要がなければ，たんに $N^m$ から $M^n$ への写像といい，写像によって常に $C^\infty$ 級の写像を意味することにする．

写像 $\phi: N^m \to M^n$ によって $M^n$ 上のスケーラー函数から $N^m$ 上のスケーラー函数を作ることが出来る．すなわち

**定理 8.1.** $f$ を $M^n$ 上のスケーラー函数，$\phi$: $N^m \to M^n$ を写像とすれば

$$(\phi^* f)(p) = f \circ \phi(p)$$

によって定義される $\phi^* f$ は $N^m$ 上のスケーラー函数である．

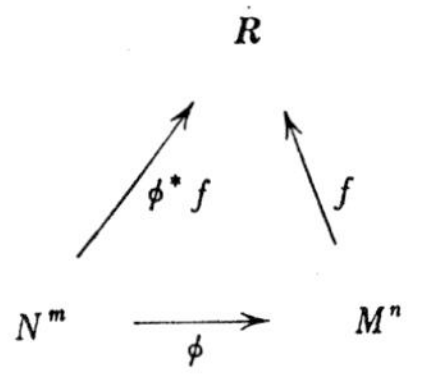

図　5

証明は $\phi^* f$ が1価函数であることは明らかであるから，あとは $\phi^* f$ が $C^\infty$ 級であることを確かめればよい．　（証明終）

**定義 8.1.** 写像 $\phi: N^m \to M^n$ の**微分写像**

$$(\phi_*)_p : T_p(N^m) \to T_{p'}(M^n), \qquad p' = \phi(p),$$

とは $Y \in T_p(N^m)$ に，$\dot{c}_p = Y$ なる曲線 $c$ の像曲線 $\phi \circ c$ の $p'$ における接線ベクトルを対応させる写像である．

特に必要がなければ $(\phi_*)_p$ を $\phi_*$ で表わそう．次の定理は明らかである．

**定理 8.2.** $i$: $N^m \to N^m$ が恒等写像であれば $(i_*)_p : T_p(N^m) \to T_p(N^m)$ も恒等写像である．

**定理 8.3.** 写像 $\phi$, $\psi$ を

$$\phi: N^m \to M^n, \qquad \psi: M^n \to P^d$$

とすれば $(\psi \circ \phi)_* = \psi_* \circ \phi_*$ が成りたつ．

$\phi$: $N^m \to M^n$ の微分写像により対応する $Y \in T_p(N^m)$ と $\phi_*(Y) \in T_{p'}(M^n)$ の成分の間の関係を調べよう．

$p\in N^m$ を通る曲線 $c\in \boldsymbol{C}(p)$ (p.34 参照) の接線ベクトル $\dot{c}_p$ は

$$\dot{c}_p=\left(\frac{dy^a(c(t))}{dt}\right)_{t=0}\left(\frac{\partial}{\partial y^a}\right)_p$$

である．一方，$c'=\phi\circ c$ は $M^n$ の曲線で $c'\in \boldsymbol{C}(p')$ であるが，$p'$ の近傍 $\{U',x^\lambda\}$ では $x^\lambda=x^\lambda(y(c(t)))$ と表わされるから

$$\dot{c}'_{p'}=\left(\frac{dx^\lambda}{dt}\right)_{t=0}\left(\frac{\partial}{\partial x^\lambda}\right)_{p'}=\left(\frac{\partial x^\lambda}{\partial y^a}\right)_p\left(\frac{dy^a}{dt}\right)_{t=0}\left(\frac{\partial}{\partial x^\lambda}\right)_{p'}.$$

しかるに，$\dot{c}'_{p'}=\phi_*(\dot{c}_p)$ であるから結局次の定理が得られた．

**定理 8.4.** $p\in\{U,y^a\}$，$p'=\phi(p)\in\{U',x^\lambda\}$，$Y=\eta^a\partial/\partial y^a\in T_p(N^m)$ とすれば，$\phi_*(Y)=X=\xi^\lambda\partial/\partial x^\lambda$ は次式で与えられる．

$$\xi^\lambda=\frac{\partial x^\lambda}{\partial y^a}\eta^a. \tag{8.2}$$

特に，自然標構について

$$\phi_*\left(\frac{\partial}{\partial y^a}\right)=\frac{\partial x^\lambda}{\partial y^a}\frac{\partial}{\partial x^\lambda} \tag{8.3}$$

が成りたつ．

(8.2)は反変ベクトルの座標変換式と形式的に同じである．$\phi$ が特に $\boldsymbol{i}:N^m\to N^m$ (恒等写像) の場合には，$x^\lambda=x^\lambda(y^a)$ は $N^m$ の座標変換となるから，(8.2) は実際に反変ベクトルの成分の変換式になるわけである．

(8.2) の形から次の定理が成りたつことがわかる．

**定理 8.5.** $\phi:N^m\to M^n$ の微分写像 $\phi_*$ は各点 $p\in N^m$ で $T_p(N)$ から $T_{p'}(M)$ への線型写像である．

(8.3) 式が §1 の (1.13) $\phi(e_\lambda)=b_\lambda{}^i f_i$ に対応する．

**定義 8.2.** 写像 $\phi:N^m\to M^n$ は，もし $(\phi_*)_p$ が中への同型対応であれば $p$ で**正則**であるといい，もしすべての点で正則であれば $\phi$ は正則であるという．

$p$ で正則の条件は，(8.3) から，行列 $(\partial x^\lambda/\partial y^a)_p$ の階数が $m$ なることである．

**定義 8.3.** 写像 $\phi:N^n\to M^n$ が ($C^\infty$ 級の) 逆写像 $\phi^{-1}$ をもてば**微分同型写像**，$N^n$ と $M^n$ とは微分同型であるという．特に，$N^n\to N^n$ の微分同型写像を $N^n$ の**変換**という．

$\phi$ が1つの近傍 $U$ で定義され $\phi: U \to \phi(U)$ が微分同型写像であれば，$\phi$ を**局所微分同型**写像，または**局所変換**という．

以下の議論では微分同型によって，局所の場合も意味することがある．

$\phi$ が微分同型であれば，$\phi\circ\phi^{-1}=\phi^{-1}\circ\phi=i$ と定理 8.2，定理 8.3 とから $\phi_*\circ(\phi^{-1})_*=(\phi^{-1})_*\circ\phi_*=i_*=$ 恒等写像．したがって，微分同型写像 $\phi$ について

$$(8.4) \qquad (\phi_*)^{-1}=(\phi^{-1})_*$$

が成りたつ．このとき $\phi_*$ は逆写像をもつから各点 $p$ で同型写像，したがって $\phi$ は正則である．

微分同型 $\phi$ によって $p$ と $p'=\phi(p)$ とを同一視すれば (8.1) はたんに座標変換になってしまうので上に述べたことは当然である．また対応点が同じ座標をもつように $N^n$（または $M^n$）で座標変換をすれば，$\phi_*$ で対応するベクトルは同じ成分をもつことになる．

写像 $\phi: N^m \to M^n$ から接空間の双対空間の写像

$$T_{p'}^*(M^n) \to T_p^*(N^m), \qquad p'=\phi(p),$$

も自然に定義される．それは $u\in T_{p'}^*(M^n)$ について

$$\psi_u(X)=\langle u, \phi_*(X)\rangle, \qquad X\in T_p(N^m)$$

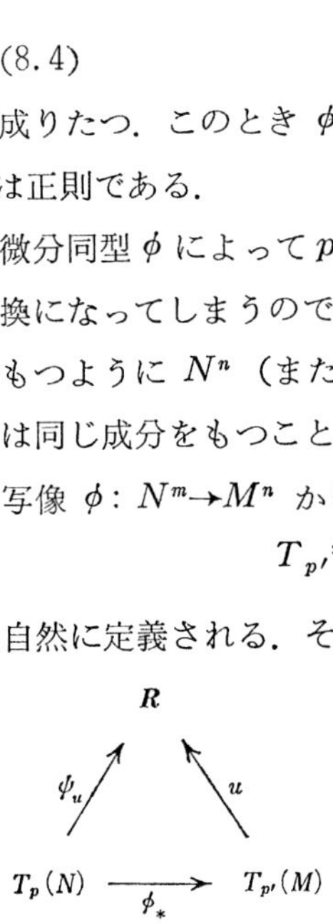

図 6

を考えれば $\psi_u$ は

$$\psi_u=u\circ\phi_*: T_p(N) \to \boldsymbol{R}$$

なる対応であって，任意の $X, Y\in T_p(N)$，$a, b\in\boldsymbol{R}$ に対して

$$\begin{aligned}\psi_u(aX+bY)&=\langle u, \phi_*(aX+bY)\rangle=\langle u, a\phi_*(X)+b\phi_*(Y)\rangle\\&=a\langle u, \phi_*(X)\rangle+b\langle u, \phi_*(Y)\rangle\\&=a\psi_u(X)+b\psi_u(Y)\end{aligned}$$

となるから $\psi_u$ は線型写像である．したがって，$\psi_u\in T_p^*(N)$．このような $\psi_u$ を $\phi^*(u)$ と書くことにする．

**定義 8.4.** 写像 $\phi: N^m \to M^n$ の微分写像を $\phi_*: T_p(N)\to T_{p'}(M)$ とするとき

$$\langle\phi^*(u), X\rangle=\langle u, \phi_*(X)\rangle, \qquad X\in T_p(N),\ u\in T_{p'}(M)$$

によって定まる写像

$$\phi^*: T_{p'}^*(M) \to T_p^*(N)$$

を $\phi_*$ の**双対写像**という.

容易に次の定理が得られる.

**定理 8.6.** $\phi^*$ は線型写像である.

**定理 8.7.** $i$ が恒等写像であれば, $i^*$ も恒等写像である.

**定理 8.8.** 写像 $\phi$, $\psi$ を

$$\phi: N^m \to M^n, \qquad \psi: M^n \to P^d$$

とすれば, $(\psi\circ\phi)^*=\phi^*\circ\psi^*$ が成りたつ.

(8.4) に対応して, 微分同型写像 $\phi$ について

$$(\phi^*)^{-1}=(\phi^{-1})^* \tag{8.5}$$

も明らかであろう. このとき $\phi^*$ は同型写像である.

**定理 8.9.** $p\in\{U, y^a\}$, $p'=\phi(p)\in\{U', x^\lambda\}$, $u=u_\lambda dx^\lambda\in T_{p'}^*(M)$ とすれば, $v=\phi^*(u)=v_a dy^a\in T_p^*(N)$ は

$$v_a=\frac{\partial x^\lambda}{\partial y^a}u_\lambda \tag{8.6}$$

で与えられ, 特に

$$\phi^*(dx^\lambda)=\frac{\partial x^\lambda}{\partial y^a}dy^a \tag{8.7}$$

が成りたつ.

$X$ が $N^m$ のベクトル場であるとき $\phi_*(X)$ は $M^n$ のベクトル場になるとはかぎらない. それは $p\neq q$ で $\phi(p)=\phi(q)$ となることがあり, このとき一般には $\phi_*(X_p)=\phi_*(X_q)$ とはならないからである. これに反して $\phi^*$ については次の定理が成りたつ.

**定理 8.10.** $\phi$ を $N^m\to M^n$ なる写像, $u$ を $M^n$ の共変ベクトル場とすれば $\phi^*(u)$ は $N^m$ の共変ベクトル場である.

これは $N^m$ の各点で一意に $\phi^*(u)$ が定まり, それが (8.6) によって $C^\infty$ 級だからである.

このような $\phi^*(u)$ を $\phi$ により $u$ から**誘導された**共変ベクトル場という．

次に $\phi$ が微分同型写像である場合に $\phi$ からテンソル空間にみちびかれる対応について述べる．(1,2) 次のテンソルについて考えるが一般の場合も全く同様である．

$\phi: N^n \to M^n$ は微分同型写像であるから

$$\phi_*: T_p(N) \to T_{p'}(M), \qquad \phi^*: T_{p'}{}^*(M) \to T_p{}^*(N)$$

は共に同型写像である．いま，$S \in T_2{}^1{}_{,p'}(M)$ に対して $\Phi_2{}^1(S)$ を

$$\Phi_2{}^1(S): T_p{}^*(N) \times T_p(N) \times T_p(N) \to \boldsymbol{R}$$

$$(\Phi_2{}^1(S))(u, X, Y) = S((\phi^{-1})^*(u), \phi_*(X), \phi_*(Y))$$

によって定義すれば $\Phi_2{}^1(S) \in T_2{}^1{}_{,p}(N)$ がわかるから

$$\Phi_2{}^1: T_2{}^1{}_{,p'}(M) \to T_2{}^1{}_{,p}(N)$$

が定義され，しかもこれらベクトル空間の間の同型写像となる．

同様に $\Phi_s{}^r$ が定義され $\Phi_0{}^1 = (\phi^{-1})_*$，$\Phi_1{}^0 = \phi^*$，$\Phi_0{}^0 = \phi^*$，である．テンソルの型を特にことわる必要がない場合はたんに $\Phi$ で表わし，$\phi$ から**テンソル空間に誘導された写像**という．

**定義 8.5.** $\phi$ を $M^n$ の変換とするとき $\Phi(S) = S$ を満足するテンソル $S$ を $\phi$ で**不変な**テンソルという．

最後に部分空間の定義をしておく．

**定義 8.6.** 微分多様体 $N^m$ は微分多様体 $M^n (m \leqq n)$ の部分集合であるとし，包含対応

$$i: N^m \to M^n, \qquad i(p) = p$$

は $C^\infty$ 級であると仮定する．このとき，もし写像 $i$ が正則であれば $N^m$ を $M^n$ の $m$ 次元**部分空間**，または $m$ 次元**曲面**という．特に $m = n-1$ の場合，$N^{n-1}$ を $M^n$ の超曲面とよぶ．

$N^m$ が $m$ 次元曲面であるための条件を座標を使って表わそう．$p \in N^m \subset M^n$ の $N^m$，$M^n$ での座標近傍をそれぞれ $\{V, u^a\}, a = 1, \cdots, m$，$\{U, x^\lambda\}$ とすれば，

$i$ は $m$ 変数の $n$ 個の函数

$$x^\lambda = x^\lambda(u)$$

で与えられる．自然標構の関係は

$$i_*\left(\frac{\partial}{\partial u^a}\right) = \frac{\partial x^\lambda}{\partial u^a}\frac{\partial}{\partial x^\lambda}$$

であるから

$$B_a{}^\lambda = \frac{\partial x^\lambda}{\partial u^a}$$

とおけば，$N^m$ が $m$ 次元曲面である条件は $n\times m$ 行列 $B=(B_a{}^\lambda)$ の階数が常に $m$，ということになる．すなわち

$$i_*\left(\frac{\partial}{\partial u^a}\right) = B_a{}^\lambda\frac{\partial}{\partial x^\lambda}, \qquad a=1, \cdots, m(\leqq n),$$

なる $m$ 個のベクトルが各点で1次独立なことである．

**例 1.** ユークリッド空間 $E^3$ の中で $z=f(x, y)$ で与えられる図形 $S$ は，$E^3$ の座標系を $x^1=x$，$x^2=y$，$x^3=z$，$S$ の座標系を $u^1=x$, $u^2=y$ とすれば

$$(B_a{}^\lambda) = \begin{bmatrix} 1 & 0 \\ 0 & 1 \\ z_x & z_y \end{bmatrix}$$

となり，$B$ の階数は2であるから2次元曲面である．

$p\in N\subset M$ においては2つの接空間 $T_p(N)$，$T_p(M)$ の間に中への同型写像 $i_*: T_p(N)\to T_p(M)$ があって，$X=\eta^a\partial/\partial u^a\in T_p(N)$ に対して

$$i_*(X) = i_*\left(\eta^a\frac{\partial}{\partial u^a}\right) = B_a{}^\lambda\eta^a\frac{\partial}{\partial x^\lambda}$$

が成りたつ．

我々は以下では $T_p(N)$ と $i_*(T_p(N))$ とを同一視して $T_p(N)=i_*(T_p(N))\subset T_p(M)$ と考え $i_*$ は省略する．したがって，$X\in T_p(N)$ について

$$\eta^a\frac{\partial}{\partial u^a} = B_a{}^\lambda\eta^a\frac{\partial}{\partial x^\lambda}$$

となるから，$T_p(N)$ のベクトル $\eta^a$ は $T_p(M)$ では成分 $B_a{}^\lambda\eta^a$ をもつ．

**注意．** $N^m$ の位相は $M^n$ の位相から部分集合 $N^m$ へ誘導される相対位相と一致して

いるとはかぎらない.

**問 1.** 任意のテンソル $S,T$ について, $\Phi(ST)=\Phi(S)\Phi(T)$.

**問 2.** $S$ がテンソル場であれば $\Phi(S)$ もテンソル場である.

**問 3.** $\boldsymbol{R}$ の自然標構を $d/dt$ とすれば, $M^n$ の曲線 $c$ について

$$c_*(d/dt)=\dot{c}.$$

## § 9. リー微分

集合 $A$ が加法群であるとは, $A$ の元の間に和といわれる演算が定義されていて, 定義 1.1 (ベクトル空間の公理系)の (1.1)〜(1.4) を満足する場合をいう. 加法群 $A$ の元が実変数 $t$ $(-\infty<t<\infty)$ に従属し, すなわち $A=\{a_t|t\in\boldsymbol{R}\}$ の形で表わされ, 加法は $a_s+a_t=a_{s+t}$ で与えられるとき $A$ を1径数群という.

この場合 $A$ の0元は $a_0$ で, $a_t$ の逆元は $-a_t=a_{-t}$ である.

微分多様体 $M^n$ において各元 $a_t$ が $M^n$ の変換であるような1径数群を考えよう.

**定義 9.1.** $M^n$ の**1径数変換群** $\{\phi_t\}$ とは次の条件 (i), (ii) を満足するような写像

$$\phi:\boldsymbol{R}\times M^n\to M^n,\qquad (t,p)\to\phi(t,p)=\phi_t(p)$$

である. ここに, $\boldsymbol{R}\times M^n$ は $\boldsymbol{R}$ と $M^n$ との直積微分多様体とする.

(i) 各 $t$ について $\phi_t$ は $M^n$ の変換である.

(ii) 任意の $t,s\in\boldsymbol{R}$, $p\in M^n$ について

$$\phi_t\circ\phi_s(p)=\phi_{t+s}(p).$$

点集合 $\{\phi_t(p)|t\in\boldsymbol{R}\}$ を点 $p$ の**軌道**という.

$p$ の軌道は $p$ を通る曲線であるが, (ii) によってその上の任意の点の軌道でもある. $p$ の軌道の $p$ における接線ベクトル

$$\left(\frac{d\phi_t(p)}{dt}\right)_{t=0}=X(p)$$

の集合 $X$ は $M$ 上でベクトル場を作り, しかも $X$ の積分曲線はその上の任意の点の軌道である. このようなベクトル場 $X$ を $\{\phi_t\}$ が**誘導する**ベクトル

場という.

逆に1つのベクトル場が与えられたとき，その積分曲線をその上の各点の軌道とするような1径数変換群が存在するだろうか．これは一般には存在しないのであるが，次に定義する群芽に対しては正しい.

**定義 9.2.** $U$ を $M^n$ の開集合，$I_\varepsilon=(-\varepsilon,\varepsilon)\subset \boldsymbol{R}$ とするとき，$I_\varepsilon\times U$ 上で定義された**1径数局所変換群芽**とは

$$\phi : I_\varepsilon\times U \to M^n, \qquad (t,p)\to\phi(t,p)=\phi_t(p)$$

なる写像で次の条件（i），（ii）を満足するものである.

（i） $\phi_t : U\to\phi_t(U)$ は局所変換である.

（ii） $t,s,t+s\in I_\varepsilon$，$p,\phi_s(p)\in U$ について

$$\phi_t\circ\phi_s(p)=\phi_{t+s}(p).$$

この場合にも $\{\phi_t\}$ が $U$ 上に1つのベクトル場 $X$ を誘導することは明らかであろう.

微分方程式論から次の定理が知られている.

**補助定理.** 微分方程式

$$\frac{dx_i}{dt}=f_i(t,x_1,\cdots,x_m), \qquad i=1,\cdots,m$$

において，$f_i(t,x_1,\cdots,x_m)$ は $(t,x_1,\cdots,x_m)$ の $m+1$ 次元空間の領域 $D$ において $C^p(p\geqq 1)$ 級の函数とする．このとき，$D$ に属する任意の点 $(a,c_1,\cdots,c_m)$ を通り $D$ に含まれる解 $x_i=\varphi_i(t,a,c_1,\cdots,c_m)$ が一意に存在して，$\varphi_i(t,a,c_1,\cdots,c_m)$ は $t$ については $C^{p+1}$ 級，$(c_1,\cdots,c_m)$ に関して $C^p$ 級の函数である.

**定理 9.1.** $X$ を $M^n$ の任意に与えられたベクトル場とする．このとき各点 $p_0\in M^n$ に対して，$\varepsilon>0$ と $p_0$ の近傍 $U$ とを適当にとれば，$I_\varepsilon\times U$ で定義されしかも $X$ を誘導する1径数局所変換群芽が一意に存在する.

**証明.** $\{V,x^\lambda\}$ を $p_0$ の近傍で $x^\lambda(p_0)=0$ とする．$X=\xi^\lambda\partial/\partial x^\lambda$ として，$n$ 個の未知函数 $f^1,f^2,\cdots,f^n$ についての微分方程式系

$$df^\lambda/dt=\xi^\lambda(f^1,\cdots,f^n) \tag{9.1}$$

を考える．補助定理によって，$\delta_1>0$，$\varepsilon_1>0$ と $I_{\varepsilon_1}\times U_1$ で定義された函数

$f^1(t,x),\cdots,f^n(t,x)$ とが存在して，各 $x$ に対して $f^\lambda(t,x)$ は $f^\lambda(0,x)=x^\lambda$ なる (9.1) の解である．ここに，$I_{\varepsilon_1}=(-\varepsilon_1,\varepsilon_1)$，$U_1$ は

$$U_1=\{x|\ |x^\lambda|<\delta_1\}\subset V$$

とする．いま

$$\phi_t(x)=(f^1(t,x),\cdots,f^n(t,x))$$

とおき，$\phi_t$ が求める群芽であることを示そう．

$t,s,t+s\in I_{\varepsilon_1}$，$x$，$\phi_s(x)\in U_1$ ならば $g^\lambda(t,x)=f^\lambda(t+s,x)$ は $g^\lambda(0,x)=f^\lambda(s,x)(=\phi_s(x))$ なる (9.1) の解であるから，解の一意性によって $g^\lambda(t,x)=f^\lambda(t,\phi_s(x))$，

$$\therefore\quad \phi_{t+s}(x)=\phi_t\circ\phi_s(x).$$

$\phi(t,x)=\phi_t(x)$ とおけば，写像 $\phi: I_{\varepsilon_1}\times U_1\to V$ について $\phi(0,p_0)=p_0$ であるから，$\phi$ の連続性によって $|t|<\varepsilon$ ならば $\phi_t(U)\subset U_1$ となるような $\varepsilon$ と，$U=\{x|\ |x^\lambda|<\delta\}$ とが存在する．$x\in U$，$t\in I_\varepsilon$ に対して

$$\phi_{-t}\circ\phi_t(x)=\phi_t\circ\phi_{-t}(x)=\phi_0(x)=x.$$

したがって，$\phi_t, t\in I_\varepsilon$，は逆写像 $\phi_{-t}$ をもつから局所同型写像である．ゆえに，$\{\phi_t\}$ は $I_\varepsilon\times U$ 上の1径数局所変換群芽で，作り方から $X$ を誘導することもわかる．また微分方程式の解の一意性から $\phi_t$ の一意性も明らかである．

（証明終）

この定理から，2つの $\{\phi_t\}$，$\{\psi_t\}$ が $I_\varepsilon\times U$ で定義され $U$ 上で同じベクトル場を誘導すればそれらは $U$ 上で一致する，ことがわかる．

定理 9.1 の $X$ は $\{\phi_t\}$ を**生成する**という．

**注意．** 特に必要な場合以外は1径数変換群と1径数局所変換群芽をたんに変換群 $\{\phi_t\}$ ということにする．

$\{\phi_t\}$ は $t$ を固定したとき各点 $p$ の近傍で(局所)変換であるから同型写像

$$(\phi_{-t})_*: T_{\phi_t(p)}\to T_p,\qquad (\phi_t)^*: T^*_{\phi_t(p)}\to T_p{}^*$$

を考えることが出来る．同様にテンソル空間に誘導する同型写像を

$$\Phi_t: T_s{}^r{}_{,\phi_t(p)}\to T_s{}^r{}_{,p}$$

とする．

さて，$S$ をテンソル場とすれば各 $t$ について $\Phi_t(S)$ もまたテンソル場であった．

**定義 9.3.** テンソル場 $S$ は任意の $t$ について常に，$S=\Phi_t(S)$，すなわち

$$S_p=\Phi_t(S_{\phi_t(p)}) \tag{9.2}$$

を満足すれば，変換群 $\{\phi_t\}$ のもとで不変であるという．

$\Phi_t(S_{\phi_t(p)})\in T^r_{s,p}$ は $t$ について微分可能な $p$ におけるテンソルの集合である．

**定義 9.4.** $X$ が $\{\phi_t\}$ を生成するとき，テンソル場 $S$ について

$$(\mathfrak{L}_X S)_p=\left[\frac{\partial}{\partial t}\Phi_t(S_{\phi_t(p)})\right]_{t=0}$$

を $S$ の $X$ に関する**リー微分商**，$\mathfrak{L}_X$ を作用させることを $X$ に関する**リー微分**という．

$\mathfrak{L}_X S$ も $S$ と同じ次数のテンソル場を作ることは明らかである．$X$，$S$ の成分を使って $\mathfrak{L}_X S$ の成分を $\mathfrak{L}_\xi S^\lambda{}_{\mu\nu}$ のようにも表わす．

$S$ が $\{\phi_t\}$ のもとで不変であれば，(9.2) から $\mathfrak{L}_X S=0$ が成りたつ．

逆に，$\mathfrak{L}_X S=0$ が $M^n$ のすべての点で成りたつと仮定しよう．

$$\left[\frac{\partial}{\partial t}\Phi_t(S_{\phi_t(\bar{p})})\right]_{t=0}=0$$

が任意の点 $\bar{p}$ で成りたつから，$\bar{p}=\phi_s(p)$，$u=t+s$ とおいて $\Phi_{-s}\circ\Phi_u=\Phi_t$ に注意すれば

$$\begin{aligned}左辺&=\left[\frac{\partial}{\partial t}\Phi_t(S_{\phi_{t+s}(p)})\right]_{t=0}=\left[\frac{\partial}{\partial u}\Phi_{-s}\circ\Phi_u(S_{\phi_u(p)})\right]_{u=s}\\&=\Phi_{-s}\left(\left[\frac{\partial}{\partial u}\Phi_u(S_{\phi_u(p)})\right]_{u=s}\right).\end{aligned}$$

$\Phi_{-s}$ は同型対応であるから，結局

$$\frac{\partial}{\partial s}\Phi_s(S_{\phi_s(p)})=0$$

が任意の点 $p$ で成りたつ．したがって，$\Phi_s(S_{\phi_s(p)})$ は $s$ に独立となるが，$\phi_0$ は恒等写像であるから

$$\Phi_s(S_{\phi_s(p)})=\Phi_0(S_{\phi_0(p)})=S_p$$

となって $S$ が $\{\phi_t\}$ で不変であることがわかった．ゆえに

**定理 9.2.** テンソル場 $S$ が変換群 $\{\phi_t\}$ のもとで不変であるための必要十分条件は $\mathfrak{L}_X S=0$ である．ここに，$X$ は $\{\phi_t\}$ が誘導するベクトル場とする．

次にベクトル場 $Y$ の $X$ に関するリー微分商をそれらの成分によって表わそう．

$p\in\{U, x^\lambda\}$ とし，$\{\phi_t\}$ は $\phi_t(p)\in U$ となるような十分小さい $t$ について $U$ の中で

$$\phi_t : x \to \bar{x}, \qquad \bar{x}^\lambda=\bar{x}^\lambda(x,t)$$

なる函数で与えられるとする．

まず，$\phi_0$ は恒等写像であるから $\bar{x}^\lambda(x,0)=x^\lambda$，したがって

$$\left(\frac{\partial \bar{x}^\lambda}{\partial x^\mu}\right)_{t=0}=\delta_\mu{}^\lambda, \qquad \left(\frac{\partial x^\lambda}{\partial \bar{x}^\mu}\right)_{t=0}=\delta_\mu{}^\lambda$$

が成りたつ．また

$$X=\xi^\lambda\frac{\partial}{\partial x^\lambda}, \qquad Y=\eta^\lambda\frac{\partial}{\partial x^\lambda} \tag{9.3}$$

とすれば

$$\xi^\lambda(x)=\left(\frac{\partial \bar{x}^\lambda}{\partial t}\right)_{t=0}, \tag{9.4}$$

$$\frac{\partial \eta^\lambda}{\partial x^\nu}=\left(\frac{\partial \eta^\lambda(\bar{x})}{\partial \bar{x}^\nu}\right)_{t=0} \tag{9.5}$$

である．さて $Y_{\phi_t(p)}=\eta^\lambda(\bar{x})\partial/\partial x^\lambda$ の $\Phi_t=(\phi_t{}^{-1})_*=(\phi_{-t})_*$ による像は

$$\Phi_t(Y_{\phi_t(p)})=(\phi_{-t})_*(Y_{\phi_t(p)})=\left(\frac{\partial x^\mu}{\partial \bar{x}^\lambda}\eta^\lambda(\bar{x})\frac{\partial}{\partial x^\mu}\right)_p$$

となるから

$$\left[\frac{\partial}{\partial t}\Phi_t\,(Y_{\phi_t(p)})\right]_{t=0} \tag{9.6}$$

$$=\left[\frac{\partial}{\partial t}\left(\frac{\partial x^\mu}{\partial \bar{x}^\lambda}\right)\eta^\lambda(\bar{x})+\frac{\partial x^\mu}{\partial \bar{x}^\lambda}\,\frac{\partial \bar{x}^\nu}{\partial t}\,\frac{\partial \eta^\lambda(\bar{x})}{\partial \bar{x}^\nu}\right]_p\left(\frac{\partial}{\partial x^\mu}\right)_p.$$

一方，

$$\frac{\partial x^\lambda}{\partial \bar{x}^\mu}\,\frac{\partial \bar{x}^\mu}{\partial x^\nu}=\delta_\nu{}^\lambda$$

から

$$\frac{\partial}{\partial t}\left(\frac{\partial x^\lambda}{\partial \bar{x}^\mu}\right)\frac{\partial \bar{x}^\mu}{\partial x^\nu}+\frac{\partial x^\lambda}{\partial \bar{x}^\mu}\frac{\partial}{\partial t}\left(\frac{\partial \bar{x}^\mu}{\partial x^\nu}\right)=0.$$

$t=0$ とすれば (9.3), (9.4) によって

$$\left[\frac{\partial}{\partial t}\left(\frac{\partial x^\lambda}{\partial \bar{x}^\mu}\right)\right]_{t=0}=-\left(\frac{\partial \xi^\mu}{\partial x^\nu}\right)_p. \tag{9.7}$$

(9.3), (9.4), (9.7) を (9.6) に代入して

$$\left[\frac{\partial}{\partial t}\Phi_t(Y_{\phi_t(p)})\right]_{t=0}=\left(-\eta^\lambda\frac{\partial \xi^\mu}{\partial x^\lambda}+\xi^\lambda\frac{\partial \eta^\mu}{\partial x^\lambda}\right)_p\left(\frac{\partial}{\partial x^\mu}\right)_p,$$

すなわち

$$\mathfrak{L}_X Y=\left(\xi^\alpha\frac{\partial \eta^\lambda}{\partial x^\alpha}-\eta^\alpha\frac{\partial \xi^\lambda}{\partial x^\alpha}\right)\frac{\partial}{\partial x^\lambda} \tag{9.8}$$

が得られた．これを $\mathfrak{L}_X Y=[X,Y]$ とも書いて $X$ と $Y$ との**交換子積**という．また (9.8) を

$$\mathfrak{L}_\xi \eta^\lambda=\xi^\alpha\frac{\partial \eta^\lambda}{\partial x^\alpha}-\eta^\alpha\frac{\partial \xi^\lambda}{\partial x^\alpha} \tag{9.9}$$

とも表わす．

一般のテンソル場についても同様の公式が得られる．たとえば (1,2) 次のテンソル場 $S^\lambda{}_{\mu\nu}$ については

$$\mathfrak{L}_\xi S^\lambda{}_{\mu\nu}=\xi^\alpha\frac{\partial S^\lambda{}_{\mu\nu}}{\partial x^\alpha}-S^\alpha{}_{\mu\nu}\frac{\partial \xi^\lambda}{\partial x^\alpha}+S^\lambda{}_{\alpha\nu}\frac{\partial \xi^\alpha}{\partial x^\mu}+S^\lambda{}_{\mu\alpha}\frac{\partial \xi^\alpha}{\partial x^\nu} \tag{9.10}$$

となる．

**問 1.** スケーラー函数 $f$ については

$$\mathfrak{L}_X f=\xi^\alpha\frac{\partial f}{\partial x^\alpha}=Xf.$$

**問 2.** クロネッカーのデルタ $I=(\delta_\mu{}^\lambda)$ については $\mathfrak{L}_X I=0$.

**問 3.** リー微分は微分演算子である．すなわち任意のテンソル $S,T$ と $a,b\in \boldsymbol{R}$ について

$$\mathfrak{L}_X(aS+bT)=a\mathfrak{L}_X S+b\mathfrak{L}_X T,$$
$$\mathfrak{L}_X(S\cdot T)=(\mathfrak{L}_X S)\cdot T+S\cdot\mathfrak{L}_X T.$$

## § 10. リーマン計量

今まで考えてきた微分多様体 $M^n$ には，まだ物指しを与えていないので 2 点間の距離という概念がなかった．同様に接空間 $T_p(M)$ はベクトル空間では

あるがユークリッド・ベクトル空間とは考えていない．$T_p(M)$ をユークリッド・ベクトル空間にするには $p$ で対称，正定値な2次の共変テンソルを与えればよい．

**定義 10.1.** 微分多様体 $M^n$ に対称，正定値な2次の共変テンソル場 $g$ が与えられたとき，各 $T_p(M)$ を計量テンソルが $g_p$ のユークリッド・ベクトル空間とみなした $M^n$ を $n$ 次元**リーマン空間**といい，$\{M^n, g\}$ または $M^n$ で表わす．このとき $g$ を**リーマン計量テンソル**，または**基本テンソル**という．

基本テンソル $g$ の性質を書いておけば，$g$ は2次の共変テンソルで，$X, Y \in T_p(M)$ に対して

$$g_p(X, Y) = g_p(Y, X),$$

$$X \neq 0 \Rightarrow g_p(X, X) > 0.$$

これを $g$ の成分を使っていい直せば次のようになる．$M^n$ の各座標近傍ごとに $n^2$ 個の函数 $g_{\lambda\mu}(x)$ がきまって，

(i) $$g_{\lambda\mu} = g_{\mu\lambda}.$$

(ii) $(\xi^1, \cdots, \xi^n) \neq (0, \cdots, 0)$ ならば $g_{\lambda\mu}\xi^\lambda\xi^\mu > 0$.

(iii) 座標変換 $\bar{x}^\lambda = \bar{x}^\lambda(x)$ によって

$$g_{\lambda\mu} = \frac{\partial \bar{x}^\alpha}{\partial x^\lambda} \frac{\partial \bar{x}^\beta}{\partial x^\mu} \bar{g}_{\alpha\beta}.$$

逆に，座標近傍ごとにこのような $n^2$ 個の函数 $g_{\lambda\mu}(x)$ が与えられれば，$g(\partial/\partial x^\lambda, \partial/\partial x^\mu) = g_{\lambda\mu}$ によって定義されるテンソル $g$ は基本テンソルの条件を満足する．

リーマン空間 $M^n$ の点 $p$ で行列 $(g_{\lambda\mu}(p))$ の逆行列 $(g^{\lambda\mu}(p))$ を作ればそれは $p$ での対称な2次の反変テンソルとなり，しかも $g^{\lambda\mu}$ は $M^n$ 上のテンソル場を作る．$T_p(M)$ の元 $X = \xi^\lambda \partial/\partial x^\lambda$ と $T_p{}^*(M)$ の元 $u = \xi_\lambda dx^\lambda$ とを §4 におけるように

$$g_{\lambda\mu}\xi^\lambda = \xi_\mu,, \qquad g^{\lambda\mu}\xi_\mu = \xi^\lambda$$

によって同一視すれば，$M^n$ 上の反変ベクトル場と共変ベクトル場との同一視も出来る．この場合 $\xi_\mu$ を $X$ の共変成分という．共変ベクトル場の反変成分

も考えられ，さらに一般のテンソルの成分の $g_{\lambda\mu}, g^{\lambda\mu}$ による添字の上げ下げも出来る．この意味でリーマン空間においては $(r,s)$ 次のテンソル(場)をたんに $r+s$ 次のテンソル(場)ということもある．

ベクトル場 $X,Y$ について

$$\langle X,Y\rangle = g(X,Y),$$
$$\|X\|^2 = \langle X,X\rangle, \qquad \|X\| \geqq 0$$

を $X$ と $Y$ との内積，$X$ の長さという．これらの量はともに $M^n$ 上のスケーラー函数である．常に $\|X\|=1$ であるベクトル場 $X$ を単位ベクトル場という．$X,Y$ のなす角 $\theta$：

$$\cos\theta = \frac{\langle X,Y\rangle}{\|X\|\cdot\|Y\|}, \qquad 0 \leqq \theta \leqq \pi$$

もスケーラー函数である．

$M^n$ の曲線 $c$ について

$$\int_{t_0}^{t_1} \|\dot{c}\| dt = \int_{t_0}^{t_1} \sqrt{g(\dot{c},\dot{c})}\, dt$$

を $p=c(t_0)$ から $q=c(t_1)$ までの曲線 $c$ の長さといい，2点 $p,q$ を結ぶ曲線の長さの下限：

$$\rho(p,q) = \inf_c \int_a^b \|\dot{c}\| dt$$

を $p$ から $q$ までの**距離**という．$\rho$ は距離函数の公理：(i) $p \neq q \Rightarrow \rho(p,q)>0$, (ii) $\rho(p,q)=\rho(q,p)$, (iii) $\rho(p,q)+\rho(q,r) \geqq \rho(p,r)$, を満足し $\rho$ によって $M^n$ は距離空間となる．またそのような $\rho$ による位相が多様体としての $M^n$ の位相と一致することも示される．

曲線 $c$ を $\{U, x^\lambda\}$ において $x^\lambda = x^\lambda(t)$ とすれば，$t_0$ から $t$ までの $c$ の長さ $s$ は

$$s = \int_{t_0}^{t} \sqrt{g_{\lambda\mu} \frac{dx^\lambda}{dt} \frac{dx^\mu}{dt}}\, dt \tag{10.1}$$

で与えられる．(10.1) を微分すれば

$$\left(\frac{ds}{dt}\right)^2 = g_{\lambda\mu} \frac{dx^\lambda}{dt} \frac{dx^\mu}{dt}$$

となり，この式は任意の曲線 $x^\lambda=x^\lambda(t)$ について成りたつという意味で「**線元素**が

(10.2)　　$$ds^2=g_{\lambda\mu}dx^\lambda dx^\mu$$

であるリーマン空間」といういい方をする．ここでは $ds, dx^\lambda$ は共に全微分を表わす．

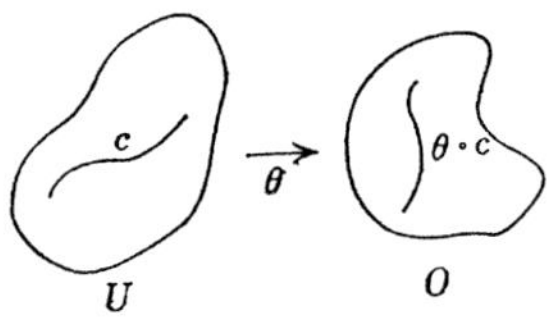


図　7

**注意．** $\theta: U\to O$ を局所座標系とすれば，曲線 $c$ と $\theta\circ c$ はともに $x^\lambda=x^\lambda(t)$ で表わされる．$c$ の長さは，$\theta\circ c$ に沿っての $O$ での積分 (10.1) で与えられるわけである．したがって，リーマン空間の1つの座標近傍 $U$ の中で考えるかぎり，それは $O$ で曲線の長さが (10.1) で定義された幾何学を考えるのと同じことである．

**例 1. ユークリッド空間** $E^n$．$n$ 次元数空間 $\boldsymbol{R}^n$ はただ1つの座標近傍 $\{\boldsymbol{R}^n, x^\lambda\}$ によって微分多様体であった．$\{\boldsymbol{R}^n, x^\lambda\}$ に成分が $\delta_{\lambda\mu}$ のテンソル $g_0$ を与えたとき，このリーマン空間を $n$ 次元ユークリッド空間 $E^n$ という．このような座標系でベクトル $X=(\xi^\lambda)$ の長さは $\|X\|=\left\{\sum_{\lambda=1}^{n}(\xi^\lambda)^2\right\}^{1/2}$，曲線の長さは $s=\int_{t_0}^{t}\sqrt{\sum_\lambda\left(\frac{dx^\lambda}{dt}\right)^2}dt$ となる．全微分の形では

$$ds^2=(dx^1)^2+\cdots+(dx^n)^2$$

である．このような $\{x^\lambda\}$ を直交座標系という．

$N^m (m\leqq n)$ をリーマン空間 $\{M^n, g\}$ の部分空間とし包含写像を $i: N^m\to M^n$ とする．このとき $g$ から $i^*$ によって $N^m$ 上に誘導されるテンソルを $\bar{g}=i^*(g)$ とすれば，$X, Y\in T_p(N)$ に対して

$$\bar{g}(X,Y)=g(i_*(X),\ i_*(Y))=g(X,Y)$$

が成りたつ．$\bar{g}$ が $N^m$ でリーマン計量テンソルの条件を満足することは容易に確かめられるから，$\{N^m, \bar{g}\}$ は $m$ 次元のリーマン空間となる．このような**誘導計量**をもつ部分空間をリーマン空間の $m$ 次元**部分空間**，またはたんに $m$ 次元**曲面**といい，特に $n-1$ 次元曲面を**超曲面**という．

$N^m$ を局所的に $x^\lambda=x^\lambda(u^a)$ で表わせば $\bar{g}$ の $\{\partial/\partial u^a\}$ に関する成分は

$$\bar{g}_{ab}=g_{\lambda\mu}B_a{}^\lambda B_b{}^\mu, \qquad B_a{}^\lambda=\frac{\partial x^\lambda}{\partial u^a}$$

で与えられる．それは $x^\lambda(u^a)$ の全微分 $dx^\lambda=B_a{}^\lambda du^a$ を (10.2) に代入すれば

$$ds^2=g_{\lambda\mu}dx^\lambda dx^\mu=g_{\lambda\mu}B_a{}^\lambda B_b{}^\mu du^a du^b$$

となり，$du^a du^b$ の係数が $g_{ab}$ だからである．

**例 2.** ユークリッド空間 $E^n$ の $m$ 次元曲面の誘導計量 $\bar{g}$ は

$$\bar{g}_{ab}=\delta_{\lambda\mu}B_a{}^\lambda B_b{}^\mu=\sum_{\lambda=1}^n B_a{}^\lambda B_b{}^\lambda$$

である．

**例 3. 回転放物面．** $E^3$ の直交座標系 $x,y,z$ について $2z=x^2+y^2$ で与えられる2次元曲面 $S$ の誘導計量は

$$\begin{aligned}ds^2&=dx^2+dy^2+dz^2\\&=(1+x^2)dx^2+2xydxdy+(1+y^2)dy^2\end{aligned}$$

であるから，$S$ の座標系 $x,y$ に関する計量テンソル $\bar{g}$ の成分は

$$\bar{g}_{11}=1+x^2, \qquad \bar{g}_{12}=\bar{g}_{21}=xy, \qquad \bar{g}_{22}=1+y^2.$$

となる．

**問 1.** $E^n$ で計量テンソル $g_0$ の平行座標系に関する成分はすべて定数である．

**問 2.** $E^{n+1}$ で直交座標 $x^1,\cdots,x^{n+1}$ に関して $(x^1)^2+\cdots+(x^{n+1})^2=k^2$, $k>0$, で与えられる球面 $S^n(k)$ 上の誘導計量 $\bar{g}$ は，$U^+_{n+1}$(§5 例 3, p.32) では次式で与えられる．

$$\bar{g}_{ab}=\delta_{ab}+\frac{x^a x^b}{(x^{n+1})^2}=\delta_{ab}+\frac{x^a x^b}{k^2-\{(x^1)^2+\cdots+(x^n)^2\}}.$$

## 問　題　2

**1.** 直交座標系 $x, y, z$ について，$x^2+y^2+z^2=k^2$ で与えられる球面を $S^2(k)$ とする．北極 $p_0(0,0,k)$ と $S^2$ 上の点 $p(x,y,z)$ とを通る直線が $xy$ 平面と交わる点を $p'(u,v)$ とする．$p$ に $p'$ を対応させる対応

$$\theta:\ S^2(k)-\{p_0\}\to xy \text{ 平面}$$

を**中心** $p_0$ の**極射影**という．$S^2$ は §5例3によって微分多様体であるが，$\theta$ によって

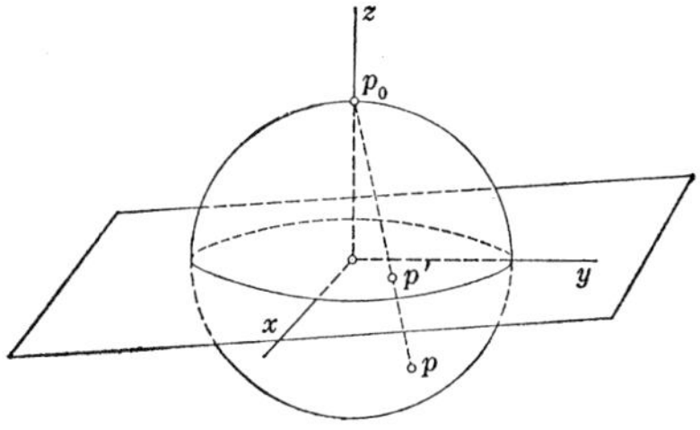


図 8

開南半球(南半球から赤道を除いた部分)の点$p$に $(u,v)$ を対応させる座標系は許容座標系であることを証明せよ．

**2.** 前問の球 $S^2(k)$ について考える．$p_0(0,0,k)$ を通る平面 $z=k$ を$\pi$とし，原点$O$と開北半球の点 $p(x,y,z)$ とを通る直線が平面$\pi$と交わる点を $p'(u,v,k)$ とする．$\theta$: $p\to(u,v)$ なる座標系は許容座標系である．

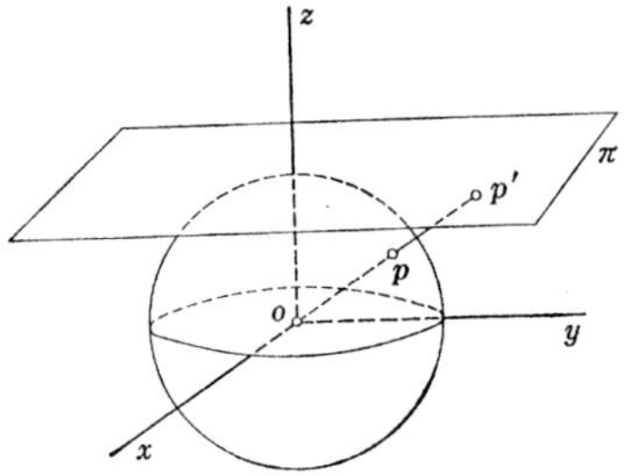


図　9

**3.** 球面 $S^n(k)$ について，その直径対点 $x=(x^1,\cdots,x^{n+1})$ と $x'=(-x^1,\cdots,-x^{n+1})$ とを同一点と考えた点集合を$n$次元**射影空間**$P^n(k)$という．微分多様体としての $S^n(k)$ の構造(§5 例 3，p.32)によって $P^n(k)$ を自然に微分多様体に出来ることを示せ．

**4.** 直積微分多様体 $M^n\times N^m$ について，$T_p(M)+T_q(N)\to T_{(p,q)}(M\times N)$ なる同型対応を自然に定義せよ．

**5.** $\{U,x^\lambda\}$ で任意のベクトル場を $X$ とすれば

$$Xx^\lambda=\langle dx^\lambda,X\rangle.$$

**6.** ベクトル場 $X=\xi^\lambda\partial/\partial x^\lambda$，$u=u_\lambda dx^\lambda$ の成分から作った $\partial\xi^\lambda/\partial x^\mu$，$\partial u_\lambda/\partial x^\mu$ はテンソル場の成分ではない．しかし $\dfrac{\partial u_\lambda}{\partial x^\mu}-\dfrac{\partial u_\mu}{\partial x^\lambda}$ はテンソル場を作る．

**7.** $\phi$: $N\to M$，$\psi$: $M\to P$ が微分同型写像であれば，$\Theta=\Phi\circ\Psi$ が成りたつ．ここに $\Theta$ は $\theta=\psi\circ\phi$ から誘導されるテンソル空間の同型写像である．

**8.** 写像 $\phi$ : $N^m\to M^n$ と $N^m$ のベクトル場 $X$, $Y$ について，$\phi_*(X)$, $\phi_*(Y)$ がベクトル場であれば次式が成りたつ．

$$[\phi_*(X),\ \phi_*(Y)]=\phi_*([X,\ Y])$$

**9.** ベクトル場 $X$ が生成する $\{\phi_t\}$ によってベクトル場$Y$の積分曲線が不変である必要十分条件は $\mathfrak{L}_XY=0$ である．

**10.** ベクトル場 $X,Y,Z$，函数$f$について次の式が成りたつ．

$$[X,Y]=-[Y,X]$$
$$[[X,Y],Z]+[[Y,Z],X]+[[Z,X],Y]=0,\ \text{(ヤコビーの恒等式)}$$
$$[fX,Y]=f[X,Y]-(Yf)X.$$

**11.** リー微分は縮約と可換である．

**12.** $g,g'$ が微分多様体 $M^n$ のそれぞれリーマン計量テンソルであれば，$\mathfrak{g}/\mathfrak{g}'$ はスケーラー函数である．ここに $\mathfrak{g}=\det(g_{\lambda\mu}),\mathfrak{g}'=\det(g'_{\lambda\mu})$．

**13.** $E^3$ の直交座標系 $x,y,z$ について

$$x=(a+b\cos v)\cos u,\qquad y=(a+b\cos v)\sin u,\qquad z=b\sin v,\qquad a>b>0,$$

で与えられる曲面 $T^2$ を**輪環面**という(§5 例 4，p.32 と位相同型)．$T^2$ の局所座標

$u^1=u$, $u^2=v$ について誘導計量は次式で与えられる.

$$g_{11}=(a+b\cos v)^2,\qquad g_{12}=0,\qquad g_{22}=b^2,$$
$$g^{11}=1/(a+b\cos v)^2,\qquad g^{12}=0,\qquad g^{22}=1/b^2.$$

**14.** $E^4$ の直交座標系 $x^1, x^2, x^3, x^4$ に関して

$$x^1=\cos u^1,\qquad x^2=\sin u^1,$$
$$x^3=\cos u^2,\qquad x^4=\sin u^2,\qquad 0\leqq u^1, u^2\leqq 2\pi$$

で与えられる2次元の曲面(前問の $T^2$ と位相同型である)上の誘導計量は $ds^2=(du^1)^2+(du^2)^2$ である.

**15.** リーマン空間の1点 $p$ で $g_{\lambda\mu}(p)=\delta_{\lambda\mu}$ が成りたつような局所座標系が存在する.

# 第3章 リーマン空間

## § 11. 平 行 性

**例 1.** ユークリッド空間 $E^3$ の中にある球面を $S^2$ とする. 2次元多様体としての $S^2$ の点 $p$ における接ベクトルは, $S^2$ 上の曲線 $c$ の $p$ における接線ベクトルであるから, 直観的にいえば図 10 の接平面 $T_p$ 上にある. いま北極 $p_0$ と図の位置にある点 $p$ とを考えよう. $X \in T_{p_0}$ を $p_0$ における図のような接ベクトルとし, 平行な(同じ)ベクトル$X$を $p$ で作れば, それは $T_p$ に垂直であるから $T_p$ には属しない. したがって, $p_0$ における $X$ は $E^3$ の平行性に関しては $T_p$ のどのベクトルとも平行でない. $T_{p_0}$ のベクトルと $T_p$ のあるベクトルとが「平行」であるように $S^2$ に新しい「平行」性を定義するにはどのようにしたらよいだろうか.

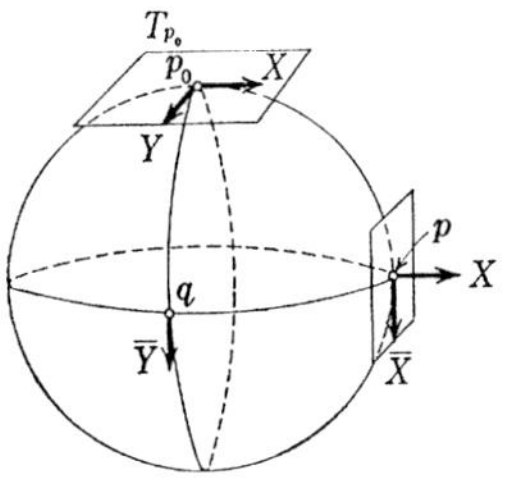

図 10

$S^2$ 上ではその任意の2点 $p'$, $q'$ 間の最短距離を与える曲線は大円 ($p'$, $q'$ と中心 O を通る平面と $S^2$ との交わりの円)である. したがって $S^2$ 上の幾何学を考える場合, 大円にユークリッド幾何学における直線の役割を果させるのが自然であろう. ユークリッド幾何における直線 $c$ は

(*)　接線ベクトルが $c$ に沿って平行である

という性質によって特徴づけられる. $S^2$ でも大円が (*) によって特徴づけられるように $S^2$ での平行性が定義されるのが望ましい.

図 10 において, $\widehat{p_0p}$, $\widehat{p_0q}$ は大円であるから $X$ と $\overline{X}$, $Y$ と $\overline{Y}$ とは「平行」と考えよう. 次に $\overline{X}$ と $\overline{Y}$ とを「平行」と考えたいというのも自然であろう. そうするとベクトル $X$ を $\widehat{p_0p}$, $\widehat{pq}$, $\widehat{qp_0}$ と「平行」に動かしていくと最後に $X$ と異なる $Y$ が得られたことになる. このことは, 曲った空間ではベクトルを曲線に沿って「平行」に動かしていくとき, 異なる曲線に沿って動かせば最後に同一点で得られるベクトルが異なっても仕方がないことを示唆

する.

**例 2.** $x, y$ をユークリッド平面 $E^2$ の直交座標系とする. 曲線 $c$:

(11.1)
$$x=x(t), \qquad y=y(t)$$

上で定義されたベクトル場 $X(t)=(\xi^1(t), \xi^2(t))$ が平行である条件は

(11.2)
$$\frac{d\xi^\lambda}{dt}=0, \qquad \lambda=1,2,$$

すなわち $\xi^\lambda$ が一定なることである. (11.2) を極座標系 $r, \theta$ で書き直してみよう. 座標変換が

$$x=r\cos\theta, \qquad y=r\sin\theta$$

であるから, $r=\bar{x}^1$, $\theta=\bar{x}^2$ に関するベクトル $X$ の成分 $(\bar{\xi}^1, \bar{\xi}^2)$ は

$$\xi^1=\bar{\xi}^1\cos\theta-\bar{\xi}^2 r\sin\theta, \qquad \xi^2=\bar{\xi}^1\sin\theta+\bar{\xi}^2 r\cos\theta$$

となる. $c$ の方程式 (11.1) が極座標系では

$$r=r(t), \qquad \theta=\theta(t)$$

と書けるとすれば, (11.2) は次のような面倒な式になる.

(11.3)
$$\frac{d\bar{\xi}^1}{dt}-r\bar{\xi}^2\frac{d\theta}{dt}=0,$$
$$\frac{d\bar{\xi}^2}{dt}+\frac{1}{r}\bar{\xi}^2\frac{dr}{dt}+\frac{1}{r}\bar{\xi}^1\frac{d\theta}{dt}=0.$$

しかし, ここで

$$\bar{\Gamma}^1_{11}=\bar{\Gamma}^1_{12}=\bar{\Gamma}^1_{21}=\bar{\Gamma}^2_{11}=\bar{\Gamma}^2_{22}=0,$$

$$\bar{\Gamma}^1_{22}=-r, \qquad \bar{\Gamma}^2_{12}=\bar{\Gamma}^2_{21}=1/r$$

と書くことにすれば, (11.3) は次の形にまとめることが出来る.

$$\frac{d\bar{\xi}^\lambda}{dt}+\frac{d\bar{x}^\mu}{dt}\bar{\Gamma}^\lambda_{\mu\nu}\bar{\xi}^\nu=0, \qquad \lambda=1,2.$$

これらの例を考えに入れて微分多様体 $M^n$ に平行性を定義していこう.

$M^n$ の1つの座標近傍 $\{U, x^\lambda\}$ で $n^3$ 個の函数 $\Gamma^\lambda_{\mu\nu}(x)$ が一組任意に与えられたとする. このとき $U$ の中の曲線 $c$: $x^\lambda=x^\lambda(t)$ について未知函数 $\xi^\lambda$ の微分方程式系

$$\frac{d\xi^\lambda}{dt}+\frac{dx^\mu}{dt}\Gamma^\lambda_{\mu\nu}(x(t))\xi^\nu=0 \tag{11.4}$$

を考える．これは1階の線型微分方程式であるから，任意の点 $p_0=c(t_0)\in U$ において初期値 $\xi^\lambda(t_0)$ を任意に与えれば適当な $t$ の範囲で解 $\xi^\lambda(t)$ が一意に定まる．このとき

$$X(t)=\xi^\lambda(t)\left(\frac{\partial}{\partial x}\right)_{c(t)}$$

は $c$ に沿って $\Gamma^\lambda_{\mu\nu}$ に関して**平行**である，または $X(t)$ は $X(t_0)$ を $c$ に沿って平行移動して得られたという．このように平行性を定義したとき $\Gamma^\lambda_{\mu\nu}$ を $U$ における**疑似接続の係数**とよび，$U$ は疑似接続 $\Gamma$ をもつという．

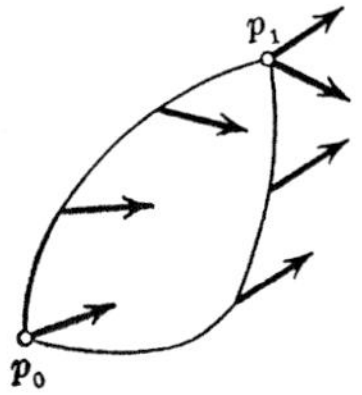

図 11

$c$ 上の2点 $p_0$，$p_1$ を通る他の曲線を $c_1$ とすれば，(11.4) における $x(t)$ は $c, c_1$ について異なるから，$X(t_0)$ から $c_0, c_1$ に沿って平行移動して $p_1$ で得られたベクトルは一般に異なる．このことを平行性は曲線に従属するという．

微分多様体の各点に対応している接空間は $p, p'$ が近ければ $T_p(M)$ と $T_{p'}(M)$ も近いと考えられたが，その相互位置についてはこれまで何も規定していなかった．$T_p$ のどの方向と $T_{p'}$ のどの方向が同じであるという，その重ね方をきめれば対応して1つの幾何学が出来るが，疑似接続はそのような法則の1つである．それは $p, p'$ の座標を $x^\lambda, x^\lambda+\Delta x^\lambda$（$\Delta x^\lambda$ は十分小さい変位）とすると，$p$ におけるベクトル $\xi^\lambda(\partial/\partial x^\lambda)_p$ と $p'$ におけるベクトル

$$(\xi^\lambda+\Delta\xi^\lambda)(\partial/\partial x^\lambda)_{p'}=(\xi^\lambda-\Delta x^\mu\Gamma^\lambda_{\mu\nu}\xi^\nu)(\partial/\partial x^\lambda)_{p'}$$

とが平行であるとよぶことによって $T_p, T_{p'}$ の重ね方を規定するのである．

$c$ 上であらかじめベクトル場 $X$ が与えられているときは，それが平行でなければ

$$\frac{\delta\xi^\lambda}{\delta t}\equiv\nabla_{\dot{c}}\xi^\lambda\equiv\frac{d\xi^\lambda}{dt}+\frac{dx^\mu}{dt}\Gamma^\lambda_{\mu\nu}\xi^\nu$$

は零ベクトル場ではない．

次に $U\cap V\neq\emptyset$ なる近傍 $\{U,x^\lambda\}$，$\{V,\bar{x}^\lambda\}$ にそれぞれ疑似接続 $\Gamma,\bar{\Gamma}$ が与えられたとき，$W=U\cap V$ でこの2つの平行性が一致する条件を求めよう．

$W$ でベクトル場 $X$ は $X=\xi^\lambda\partial/\partial x^\lambda=\bar{\xi}^\lambda\partial/\partial\bar{x}^\lambda$ と書けて成分の間には

$$\bar{\xi}^\alpha=\frac{\partial\bar{x}^\alpha}{\partial x^\lambda}\xi^\lambda$$

の関係があるから，$W$ の中の曲線 $c$ 上で

$$\frac{d\bar{\xi}^\alpha}{dt}=\frac{dx^\mu}{dt}\frac{\partial^2\bar{x}^\alpha}{\partial x^\mu\partial x^\lambda}\xi^\lambda+\frac{\partial\bar{x}^\alpha}{\partial x^\lambda}\frac{d\xi^\lambda}{dt}.$$

これから

$$\begin{aligned}\frac{\delta\bar{\xi}^\alpha}{\delta t}&=\frac{d\bar{\xi}^\alpha}{dt}+\frac{d\bar{x}^\beta}{dt}\bar{\Gamma}_{\beta\gamma}^{\alpha}\bar{\xi}^\gamma\\&=\frac{dx^\mu}{dt}\frac{\partial^2\bar{x}^\alpha}{\partial x^\mu\partial x^\nu}\xi^\nu+\frac{\partial\bar{x}^\alpha}{\partial x^\lambda}\frac{d\xi^\lambda}{dt}+\frac{dx^\mu}{dt}\frac{\partial\bar{x}^\beta}{\partial x^\mu}\bar{\Gamma}_{\beta\gamma}^{\alpha}\frac{\partial\bar{x}^\gamma}{\partial x^\nu}\xi^\nu\\&=\frac{\partial\bar{x}^\alpha}{\partial x^\lambda}\frac{\delta\xi^\lambda}{\delta t}+\frac{dx^\mu}{dt}\left(\frac{\partial^2\bar{x}^\alpha}{\partial x^\mu\partial x^\nu}+\bar{\Gamma}_{\beta\gamma}^{\alpha}\frac{\partial\bar{x}^\beta}{\partial x^\mu}\frac{\partial\bar{x}^\gamma}{\partial x^\nu}-\frac{\partial\bar{x}^\alpha}{\partial x^\lambda}\Gamma_{\mu\nu}^{\lambda}\right)\xi^\nu\end{aligned}$$

が得られる．したがって任意の $p,\xi^\lambda,dx^\mu/dt$ について $\delta\xi^\lambda/\delta t=0$ と $\delta\bar{\xi}^\lambda/\delta t=0$ とが同値となる条件は

$$\frac{\partial\bar{x}^\alpha}{\partial x^\lambda}\Gamma_{\mu\nu}^{\lambda}=\frac{\partial^2\bar{x}^\alpha}{\partial x^\mu\partial x^\nu}+\bar{\Gamma}_{\beta\gamma}^{\alpha}\frac{\partial\bar{x}^\beta}{\partial x^\mu}\frac{\partial\bar{x}^\gamma}{\partial x^\nu}\tag{11.5}$$

あるいは，これと同値な

$$\Gamma_{\mu\nu}^{\kappa}=\frac{\partial x^\kappa}{\partial\bar{x}^\alpha}\left(\frac{\partial^2\bar{x}^\alpha}{\partial x^\mu\partial x^\nu}+\bar{\Gamma}_{\beta\gamma}^{\alpha}\frac{\partial\bar{x}^\beta}{\partial x^\mu}\frac{\partial\bar{x}^\gamma}{\partial x^\nu}\right)\tag{11.6}$$

が成りたつことである．(11.5) が成りたてば任意の $X$ について

$$\frac{\delta\bar{\xi}^\alpha}{\delta t}=\frac{\partial\bar{x}^\alpha}{\partial x^\lambda}\frac{\delta\xi^\lambda}{\delta t}\tag{11.7}$$

となるから $\delta\xi^\lambda/\delta t$ は $c$ 上で1つの反変ベクトル場を与えることがわかる．

準備が出来たので次の定義をしよう．

**定義 11.1.** 微分多様体 $M^n$ の座標近傍による開被覆 $\{U_i\}$ の各 $U_i$ に疑似接続がそれぞれ与えられ，$U_i\cap U_j\neq\emptyset$ ならばその各点で (11.5) が成りたつとき，$M^n$ に**疑似接続** $\Gamma$ が与えられたといい，$M^n$ と $\Gamma$ との対 $\{M^n,\Gamma\}$ を**疑似接続空間**，各 $\Gamma_{\mu\nu}^{\lambda}$ を**疑似接続の係数**という．

$\{M^n, \Gamma\}$ を簡単のために $M^n$ と書こう．任意の許容座標 $U$ では $U_i \cap U \neq \emptyset$ なる各 $U_i$ の疑似接続係数 $\bar{\Gamma}$ と (11.6) とによって $\Gamma$ を定義すれば，$U_i \cap U$ で $\bar{\Gamma}$，$\Gamma$ の平行性が一致する．このようにして $M^n$ に疑似接続が定義されればその任意の許容座標近傍 $U$ に矛盾なく疑似接続が入る(問1参照)．同様に $M^n$ の任意の開集合に疑似接続が $M^n$ のそれから誘導される．

疑似接続の係数はその変換式 (11.5) からわかるようにテンソルの成分ではない．

**例 3.** $n$ 次元数空間 $\boldsymbol{R}^n$ はただ1つの座標近傍 $\{\boldsymbol{R}^n, x^\lambda\}$ によって微分多様体であった．$\Gamma^\lambda_{\mu\nu}$ として任意の函数を与えれば $\boldsymbol{R}^n$ は疑似接続空間となる．特に，$\Gamma^\lambda_{\mu\nu}(x) \equiv 0$ は最も簡単なものである(§6 例参照)．$\boldsymbol{R}^n$ の他の許容座標系 $\{\bar{x}^\lambda\}$ に関する係数は (11.6) を使って与えればよい．

**注意.** $M^n$ の近傍 $\{U, x^\lambda\}$ で $\Gamma^\lambda_{\mu\nu}(x) \equiv 0$ なる $\Gamma$ を考えれば $U$ 上の疑似接続である．しかし $M^n$ の開被覆 $\{U_i\}$ の各々の $U_i$ で $\Gamma^\lambda_{\mu\nu} \equiv 0$ なる $\Gamma$ を考えても一般には $M^n$ の疑似接続にはならない．それは (11.6) が $\Gamma^\lambda_{\mu\nu} = \bar{\Gamma}^\lambda_{\mu\nu} = 0$ として成りたつとはかぎらないからである．$M^n$ が位相空間として第2可算公理を満足していれば疑似接続が存在することが知られている．

以下，疑似接続 $\Gamma$ をもつ $M^n$ を考える．曲線 $c$ 上のベクトル場 $X$ について $U \cap V \neq \emptyset$ で (11.7) が成りたつから

$$\frac{\delta \xi^\lambda}{\delta t} \frac{\partial}{\partial x^\lambda} = \frac{\delta \bar{\xi}^\lambda}{\delta t} \frac{\partial}{\partial \bar{x}^\lambda}$$

となり，したがって $c$ が1つの近傍 $U$ に含まれない場合にも $X$ から新しいベクトル場が $c$ 上全体で定義されることがわかる．このベクトル場を

$$\nabla_{\dot{c}} X = \frac{\delta}{\delta t} X = (\nabla_{\dot{c}} \xi^\lambda) \frac{\partial}{\partial x^\lambda} = \frac{\delta \xi^\lambda}{\delta t} \frac{\partial}{\partial x^\lambda}$$

の各々で表わし $X$ の $c$ に沿っての共変微分商とよぶ．

$X$ が $M^n$ のベクトル場である場合には

$$\frac{\delta \xi^\lambda}{\delta t} = \frac{dx^\mu}{dt} \left( \frac{\partial \xi^\lambda}{\partial x^\mu} + \Gamma^\lambda_{\mu\nu} \xi^\nu \right)$$

が任意の $c$ について成りたち，$\delta \xi^\lambda / \delta t$，$dx^\mu / dt$ が共にベクトルの成分であるか

ら

$$\nabla_\mu \xi^\lambda = \frac{\partial \xi^\lambda}{\partial x^\mu} + \Gamma^\lambda_{\mu\nu}\xi^\nu$$

は (1,1) 次のテンソルの成分である．このテンソルを $\nabla X$ と書いて $X$ の共変微分商という．また $Y=\eta^\mu\partial/\partial x^\mu$ とするとき $\eta^\mu\nabla_\mu\xi^\lambda$ をベクトル場 $X$ の $Y$ 方向への共変微分商といって $\nabla_Y X$ で表わす．

例 1 の( * )に対応して次の定義をする．

**定義 11.2.** 曲線 $c$ は適当なパラメーター $t$ について考えたときに，接線ベクトル $\dot{c}$ が $c$ に沿って平行であれば**道**といい，そのパラメーター $t$ を道の**疑似パラメーター**とよぶ．

道は疑似パラメーター $t$ に関して

$$\nabla_{\dot{c}}\dot{c}=0$$

を満足する曲線であるから，局所座標系 $\{x^\lambda\}$ については

$$\frac{d^2x^\lambda}{dt^2} + \Gamma^\lambda_{\mu\nu}\frac{dx^\mu}{dt}\frac{dx^\nu}{dt}=0, \tag{11.8}$$

あるいは

$$\frac{\delta}{\delta t}\frac{dx^\lambda}{dt}=0$$

の解 $x^\lambda=x^\lambda(t)$ として与えられる．

$t$ が道 $c$ の疑似パラメーターであるとき $t'$ がまた $c$ の疑似パラメーターであるための必要かつ十分な条件は

$$t'=at+b$$

である．ここに，$a, b$ は定数で $a\neq 0$ とする．

(11.8) は $2n$ 個の未知函数 $x^\lambda, \xi^\lambda$ についての 1 階の微分方程式系

$$\frac{dx^\lambda}{dt}=\xi^\lambda, \qquad \frac{d\xi^\lambda}{dt}=-\Gamma^\lambda_{\mu\nu}\xi^\mu\xi^\nu$$

と同値であるから，任意の初期条件「$t=t_0$ のとき $x^\lambda=x_0{}^\lambda, \xi^\lambda=\xi_0{}^\lambda$」を与えれば $t=t_0$ の近くで解

$$x^\lambda=x^\lambda(t), \qquad \xi^\lambda=\xi^\lambda(t)=dx^\lambda/dt$$

をもつ．したがって

**定理 11.1.** 疑似接続空間の任意の点を通り，その点で任意に与えられた方向をもつような道が一意に存在する．

次にテンソル場の共変微分を定義しよう．

**定義 11.3.** 曲線 $c$ 上のテンソル場について，$(r,s)$ 次のテンソル場に$(r,s)$次のテンソル場を対応させ，しかも次の条件（i）～(iv) を満足する対応 $\nabla_{\dot{c}}$ を $c$ に沿っての**共変微分，** $\nabla_{\dot{c}}T$ をテンソル $T$ の $c$ に沿っての共変微分という．

（i） スケーラー函数 $f$ について　$\nabla_{\dot{c}}f=df/dt$.

（ii） ベクトル場 $X$ について　$\nabla_{\dot{c}}X=\dfrac{\delta\xi^\lambda}{\delta t}\dfrac{\partial}{\partial x^\lambda}$.

(iii) 任意のテンソル $T,S$ の積に対して

$$\nabla_{\dot{c}}(TS)=(\nabla_{\dot{c}}T)S+T\nabla_{\dot{c}}S.$$

(iv) $\nabla_{\dot{c}}$ と縮約とは可換である．すなわち，共変微分をしてから或る2つの添字について縮約したものは，同じ添字についてまず縮約をして次に共変微分したものと一致する．

このような $\nabla_{\dot{c}}$ が一意に存在することを示そう．まず条件を満足する $\nabla_{\dot{c}}$ が存在すると仮定する．$X=\xi^\lambda\partial/\partial x^\lambda$,　$u=u_\lambda dx^\lambda$ とすれば，(iii), (iv) から

$$\nabla_{\dot{c}}\langle X,u\rangle=\langle\nabla_{\dot{c}}X,u\rangle+\langle X,\nabla_{\dot{c}}u\rangle. \tag{11.9}$$

$\langle X,u\rangle$ はスケーラー函数であるから，（i）によって

$$\nabla_{\dot{c}}\langle X,u\rangle=\frac{d\langle X,u\rangle}{dt}=\frac{d(\xi^\lambda u_\lambda)}{dt}$$

$$=\frac{d\xi^\lambda}{dt}u_\lambda+\xi^\lambda\frac{du_\lambda}{dt}.$$

また，（ii）によって

$$\langle\nabla_{\dot{c}}X,u\rangle=\left(\frac{d\xi^\lambda}{dt}+\frac{dx^\mu}{dt}\ \Gamma^\lambda_{\mu\nu}\xi^\nu\right)u_\lambda.$$

これらを (11.9) に代入すれば

$$\langle X,\nabla_{\dot{c}}u\rangle=\left(\frac{du_\lambda}{dt}-\frac{dx^\mu}{dt}\ \Gamma^\nu_{\mu\lambda}u_\nu\right)\xi^\lambda$$

となるが，$\xi^\lambda$ は任意であるから $\nabla_{\dot{c}}u$ の成分 $\nabla_{\dot{c}}u_\lambda$ は

$$\nabla_{\dot{c}} u_\lambda = \frac{du_\lambda}{dt} - \frac{dx^\mu}{dt} \Gamma_{\mu\lambda}^{\nu} u_\nu$$

で与えられ $\nabla_{\dot{c}} u$ の形が一意にきまった．逆に $\nabla_{\dot{c}} u$ をこの形で与えれば，計算を逆にたどることによって (11.9) が成りたつことがわかるから，$\nabla_{\dot{c}} u$ は商法則によって共変ベクトルであり，$\nabla_{\dot{c}}$ は (i)〜(iv) を満足する．

一般のテンソルについても，たとえば

$$\nabla_{\dot{c}}(T_{\lambda\mu}{}^{\nu}\xi^\lambda\eta^\mu u_\nu) = d(T_{\lambda\mu}{}^{\nu}\xi^\lambda\eta^\mu u_\nu)/dt$$

$$= (\nabla_{\dot{c}} T_{\lambda\mu}{}^{\nu})\xi^\lambda\eta^\mu u_\nu + T_{\lambda\mu}{}^{\nu}(\nabla_{\dot{c}}\xi^\lambda\eta^\mu u_\nu + \xi^\lambda\nabla_{\dot{c}}\eta^\mu u_\nu + \xi^\lambda\eta^\mu\nabla_{\dot{c}} u_\nu)$$

から

$$\nabla_{\dot{c}} T_{\lambda\mu}{}^{\nu} = \frac{dT_{\lambda\mu}{}^{\nu}}{dt} - \frac{dx^\omega}{dt}\Gamma_{\omega\lambda}^{\alpha} T_{\alpha\mu}{}^{\nu} - \frac{dx^\omega}{dt}\Gamma_{\omega\mu}^{\alpha} T_{\lambda\alpha}{}^{\nu} + \frac{dx^\omega}{dt}\Gamma_{\omega\alpha}^{\nu} T_{\lambda\mu}{}^{\alpha}$$

が得られ，$\nabla_{\dot{c}}$ が一意に存在することがわかる．$\nabla_{\dot{c}}$ を $\delta/\delta t$ とも書く．

テンソル場が $M^n$ で定義されているときは

$$\nabla_\lambda u_\nu = \frac{\partial u_\nu}{\partial x^\lambda} - \Gamma_{\lambda\nu}^{\alpha} u_\alpha,$$

$$\nabla_\omega T_{\lambda\mu}{}^{\nu} = \frac{\partial T_{\lambda\mu}{}^{\nu}}{\partial x^\omega} - \Gamma_{\omega\lambda}^{\alpha} T_{\alpha\mu}{}^{\nu} - \Gamma_{\omega\mu}^{\alpha} T_{\lambda\alpha}{}^{\nu} + \Gamma_{\omega\alpha}^{\nu} T_{\lambda\mu}{}^{\alpha}$$

とおけば

$$\nabla_{\dot{c}} u_\nu = \frac{dx^\lambda}{dt}\nabla_\lambda u_\nu, \qquad \nabla_{\dot{c}} T_{\lambda\mu}{}^{\nu} = \frac{dx^\omega}{dt}\nabla_\omega T_{\lambda\mu}{}^{\nu}$$

となるから $\nabla_\lambda u_\mu, \nabla_\omega T_{\lambda\mu}{}^{\nu}$ はまたテンソルの成分であることがわかる．これらのテンソルを $\nabla u$, $\nabla T$ と表わせば $\nabla$ は $(r,s)$ 次のテンソル場から $(r,s+1)$ 次のテンソル場を作る．$\nabla$ を作用させることを共変微分するといい，$\nabla T$ を $T$ の共変微分商という．

曲線 $c$ 上のテンソル場 $T$ が $\nabla_{\dot{c}} T=0$ を満足すれば $c$ 上の**平行テンソル場**といい，またこのとき $T(t)$ は $T(t_0)$ から $c$ に沿っての平行移動によって得られたという．$M^n$ のテンソル場 $T$ は $\nabla T=0$ ならば平行テンソル場といわれる．明らかに次の定理が成りたつ．

**定理 11.2.** $M^n$ のテンソル場が平行テンソル場であるための必要十分条件は，任意の曲線 $c$ についてそれが $c$ 上の平行テンソル場なることである．

テンソル $\delta_\lambda{}^\mu$ については

$$\nabla_\nu \delta_\lambda{}^\mu = \frac{\partial \delta_\lambda{}^\mu}{\partial x^\nu} - \Gamma^\alpha_{\nu\lambda}\delta_\alpha{}^\mu + \Gamma^\mu_{\nu\alpha}\delta_\lambda{}^\alpha = 0$$

となるから

**定理 11.3.** 基本単位テンソル場 $\delta_\lambda{}^\mu$ は任意の疑似接続に関して $M^n$ の平行テンソル場である.

**定義 11.4.** 疑似接続 $\Gamma$ はその接続係数が $\Gamma^\lambda_{\mu\nu} = \Gamma^\lambda_{\nu\mu}$ を満足すれば**対称疑似接続**といわれる.

この定義が意味をもつことは, (11.6) において $\Gamma^\lambda_{\mu\nu} = \Gamma^\lambda_{\nu\mu}$ と $\overline{\Gamma}^\lambda_{\mu\nu} = \overline{\Gamma}^\lambda_{\nu\mu}$ とが矛盾しないことからわかる.

疑似接続 $\Gamma$ が対称であることの幾何学的意味を調べよう. 2次元の曲面 $\alpha : x^\lambda = x^\lambda(r, t)$ を考えると, その $t=$一定 および $r=$一定 というパラメーター曲線の接線ベクトルはそれぞれ

$$\frac{\partial \alpha}{\partial r} = \frac{\partial x^\lambda(r,t)}{\partial r}\frac{\partial}{\partial x^\lambda}, \qquad \frac{\partial \alpha}{\partial t} = \frac{\partial x^\lambda(r,t)}{\partial t}\frac{\partial}{\partial x^\lambda}$$

である. $\partial\alpha/\partial r$ の曲線 $r=$一定 に沿っての共変微分商は

$$\frac{\delta}{\delta t}\frac{\partial x^\lambda}{\partial r} = \frac{\partial}{\partial t}\frac{\partial x^\lambda}{\partial r} + \frac{\partial x^\mu}{\partial t}\Gamma^\lambda_{\mu\nu}\frac{\partial x^\nu}{\partial r}$$

となるから

$$\frac{\delta}{\delta t}\frac{\partial \alpha}{\partial r} - \frac{\delta}{\delta r}\frac{\partial \alpha}{\partial t} = (\Gamma^\lambda_{\mu\nu} - \Gamma^\lambda_{\nu\mu})\frac{\partial x^\mu}{\partial t}\frac{\partial x^\nu}{\partial r}\frac{\partial}{\partial x^\lambda}$$

が成りたつ. これから

**定理 11.4.** 疑似接続が対称であるための必要十分な条件は, 任意の2次元曲面 $\alpha$ について常に

$$\frac{\delta}{\delta t}\frac{\partial \alpha}{\partial r} = \frac{\delta}{\delta r}\frac{\partial \alpha}{\partial t}$$

が成りたつことである.

**問 1.** 疑似接続係数の変換式 (11.5) について, $\{U, x^\lambda\} \cap \{\overline{U}, \overline{x}^\lambda\} \cap \{U', x'^\lambda\} \neq \emptyset$ ならば座標変換 $x \to \overline{x} \to x'$ を続いて行なって得られる $\Gamma^\lambda_{\mu\nu}$ と $\Gamma'^\lambda_{\mu\nu}$ の関係式は, 直接 $x \to x'$ により得られる関係式と一致する.

**問 2.** 微分多様体 $M^n$ 上に $n$ 個のベクトル場 $X_{(1)}, \cdots, X_{(n)}$ が与えられ各点で常に1次独立であるとする. 各 $\{U, x^\lambda\}$ で $X_{(i)}$ $(i=1, \cdots, n)$ の成分 $\xi_{(i)}{}^\lambda$ が作る行列 $(\xi_{(i)}{}^\lambda)$ の逆行列を $(\xi_\lambda{}^{(i)})$ とし

$$\Gamma^\lambda_{\mu\nu}=\sum_i \xi_{(i)}{}^\lambda \frac{\partial \xi_\nu{}^{(i)}}{\partial x^\mu}$$

とおけば $\Gamma$ は $M^n$ の疑似接続である.

**問 3.** $\Gamma$ を $M^n$ の疑似接続, $T$ を (1,2) 次のテンソル場とすれば, $L^\lambda_{\mu\nu}=\Gamma^\lambda_{\mu\nu}+T_{\mu\nu}{}^\lambda$ も $M^n$ の疑似接続である.

**問 4.** 道 $c$: $x^\lambda=x^\lambda(t)$ は任意のパラメーター $t$ に関しては

$$\frac{d^2x^\lambda}{dt^2}+\Gamma^\lambda_{\mu\nu}\frac{dx^\mu}{dt}\frac{dx^\nu}{dt}=\alpha\frac{dx^\lambda}{dt}$$

の形の微分方程式の解である. ここに $\alpha$ は $t$ の函数とする.

## § 12. リーマンの接続

§ 11 例 3 で述べたように1つの微分多様体には幾通りもの疑似接続を与えることが出来る. 疑似接続の概念はこのようにかなり一般的であるが, リーマン空間ではそのリーマン計量から自然にきまる疑似接続が存在するのである.

**定義 12.1.** リーマン空間 $\{M^n, g\}$ において, $\nabla g=0$ を満足する疑似接続を**計量疑似接続**という.

**定理 12.1.** リーマン空間には対称な計量疑似接続が一意に存在する.

**証明.** 対称計量疑似接続が存在するものとして, $\{U, x^\lambda\}$ におけるその係数を $\Gamma^\lambda_{\mu\nu}$ とする. 仮定によって

$$\Gamma^\lambda_{\mu\nu}=\Gamma^\lambda_{\nu\mu}, \tag{12.1}$$

$$\frac{\partial g_{\lambda\mu}}{\partial x^\nu}-g_{\alpha\mu}\Gamma^\alpha_{\nu\lambda}-g_{\lambda\alpha}\Gamma^\alpha_{\nu\mu}=0 \tag{12.2}$$

が成りたつから, これらの式を $\Gamma^\lambda_{\mu\nu}$ についての連立方程式とみて解こう. (12.2) で添字の交換 $\lambda\to\mu\to\nu\to\lambda$ を行なえば

$$\frac{\partial g_{\mu\nu}}{\partial x^\lambda}-g_{\alpha\nu}\Gamma^\alpha_{\lambda\mu}-g_{\mu\alpha}\Gamma^\alpha_{\lambda\nu}=0,$$

$$-\frac{\partial g_{\nu\lambda}}{\partial x^\mu}+g_{\alpha\lambda}\Gamma^\alpha_{\mu\nu}+g_{\nu\alpha}\Gamma^\alpha_{\mu\lambda}=0.$$

これら3式を辺々加えれば，(12.1) を使って

$$\frac{\partial g_{\lambda\mu}}{\partial x^\nu}+\frac{\partial g_{\mu\nu}}{\partial x^\lambda}-\frac{\partial g_{\nu\lambda}}{\partial x^\mu}=2g_{\mu\alpha}\Gamma^\alpha_{\lambda\nu}$$

となる．したがって

$$[\lambda\nu,\mu]=\frac{1}{2}\left(\frac{\partial g_{\lambda\mu}}{\partial x^\nu}+\frac{\partial g_{\mu\nu}}{\partial x^\lambda}-\frac{\partial g_{\lambda\nu}}{\partial x^\mu}\right)$$

と書くことにすれば

$$g_{\mu\alpha}\Gamma^\alpha_{\lambda\nu}=[\lambda\nu,\mu]$$

となるから，両辺と $g^{\mu\kappa}$ との積和をとって

$$\Gamma^\kappa_{\lambda\nu}=g^{\mu\kappa}[\lambda\nu,\mu]$$

が得られる．ここでさらに

$$(12.3)\qquad \left\{{\nu \atop \lambda\mu}\right\}=g^{\nu\alpha}[\lambda\mu,\ \alpha]=\frac{1}{2}g^{\nu\alpha}\left(\frac{\partial g_{\lambda\alpha}}{\partial x^\mu}+\frac{\partial g_{\mu\alpha}}{\partial x^\lambda}-\frac{\partial g_{\lambda\mu}}{\partial x^\alpha}\right)$$

とおけば

$$\Gamma^\lambda_{\mu\nu}=\left\{{\lambda \atop \mu\nu}\right\}$$

であることがわかった．

$\left\{{\lambda \atop \mu\nu}\right\}$, $[\lambda\mu,\nu]$ は計量テンソルだけから計算出来る量で，これらをそれぞれ第1種，第2種の**クリストッフェルの3添字記号**という．

逆に，$\left\{{\lambda \atop \mu\nu}\right\}$ が (12.1)，(12.2) を満足することは計算を逆にたどることによって容易に確かめることが出来る．したがって，$\left\{{\lambda \atop \mu\nu}\right\}$ は各 $\{U,x^\lambda\}$ においてただ1つの対称計量疑似接続である．これが $M^n$ の疑似接続であるためには $U\cap V\neq\emptyset$ で (11.6) が成りたてばよい．

計量テンソルの成分は座標変換によって

$$g_{\lambda\rho}=\bar{g}_{\alpha\sigma}\frac{\partial\bar{x}^\alpha}{\partial x^\lambda}\frac{\partial\bar{x}^\sigma}{\partial x^\rho}$$

なる変換をするから，$x^\mu$ で偏微分すれば

$$\frac{\partial g_{\lambda\rho}}{\partial x^\mu}=\frac{\partial\bar{x}^\beta}{\partial x^\mu}\frac{\partial\bar{g}_{\alpha\sigma}}{\partial\bar{x}^\beta}\frac{\partial\bar{x}^\alpha}{\partial x^\lambda}\frac{\partial\bar{x}^\sigma}{\partial x^\rho}+\bar{g}_{\alpha\sigma}\left(\frac{\partial^2\bar{x}^\alpha}{\partial x^\mu\partial x^\lambda}\frac{\partial\bar{x}^\sigma}{\partial x^\rho}+\frac{\partial\bar{x}^\alpha}{\partial x^\lambda}\frac{\partial^2\bar{x}^\sigma}{\partial x^\mu\partial x^\rho}\right).$$

添字を $\lambda\to\rho\to\mu\to\lambda$, $\alpha\to\sigma\to\beta\to\alpha$ と変えることによって

$$\frac{\partial g_{\rho\mu}}{\partial x^\lambda}=\frac{\partial\bar{x}^\alpha}{\partial x^\lambda}\frac{\partial\bar{g}_{\sigma\beta}}{\partial\bar{x}^\alpha}\frac{\partial\bar{x}^\sigma}{\partial x^\rho}\frac{\partial\bar{x}^\beta}{\partial x^\mu}+\bar{g}_{\sigma\beta}\left(\frac{\partial^2\bar{x}^\sigma}{\partial x^\lambda\partial x^\rho}\frac{\partial\bar{x}^\beta}{\partial x^\mu}+\frac{\partial\bar{x}^\sigma}{\partial x^\rho}\frac{\partial^2\bar{x}^\beta}{\partial x^\lambda\partial x^\mu}\right),$$

$$-\frac{\partial g_{\mu\lambda}}{\partial x^\rho}=-\frac{\partial\bar{x}^\sigma}{\partial x^\rho}\frac{\partial\bar{g}_{\beta\alpha}}{\partial\bar{x}^\sigma}\frac{\partial\bar{x}^\beta}{\partial x^\mu}\frac{\partial\bar{x}^\alpha}{\partial x^\lambda}-\bar{g}_{\beta\alpha}\left(\frac{\partial^2\bar{x}^\beta}{\partial x^\rho\partial x^\mu}\frac{\partial\bar{x}^\alpha}{\partial x^\lambda}+\frac{\partial\bar{x}^\beta}{\partial x^\mu}\frac{\partial^2\bar{x}^\alpha}{\partial x^\rho\partial x^\lambda}\right).$$

辺々加えて 2 で割れば

$$[\lambda\mu,\rho]=\frac{\partial\bar{x}^\sigma}{\partial x^\rho}\left(\frac{\partial\bar{x}^\alpha}{\partial x^\lambda}\frac{\partial\bar{x}^\beta}{\partial x^\mu}\overline{[\alpha\beta,\sigma]}+\bar{g}_{\alpha\sigma}\frac{\partial^2\bar{x}^\alpha}{\partial x^\lambda\partial x^\mu}\right).$$

さらに $g^{\rho\nu}=\frac{\partial x^\rho}{\partial\bar{x}^\varepsilon}\frac{\partial x^\nu}{\partial\bar{x}^\gamma}\bar{g}^{\varepsilon\gamma}$ との積和をとれば

$$\left\{{\nu\atop\lambda\mu}\right\}=\frac{\partial x^\nu}{\partial\bar{x}^\gamma}\left(\frac{\partial\bar{x}^\alpha}{\partial x^\lambda}\frac{\partial\bar{x}^\beta}{\partial x^\mu}\overline{\left\{{\gamma\atop\alpha\beta}\right\}}+\frac{\partial^2\bar{x}^\gamma}{\partial x^\lambda\partial x^\mu}\right)$$

が得られる．この式はクリストッフェルの記号が (11.6) を満足することを表わしている． （証明終）

**定義 12.2.** 疑似接続の係数が第1種のクリストッフェルの3添字記号である疑似接続を**リーマンの接続**，または**レビ・チビタの接続**という．

リーマン空間では特にことわらないかぎりリーマンの接続を使う．

クリストッフェルの記号をここでは形式的な方法で導入したが，変分学の立場からは自然にでてくることが §21 の議論でわかるはずである．

$g_{\lambda\mu}g^{\mu\nu}=\delta_\lambda{}^\nu$ と $\nabla g=0$，および定理 11.3 とから $\nabla_\omega g^{\mu\nu}=0$ もでるから

**定理 12.2.** リーマン空間では

$$\nabla_\nu g_{\lambda\mu}=0,\qquad \nabla_\nu g^{\lambda\mu}=0$$

すなわち

$$\frac{\partial g_{\lambda\mu}}{\partial x^\nu}-g_{\alpha\mu}\left\{{\alpha\atop\nu\lambda}\right\}-g_{\lambda\alpha}\left\{{\alpha\atop\nu\mu}\right\}=0,\tag{12.4}$$

$$\frac{\partial g^{\lambda\mu}}{\partial x^\nu}+g^{\alpha\mu}\left\{{\lambda\atop\nu\alpha}\right\}+g^{\lambda\alpha}\left\{{\mu\atop\nu\alpha}\right\}=0$$

が成りたつ．

さらに (12.3), (12.4) から

**定理 12.3.** 1つの座標近傍 $\{U, x^\lambda\}$ で，計量テンソルの成分 $g_{\lambda\mu}$ がすべて

定数であるための必要十分条件は $\left\{ {\lambda \atop \mu\nu} \right\}=0$ なることである．

曲線 $c$ に沿って

$$\langle X,Y\rangle=g(X,Y)$$

を微分すれば

$$\begin{aligned}\frac{d}{dt}\langle X,\ Y\rangle&=\frac{\delta}{\delta t}\langle X,Y\rangle\\&=\frac{\delta g}{\delta t}(X,Y)+g\left(\frac{\delta X}{\delta t},\ Y\right)+g\left(X,\ \frac{\delta Y}{\delta t}\right).\end{aligned}$$

しかるに $\delta g/\delta t=\nabla_{\dot c}g=0$ であるから，公式

$$\frac{d}{dt}\langle X,\ Y\rangle=\left\langle\frac{\delta X}{\delta t},\ Y\right\rangle+\left\langle X,\ \frac{\delta Y}{\delta t}\right\rangle$$

が得られる．これから

**定理 12.4.** 平行移動によってベクトルの長さ，２つのベクトルのなす角は不変である．

曲線 $c$ の弧長 $s$ は

$$s=\int_{t_0}^{t}\|\dot c\|dt$$

で与えられるから，常に $\|\dot c\|\neq 0$ ならば曲線のパラメーターとしてその弧長 $s$ をとることが出来る．

$$s=\int_0^s\|\dot c(s)\|ds$$

から $\|\dot c(s)\|=1$ となり，$s$ をパラメーターとした曲線 $c$ の接線ベクトルは単位ベクトルであることがわかる．

**定義 12.3.** リーマン空間の道を**測地線**とよぶ．

測地線は

$$\frac{d^2x^\lambda}{dt^2}+\left\{ {\lambda \atop \mu\nu} \right\}\frac{dx^\mu}{dt}\frac{dx^\nu}{dt}=0$$

の解 $x^\lambda=x^\lambda(t)$ で，このとき $t$ は測地線の疑似パラメーターである．測地線 $c$ は疑似パラメーター $t$ に関して接線ベクトル $\dot c$ が $c$ に沿って平行，$\nabla_{\dot c}\dot c=0$，であるから前定理によって $\|\dot c\|=a$（一定）となる．ゆえに，弧長 $s$ は

$$s=\int_{t_0}^{t}\|\dot{c}\|dt=at+b, \qquad b=-at_0$$

で与えられるから疑似パラメーターである．これから，$\|\dot{c}\|=1$ となるような疑似パラメーターは弧長 $s$ にかぎることがわかる．

**問 1.** $\mathfrak{g}=\det(g_{\lambda\mu})$, $X=\xi^\lambda\partial/\partial x^\lambda$ とすれば次式が成りたつ．

$$\left\{\begin{matrix}\alpha\\ \lambda\alpha\end{matrix}\right\}=\frac{1}{2\mathfrak{g}}\frac{\partial\mathfrak{g}}{\partial x^\lambda}=\frac{\partial\log\sqrt{\mathfrak{g}}}{\partial x^\lambda},$$

$$\mathrm{div}X=\nabla_\lambda\xi^\lambda=\frac{1}{\sqrt{\mathfrak{g}}}\frac{\partial(\sqrt{\mathfrak{g}}\,\xi^\lambda)}{\partial x^\lambda}.$$

$\mathrm{div}X$ を $X$ の**発散**という．

**問 2.** $\Gamma$ をリーマン空間の任意の疑似接続とする．このとき

$$L^\lambda_{\mu\nu}=\Gamma^\lambda_{\mu\nu}+\frac{1}{2}g^{\lambda\alpha}(\nabla_\mu g_{\nu\alpha}+\nabla_\nu g_{\mu\alpha}-\nabla_\alpha g_{\mu\nu})$$

は計量疑似接続である．ここに，$\nabla$ は $\Gamma$ に関する共変微分を表わす．

## § 13. 曲率テンソル

空間にある平面は平らに，球面や円柱は彎曲して見える．我々はそれらの曲面を外から眺めてそのように見えるのであるが，その曲面上にへばりついて住んでいる2次元的生物がいるとすれば，彼等は自分達の住んでいる世界が平らであるか彎曲しているかをどのようにして知ることが出来るであろうか．また我々が現実に住んでいる世界は平らであろうか．ここに曲率が登場してくるのであるが，まず例から始めよう．

**例 1.** $E^3$ の直交座標系を $x, y, z$ とすると，$xy$ 平面 $\boldsymbol{R}^2$ は計量 $ds^2=dx^2+dy^2$ によって2次元のユークリッド空間 $E^2$ となる．一方，§10 例3 で述べたように，$E^3$ の曲面 $S$ : $2z=x^2+y^2$ は誘導計量

$$ds^2=(1+x^2)dx^2+2xydxdy+(1+y^2)dy^2$$

によって2次元のリーマン空間となる．いま $xy$ 平面 $\boldsymbol{R}^2$ に $S$ の計量を利用して $E^2$ と異なる計量を

$$ds^2=(1+x^2)dx^2+2xydxdy+(1+y^2)dy^2$$

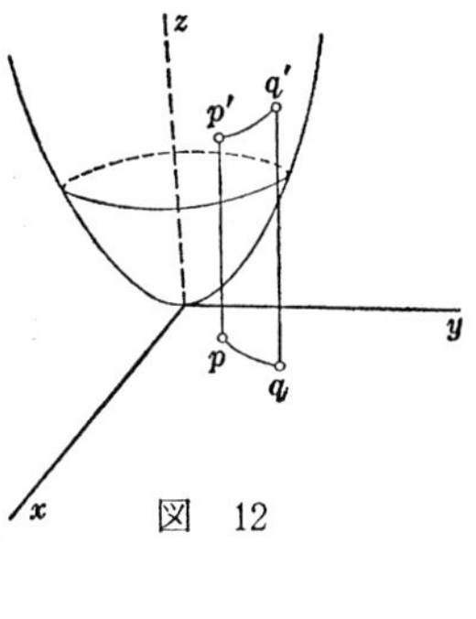

図 12

によって定義しこの計量をもつ $\boldsymbol{R}^2$ を $M^2$ とする．すなわち，図12において $S$ 上の $p',q'$ 間の普通の意味で(曲面に沿って)測った距離を $M^2$ 上の2点 $p$, $q$ 間の新しい距離と約束するのである．このとき $p',q'$ を結ぶ $S$ 上の最短曲線を $c$: $x=x(t)$, $y=y(t)$, $z=z(t)=(1/2)(x(t)^2+y(t)^2)$ とすれば，$M^2$ 上の $p,q$ を結ぶ最短曲線 $c'$ は $c$ の正射影 $x=x(t)$, $y=y(t)$ である．$c'$ は一般に曲線であって直線になるとはかぎらないから見かけ上平らな $\boldsymbol{R}^2$ が計量の与え方によって彎曲したと考えられる．一般に，ユークリッド計量とリーマン計量との局所的な差から生ずるヒズミがリーマン空間の曲率である．

この節では曲率テンソルを形式的に定義して，それが満足する重要な恒等式を導く．

$f$ をリーマン空間のスケーラー函数とする．$\nabla_\lambda f=\partial f/\partial x^\lambda$ であるから

$$\nabla_\mu\nabla_\lambda f=\frac{\partial}{\partial x^\mu}\nabla_\lambda f-\begin{Bmatrix}\alpha\\\mu\lambda\end{Bmatrix}\nabla_\alpha f$$

$$=\frac{\partial^2 f}{\partial x^\mu\partial x^\lambda}-\begin{Bmatrix}\alpha\\\mu\lambda\end{Bmatrix}\frac{\partial f}{\partial x^\alpha}.$$

これから

$$\frac{\partial}{\partial x^\mu}\frac{\partial f}{\partial x^\lambda}=\frac{\partial}{\partial x^\lambda}\frac{\partial f}{\partial x^\mu}$$

と同値な式

$$\nabla_\mu\nabla_\lambda f=\nabla_\lambda\nabla_\mu f$$

が得られる．

次にベクトル場 $\xi^\lambda$ について同様な計算をすれば

$$\nabla_\mu\nabla_\lambda\xi^\kappa=\frac{\partial}{\partial x^\mu}\nabla_\lambda\xi^\kappa+\begin{Bmatrix}\kappa\\\mu\alpha\end{Bmatrix}\nabla_\lambda\xi^\alpha-\begin{Bmatrix}\alpha\\\mu\lambda\end{Bmatrix}\nabla_\alpha\xi^\kappa$$

$$=\frac{\partial}{\partial x^\mu}\left(\frac{\partial\xi^\kappa}{\partial x^\lambda}+\begin{Bmatrix}\kappa\\\lambda\alpha\end{Bmatrix}\xi^\alpha\right)$$

$$+\begin{Bmatrix}\kappa\\\mu\beta\end{Bmatrix}\left(\frac{\partial\xi^\beta}{\partial x^\lambda}+\begin{Bmatrix}\beta\\\lambda\alpha\end{Bmatrix}\xi^\alpha\right)-\begin{Bmatrix}\alpha\\\mu\lambda\end{Bmatrix}\nabla_\alpha\xi^\kappa$$

$$=\frac{\partial^2\xi^\kappa}{\partial x^\mu\partial x^\lambda}+\frac{\partial\begin{Bmatrix}\kappa\\\lambda\alpha\end{Bmatrix}}{\partial x^\mu}\xi^\alpha+\begin{Bmatrix}\kappa\\\lambda\alpha\end{Bmatrix}\frac{\partial\xi^\alpha}{\partial x^\mu}$$

$$+\left\{{\kappa \atop \mu\beta}\right\}\frac{\partial\xi^\beta}{\partial x^\lambda}+\left\{{\kappa \atop \mu\beta}\right\}\left\{{\beta \atop \lambda\alpha}\right\}\xi^\alpha-\left\{{\alpha \atop \mu\lambda}\right\}\nabla_\alpha\xi^\kappa.$$

$\lambda$ と $\mu$ とを交換して辺々引けば

$$\nabla_\lambda\nabla_\mu\xi^\kappa-\nabla_\mu\nabla_\lambda\xi^\kappa=R_{\lambda\mu\alpha}{}^\kappa\xi^\alpha \tag{13.1}$$

となる．ここに，$R_{\lambda\mu\alpha}{}^\kappa$ は

$$R_{\lambda\mu\nu}{}^\kappa=\frac{\partial\left\{{\kappa \atop \mu\nu}\right\}}{\partial x^\lambda}-\frac{\partial\left\{{\kappa \atop \lambda\nu}\right\}}{\partial x^\mu}+\left\{{\kappa \atop \lambda\beta}\right\}\left\{{\beta \atop \mu\nu}\right\}-\left\{{\kappa \atop \mu\beta}\right\}\left\{{\beta \atop \lambda\nu}\right\} \tag{13.2}$$

によって定義される量であるが，(13.1)の左辺がテンソルでしかも任意のベクトル $\xi^\lambda$ について成りたつから，(1,3) 次のテンソルの成分であることがわかる．これを(リーマンの)**曲率テンソル**，または**リーマン・クリストッフェルのテンソル**という．定義からわかるように，曲率テンソルはリーマン計量によって完全に決定される．

曲率テンソルは各点 $p$ について $T_p\times T_p\times T_p\times T_p^*\to \boldsymbol{R}$ なる多重線型写像であるから，これを $\hat{R}$ と書くことにすれば

$$\hat{R}(\partial/\partial x^\lambda,\ \partial/\partial x^\mu,\ \partial/\partial x^\nu,\ dx^\kappa)=R_{\lambda\mu\nu}{}^\kappa$$

となる．

(13.1) はその導き方から次式と同値である．

$$\frac{\partial}{\partial x^\lambda}\frac{\partial\xi^\kappa}{\partial x^\mu}=\frac{\partial}{\partial x^\mu}\frac{\partial\xi^\kappa}{\partial x^\lambda}.$$

同様の恒等式が共変ベクトル場，あるいはテンソル場についても得られる．これらをまとめておくと

**定理 13.1.（リッチの恒等式）**

$$\nabla_\lambda\nabla_\mu f=\nabla_\mu\nabla_\lambda f,$$

$$\nabla_\lambda\nabla_\mu\xi^\kappa-\nabla_\mu\nabla_\lambda\xi^\kappa=R_{\lambda\mu\alpha}{}^\kappa\xi^\alpha,$$

$$\nabla_\lambda\nabla_\mu u_\nu-\nabla_\mu\nabla_\lambda u_\nu=-R_{\lambda\mu\nu}{}^\alpha u_\alpha,$$

$$\nabla_\lambda\nabla_\mu T_{\alpha\beta}{}^\gamma-\nabla_\mu\nabla_\lambda T_{\alpha\beta}{}^\gamma=R_{\lambda\mu\varepsilon}{}^\gamma T_{\alpha\beta}{}^\varepsilon-R_{\lambda\mu\alpha}{}^\varepsilon T_{\varepsilon\beta}{}^\gamma-R_{\lambda\mu\beta}{}^\varepsilon T_{\alpha\varepsilon}{}^\gamma.$$

**注意 1.** リッチの恒等式は，(たとえば) ベクトル場が与えられていればそのベクトル場について当然成りたつわけであるが，ある条件を満足するベクトル場の存在がわからないときにその存在を判定する積分可能条件として使われる．それは次に述べる偏微分

方程式の定理による.

$f_\lambda{}^i(x^1, \cdots, x^n, y^1, \cdots, y^m)$ を $x^\lambda, y^i$ の $n+m$ 次元空間の領域 $D$ で定義された函数として

$$\text{(I)}\qquad \frac{\partial y^i}{\partial x^\lambda}=f_\lambda{}^i(x, y), \qquad i=1, \cdots, m;\ \lambda=1, \cdots, n$$

なる偏微分方程式を考える.

(I)は，もし $D$ の各点 $(x_0{}^\lambda, y_0{}^i)$ に対して初期条件 $y^i(x_0)=y_0{}^i$ を満足するような少なくとも1つの解が存在すれば，**完全積分可能**であるといわれる. このとき次のことが知られている.

一意性：与えられた初期条件を満足する解はたかだか1つである.

存在：(I)が完全積分可能であるための必要で十分な条件は $D$ で次の**積分可能条件**：

$$\text{(II)}\qquad \frac{\partial f_\lambda{}^i}{\partial x^\mu}-\frac{\partial f_\mu{}^i}{\partial x^\lambda}+\frac{\partial f_\lambda{}^i}{\partial y^j}f_\mu{}^j-\frac{\partial f_\mu{}^i}{\partial y^j}f_\lambda{}^j=0$$

が成りたつことである.

(I)が解 $y^i$ をもてば

$$\frac{\partial}{\partial x^\mu}\frac{\partial y^i}{\partial x^\lambda}=\frac{\partial f_\lambda{}^i}{\partial x^\mu}+\frac{\partial f_\lambda{}^i}{\partial y^j}\frac{\partial y^j}{\partial x^\mu}=\frac{\partial f_\lambda{}^i}{\partial x^\mu}+\frac{\partial f_\lambda{}^i}{\partial y^j}f_\mu{}^j$$

であるから (II)は

$$\text{(III)}\qquad \frac{\partial}{\partial x^\mu}\frac{\partial y^i}{\partial x^\lambda}-\frac{\partial}{\partial x^\lambda}\frac{\partial y^i}{\partial x^\mu}=0$$

にほかならない.

したがって，積分可能条件 (II) は (III) の計算において現われる $\partial y^i/\partial x^\lambda$ を $f_\lambda{}^i$ でおき直したものである. ベクトルやテンソルについての偏微分方程式を扱うときの積分可能条件は (III)の形よりも便利な共変微分を使ったリッチの恒等式の形で使うことが多い.

偏微分方程式 (I)をある付帯条件

$$\phi_A(x, y)=0, \qquad A=1, \cdots, N,$$

のもとで考えることがある. この場合は $\phi_A(x_0, y_0)=0$ を満足する各$(x_0{}^\lambda, y_0{}^i)$ に対して $y^i(x_0)=y_0{}^i$ なる少なくとも1つの解が存在すれば完全積分可能とい

われ，積分可能条件は (II) および

$$\frac{\partial \phi_A}{\partial x^\lambda}+\frac{\partial \phi_A}{\partial y^i}f_\lambda{}^i=0$$

である．

**例 2.** $u_\lambda$ を $\{U, x^\lambda\}$ で与えられた共変ベクトル場として未知函数 $f$ の偏微分方程式

$$\frac{\partial f}{\partial x^\lambda}=u_\lambda$$

を考えよう．積分可能条件は $u_\lambda$ が $x$ だけの函数であるから

$$\frac{\partial u_\mu}{\partial x^\lambda}-\frac{\partial u_\lambda}{\partial x^\mu}=0$$

となり，これはまた次式と同値でもある．

$$\nabla_\lambda u_\mu-\nabla_\mu u_\lambda=0.$$

したがって，上式が成りたてば考える偏微分方程式は完全積分可能である．ここで注意することは，(偏)微分方程式の解は一般に局所的にしか存在しないから，1つの共変ベクトル場 $u$ が $M^n$ 全体で定義されていても $u_\lambda=\partial f/\partial x^\lambda$ の解 $f$ の存在は各点の近傍でしか保障されないことである．

次に曲率テンソルの満足する恒等式を導こう．

まず定義式 (13.2) から容易に次式が得られる．

$$R_{\lambda\mu\nu}{}^\kappa=-R_{\mu\lambda\nu}{}^\kappa,$$

$$R_{\lambda\mu\nu}{}^\kappa+R_{\mu\nu\lambda}{}^\kappa+R_{\nu\lambda\mu}{}^\kappa=0.$$

次にリッチの恒等式を $g_{\nu\omega}$ に適用すれば

$$\nabla_\lambda\nabla_\mu g_{\nu\omega}-\nabla_\mu\nabla_\lambda g_{\nu\omega}=-R_{\lambda\mu\nu}{}^\alpha g_{\alpha\omega}-R_{\lambda\mu\omega}{}^\alpha g_{\nu\alpha}.$$

しかるに左辺は恒等的に 0 であるから

$$R_{\lambda\mu\nu\omega}+R_{\lambda\mu\omega\nu}=0$$

となる．ここに，$R_{\lambda\mu\nu\omega}$ は $g$ によって添字を下げた成分

$$R_{\lambda\mu\nu\omega}=R_{\lambda\mu\nu}{}^\alpha g_{\alpha\omega}$$

である．

$R_{\lambda\mu\nu\omega}$ を計算すると

$$R_{\lambda\mu\nu\omega}=g_{\omega\alpha}\left(\frac{\partial\left\{ {\alpha \atop \mu\nu} \right\}}{\partial x^\lambda}-\frac{\partial\left\{ {\alpha \atop \lambda\nu} \right\}}{\partial x^\mu}+\left\{ {\alpha \atop \lambda\varepsilon} \right\}\left\{ {\varepsilon \atop \mu\nu} \right\}-\left\{ {\alpha \atop \mu\varepsilon} \right\}\left\{ {\varepsilon \atop \lambda\mu} \right\}\right).$$

右辺第1項は

$$\begin{aligned} g_{\omega\alpha}\frac{\partial\left\{ {\alpha \atop \mu\nu} \right\}}{\partial x^\lambda} &= \frac{\partial}{\partial x^\lambda}\left(g_{\omega\alpha}\left\{ {\alpha \atop \mu\nu} \right\}\right)-\left\{ {\alpha \atop \mu\nu} \right\}\frac{\partial g_{\omega\alpha}}{\partial x^\lambda} \\ &= \frac{\partial[\mu\nu,\omega]}{\partial x^\lambda}-\left\{ {\alpha \atop \mu\nu} \right\}\left(g_{\varepsilon\alpha}\left\{ {\varepsilon \atop \lambda\omega} \right\}+g_{\omega\varepsilon}\left\{ {\varepsilon \atop \lambda\alpha} \right\}\right) \\ &= \frac{1}{2}\frac{\partial}{\partial x^\lambda}\left(\frac{\partial g_{\mu\omega}}{\partial x^\nu}+\frac{\partial g_{\nu\omega}}{\partial x^\mu}-\frac{\partial g_{\mu\nu}}{\partial x^\omega}\right) \\ &\quad -g_{\varepsilon\alpha}\left\{ {\varepsilon \atop \lambda\omega} \right\}\left\{ {\alpha \atop \mu\nu} \right\}-g_{\omega\alpha}\left\{ {\alpha \atop \lambda\varepsilon} \right\}\left\{ {\varepsilon \atop \mu\nu} \right\} \end{aligned}$$

と変形されるから，結局次の2式が得られる．

$$\begin{aligned} R_{\lambda\mu\nu\omega} &= \frac{\partial[\mu\nu,\omega]}{\partial x^\lambda}-\frac{\partial[\lambda\nu,\omega]}{\partial x^\mu} \\ &\quad -g_{\alpha\beta}\left(\left\{ {\alpha \atop \lambda\omega} \right\}\left\{ {\beta \atop \mu\nu} \right\}-\left\{ {\alpha \atop \mu\omega} \right\}\left\{ {\beta \atop \lambda\nu} \right\}\right). \end{aligned} \tag{13.3}$$

$$\begin{aligned} R_{\lambda\mu\nu\omega} &= \frac{1}{2}\left(\frac{\partial^2 g_{\mu\omega}}{\partial x^\lambda\partial x^\nu}+\frac{\partial^2 g_{\lambda\nu}}{\partial x^\mu\partial x^\omega}-\frac{\partial^2 g_{\mu\nu}}{\partial x^\lambda\partial x^\omega}-\frac{\partial^2 g_{\lambda\omega}}{\partial x^\mu\partial x^\nu}\right) \\ &\quad -g_{\alpha\beta}\left(\left\{ {\alpha \atop \lambda\omega} \right\}\left\{ {\beta \atop \mu\nu} \right\}-\left\{ {\alpha \atop \mu\omega} \right\}\left\{ {\beta \atop \lambda\nu} \right\}\right). \end{aligned} \tag{13.4}$$

(13.4) から次の恒等式が成りたつことがわかる．

$$R_{\lambda\mu\nu\omega}=R_{\nu\omega\lambda\mu}.$$

今まで求めた曲率テンソルについての代数的な恒等式をまとめておこう．

**定理 13.2.**

$$R_{\lambda\mu\nu\omega}=-R_{\mu\lambda\nu\omega}=-R_{\lambda\mu\omega\nu}, \tag{13.5}$$

$$R_{\lambda\mu\nu\omega}+R_{\mu\nu\lambda\omega}+R_{\nu\lambda\mu\omega}=0, \tag{13.6}$$

$$R_{\lambda\mu\nu\omega}=R_{\nu\omega\lambda\mu}. \tag{13.7}$$

(13.5), (13.6) から (13.7) が代数的に導けることを注意しておく（問題1, 14 参照).

次にビアンキの恒等式といわれる重要な公式を導こう．共変ベクトル場 $u_\lambda$ の共変微分商 $\nabla_\nu u_\beta$ にリッチの公式を適用すれば

$$\nabla_\lambda\nabla_\mu\nabla_\nu u_\beta-\nabla_\mu\nabla_\lambda\nabla_\nu u_\beta=-R_{\lambda\mu\nu}{}^\alpha\nabla_\alpha u_\beta-R_{\lambda\mu\beta}{}^\alpha\nabla_\nu u_\alpha.$$

添字を $\lambda\to\mu\to\nu\to\lambda$ と巡回的に変えれば

$$\nabla_\mu\nabla_\nu\nabla_\lambda u_\beta-\nabla_\nu\nabla_\mu\nabla_\lambda u_\beta=-R_{\mu\nu\lambda}{}^\alpha\nabla_\alpha u_\beta-R_{\mu\nu\beta}{}^\alpha\nabla_\lambda u_\alpha,$$

$$\nabla_\nu\nabla_\lambda\nabla_\mu u_\beta-\nabla_\lambda\nabla_\nu\nabla_\mu u_\beta=-R_{\nu\lambda\mu}{}^\alpha\nabla_\alpha u_\beta-R_{\nu\lambda\beta}{}^\alpha\nabla_\mu u_\alpha.$$

これら3式を辺々加えて (13.6) を使えば

$$\begin{aligned}&\nabla_\lambda(\nabla_\mu\nabla_\nu u_\beta-\nabla_\nu\nabla_\mu u_\beta)+\nabla_\mu(\nabla_\nu\nabla_\lambda u_\beta-\nabla_\lambda\nabla_\nu u_\beta)+\nabla_\nu(\nabla_\lambda\nabla_\mu u_\beta-\nabla_\mu\nabla_\lambda u_\beta)\\&=-R_{\lambda\mu\beta}{}^\alpha\nabla_\nu u_\alpha-R_{\mu\nu\beta}{}^\alpha\nabla_\lambda u_\alpha-R_{\nu\lambda\beta}{}^\alpha\nabla_\mu u_\alpha.\end{aligned}\tag{13.8}$$

左辺に $u_\beta$ についてのリッチの恒等式

$$\nabla_\mu\nabla_\nu u_\beta-\nabla_\nu\nabla_\mu u_\beta=-R_{\mu\nu\beta}{}^\alpha u_\alpha$$

などを代入すると，(13.8) の左辺は

$$-\nabla_\lambda(R_{\mu\nu\beta}{}^\alpha u_\alpha)-\nabla_\mu(R_{\nu\lambda\beta}{}^\alpha u_\alpha)-\nabla_\nu(R_{\lambda\mu\beta}{}^\alpha u_\alpha)$$

となる．しかるに $u_\alpha$ は任意であるから結局次の公式が得られた．

**定理 13.3.（ビアンキの恒等式）**

$$\nabla_\lambda R_{\mu\nu\beta}{}^\alpha+\nabla_\mu R_{\nu\lambda\beta}{}^\alpha+\nabla_\nu R_{\lambda\mu\beta}{}^\alpha=0.$$

ビアンキの恒等式の別証明は §20 で与えられる．

曲率テンソルから縮約によって得られるテンソル

$$R_{\lambda\mu}=R_{\alpha\lambda\mu}{}^\alpha=g^{\alpha\beta}R_{\alpha\lambda\mu\beta}$$

を**リッチのテンソル**という．(13.6) から

$$R_{\lambda\mu\nu\omega}+R_{\mu\nu\lambda\omega}-R_{\lambda\nu\mu\omega}=0.$$

$g^{\lambda\omega}$ との積和をとれば

$$R_{\mu\nu}=R_{\nu\mu}$$

が得られ，リッチのテンソルは対称テンソルであることがわかる．

任意のベクトル $X=\xi^\lambda\partial/\partial x^\lambda$, $Y=\eta^\lambda\partial/\partial x^\lambda$ に対して

$$\mathrm{Ric}(X,Y)=R_{\lambda\mu}\xi^\lambda\eta^\mu$$

と書くことにして，$\mathrm{Ric}(X,X)$ をリッチの形式という．

次に，ビアンキの恒等式で $\mu=\alpha$ として和をとると

$$\nabla_\lambda R_{\nu\beta}+\nabla_\alpha R_{\nu\lambda\beta}{}^\alpha-\nabla_\nu R_{\lambda\beta}=0.$$

したがって，公式

$$\nabla_\alpha R_{\lambda\mu\nu}{}^\alpha = \nabla_\lambda R_{\mu\nu} - \nabla_\mu R_{\lambda\nu} \tag{13.9}$$

が得られた.

さて，リッチのテンソルからスケーラー $R$ を

$$R = g^{\lambda\mu} R_{\lambda\mu}$$

によって定義すると，これも計量テンソル $g_{\lambda\mu}$ だけから計算出来る重要な函数で**スケーラー曲率**とよばれている. (13.9) と $g^{\mu\nu}$ との積和をとって，$\nabla_\alpha R_\lambda{}^\alpha = \nabla_\lambda R - \nabla_\mu R_\lambda{}^\mu$. したがって公式

$$\nabla_\lambda R = 2\nabla_\alpha R_\lambda{}^\alpha \tag{13.10}$$

も得られる.

$n$ 次元ユークリッド空間 $E^n$ では，平行座標系 $\{x^\lambda\}$ に関して計量テンソルの成分はすべて定数であるから

$$\frac{\partial g_{\lambda\mu}}{\partial x^\nu} = 0, \qquad \left\{ {\nu \atop \lambda\mu} \right\} = 0, \qquad \frac{\partial \left\{ {\nu \atop \lambda\mu} \right\}}{\partial x^\omega} = 0.$$

したがって

$$R_{\lambda\mu\nu}{}^\omega = 0 \tag{13.11}$$

がすべての点で成りたち，曲率テンソルは零テンソルであることがわかる.

**注意 2.** (13.11) はテンソル式であるから $E^n$ で任意の許容座標系について正しい. このことは局所的な計算で導かれたから，$E^n$ の開部分多様体を誘導計量に関してリーマン空間と考えた場合もそこで (13.11) が成りたつわけである.

**定義 13.1.** 曲率テンソルが零テンソルであるようなリーマン空間を**平坦なリーマン空間**，その計量を**平坦な計量**という.

ユークリッド空間 $E^n$ では直交座標系に関して $g_{\lambda\mu} = \delta_{\lambda\mu}$ である. 一般のリーマン空間では1点 $p$ で $\langle X_\lambda, X_\mu \rangle = g_{\lambda\mu}(p) = \delta_{\lambda\mu}$ となるように $T_p(M)$ の基底 $\{X_\lambda\}$ をとることが出来るが，$p$ のある近傍で常に $g_{\lambda\mu} = \delta_{\lambda\mu}$ が成りたつという局所座標系の存在は保障されない. しかし平坦であればその存在が証明される. すなわち

**定理 13.4.** 平坦なリーマン空間の各点はそこでいたる所 $g_{\lambda\mu} = \delta_{\lambda\mu}$ となるような座標近傍をもつ.

**証明.** $M^n$ の任意の点 $p$ の近傍 $\{U_1, x^\lambda\}$ で偏微分方程式

$$\frac{\partial^2 \bar{x}^\lambda}{\partial x^\beta \partial x^\gamma} = \frac{\partial \bar{x}^\lambda}{\partial x^\alpha} \left\{ {\alpha \atop \beta\gamma} \right\} \tag{13.12}$$

を考える. (13.12) は $n+n^2$ 個の未知函数 $\bar{x}^\lambda$, $\bar{x}_\alpha{}^\lambda$ をもつ次の偏微分方程式と同値である.

$$\frac{\partial \bar{x}^\lambda}{\partial x^\alpha} = \bar{x}_\alpha{}^\lambda, \tag{13.13$_1$}$$

$$\frac{\partial \bar{x}_\beta{}^\lambda}{\partial x^\gamma} = \bar{x}_\alpha{}^\lambda \left\{ {\alpha \atop \beta\gamma} \right\} \tag{13.13$_2$}$$

この積分可能条件を調べると(注意 1 参照)

$$\frac{\partial}{\partial x^\beta}\left(\frac{\partial \bar{x}^\lambda}{\partial x^\alpha}\right) - \frac{\partial}{\partial x^\alpha}\left(\frac{\partial \bar{x}^\lambda}{\partial x^\beta}\right) = \frac{\partial \bar{x}_\alpha{}^\lambda}{\partial x^\beta} - \frac{\partial \bar{x}_\beta{}^\lambda}{\partial x^\alpha}$$

$$= \bar{x}_\varepsilon{}^\lambda \left( \left\{ {\varepsilon \atop \alpha\beta} \right\} - \left\{ {\varepsilon \atop \beta\alpha} \right\} \right) = 0,$$

$$\frac{\partial}{\partial x^\delta}\left(\frac{\partial \bar{x}_\beta{}^\lambda}{\partial x^\gamma}\right) - \frac{\partial}{\partial x^\gamma}\left(\frac{\partial \bar{x}_\beta{}^\lambda}{\partial x^\delta}\right) = \frac{\partial}{\partial x^\delta}\left(\bar{x}_\alpha{}^\lambda \left\{ {\alpha \atop \beta\gamma} \right\}\right) - \frac{\partial}{\partial x^\gamma}\left(\bar{x}_\alpha{}^\lambda \left\{ {\alpha \atop \beta\delta} \right\}\right)$$

$$= \bar{x}_\alpha{}^\lambda R_{\delta\gamma\beta}{}^\alpha = 0$$

となり(13.13)は完全積分可能である. したがって, 任意の初期値「$x^\lambda = x^\lambda(p)$ のとき $\bar{x}^\lambda = a^\lambda$, $\bar{x}_\alpha{}^\lambda = b_\alpha{}^\lambda$」なる解 $\bar{x}^\lambda = \bar{x}^\lambda(x)$ が $x^\lambda(p)$ の近傍 $U_2 \subset U_1$ で存在する. $\det(b_\alpha{}^\lambda) \neq 0$ なるように $b_\alpha{}^\lambda$ を与えておけば $\{\bar{x}^\lambda\}$ は $p$ の近傍 $U \subset U_2$ で許容座標系となるから, 座標変換 $\bar{x}^\lambda = \bar{x}^\lambda(x)$ をすれば

$$\frac{\partial \bar{x}^\lambda}{\partial x^\alpha} \left\{ {\alpha \atop \beta\gamma} \right\} = \frac{\partial \bar{x}^\mu}{\partial x^\beta} \frac{\partial \bar{x}^\nu}{\partial x^\gamma} \overline{\left\{ {\lambda \atop \mu\nu} \right\}} + \frac{\partial^2 \bar{x}^\lambda}{\partial x^\beta \partial x^\gamma}$$

となる. しかるに $\bar{x}^\lambda$ は (13.12) の解であるから

$$\frac{\partial \bar{x}^\mu}{\partial x^\beta} \frac{\partial \bar{x}^\nu}{\partial x^\gamma} \overline{\left\{ {\lambda \atop \mu\nu} \right\}} = 0.$$

さらに $U$ で $(\partial \bar{x}^\mu / \partial x^\beta)$ は正則であることから $\overline{\left\{ {\lambda \atop \mu\nu} \right\}} = 0$ となる. この式は定理 12.3 によって $\partial \bar{g}_{\lambda\mu} / \partial \bar{x}^\nu = 0$ と同値であったから $U$ 上で $\bar{g}_{\lambda\mu}$ は定数である. 一方,

$$g_{\alpha\beta}(p) = \left(\frac{\partial \bar{x}^\lambda}{\partial x^\alpha}\right)_p \left(\frac{\partial \bar{x}^\mu}{\partial x^\beta}\right)_p \bar{g}_{\lambda\mu}(p) = b_\alpha{}^\lambda b_\beta{}^\mu \bar{g}_{\lambda\mu}(p)$$

であるから $b_\alpha{}^\lambda$ を

$$\sum_\lambda b_\alpha{}^\lambda b_\beta{}^\lambda = g_{\alpha\beta}(p)$$

なるようにとっておけば（定理 4.4 参照），$\bar{g}_{\lambda\mu}(p)=\delta_{\lambda\mu}$ となり $\bar{g}_{\lambda\mu}$ は $U$ 上で定数であるから定理は証明された．　（証明終）

定理で述べたような近傍 $U$ では常に $g_{\lambda\mu}=\delta_{\lambda\mu}$ であるから，$U$ の中にある曲線 $x^\lambda=x^\lambda(t)$ の弧長 $s$ はユークリッド幾何学と同じ公式

$$s=\int_0^t \sqrt{\sum_\lambda\left(\frac{dx^\lambda}{dt}\right)^2}\,dt$$

で与えられる．したがって $U$ はユークリッド空間の開部分空間とみなすことが出来る．ゆえに平坦なリーマン空間は各点がユークリッド空間の開部分空間であるような近傍をもつことがわかる．この意味で平坦なリーマン空間のことを局所的ユークリッド空間ともいう．

**例 3. 円柱 $S^1\times\boldsymbol{R}^1$.** 図 13 のような半径 1 の円周 $S^1$ と直線 $\boldsymbol{R}^1$ の直積が作る円柱（の表面）を考える．円柱上の点 $p(x, y, z)$ について

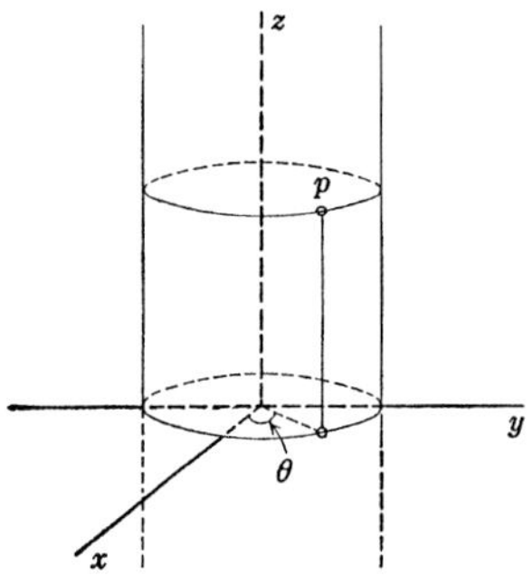


図　13

$$x=\cos\theta,\qquad y=\sin\theta,\qquad 0\leqq\theta<2\pi$$

であるから，$(\theta, z)$ を $0<\theta<2\pi$ の範囲で局所座標系にとれば，$E^3$ から円柱への誘導計量は

$$\begin{aligned} ds^2&=dx^2+dy^2+dz^2\\ &=(-\sin\theta d\theta)^2+(\cos\theta d\theta)^2+dz^2=d\theta^2+dz^2\end{aligned}$$

となる．したがって，局所座標系 $x^1=\theta, x^2=z$ に関する計量テンソルの成分は $g_{11}=g_{22}=1$, $g_{12}=g_{21}=0$ となり平坦なリーマン計量であることがわかる．この例によって平坦なリーマン空間が大域的には必ずしもユークリッド空間と一致しないことがわかる．

**例 4. $\boldsymbol{n}$ 次元輪環面 $T^n$.**

$$T^n=\{p=(\theta_1,\cdots,\theta_n)\,|\,\theta_i\in S_i{}^1\}=S_1{}^1\times S_2{}^1\times\cdots\times S_n{}^1.$$

ここに $S_i{}^1$ は半径 1 の円周，$\theta_i$ は中心角とする．円周は $ds=d\theta$ として 1 次

元リーマン空間となるから，$T^n$ の計量を直積計量

$$ds^2=d\theta_1{}^2+\cdots+d\theta_n{}^2$$

によって定義すれば $T^n$ は平坦である．

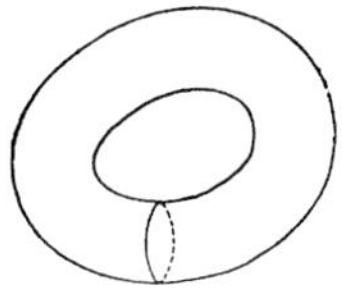

図 14

**注意 3.** 2次元輪環面 $T^2$ は $E^3$ の中にある図 14 の曲面と位相同型である．この曲面に $E^3$ から誘導した計量は平坦ではない（問題 2,13 参照）．

**問 1.** 2次元リーマン空間については，$R_{1212}$ がわかれば曲率テンソル $R_{\lambda\mu\nu\omega}$ のすべての成分がわかる．

**問 2.** $\Gamma$ を微分多様体の疑似接続とするとき

$$S_{\mu\nu}{}^{\lambda}=(1/2)(\Gamma^{\lambda}_{\mu\nu}-\Gamma^{\lambda}_{\nu\mu}),$$

$$K_{\lambda\mu\nu}{}^{\kappa}=\frac{\partial\Gamma^{\kappa}_{\mu\nu}}{\partial x^{\lambda}}-\frac{\partial\Gamma^{\kappa}_{\lambda\nu}}{\partial x^{\mu}}+\Gamma^{\kappa}_{\lambda\varepsilon}\Gamma^{\varepsilon}_{\mu\nu}-\Gamma^{\kappa}_{\mu\varepsilon}\Gamma^{\varepsilon}_{\lambda\nu}$$

をそれぞれ $\Gamma$ の**振率テンソル**，**曲率テンソル**という．これらがテンソル場をなすことを証明せよ．

## § 14. 断 面 曲 率

ユークリッド空間 $E^3$ の中の曲面 $S$ が局所的に

$$x=x(u,v),\qquad y=y(u,v),\qquad z=z(u,v)$$

で与えられているとする．$S$ の第1基本量 $E,F,G$ は

$$E=\left(\frac{\partial x}{\partial u}\right)^2+\left(\frac{\partial y}{\partial u}\right)^2+\left(\frac{\partial z}{\partial u}\right)^2,\qquad G=\left(\frac{\partial x}{\partial v}\right)^2+\left(\frac{\partial y}{\partial v}\right)^2+\left(\frac{\partial z}{\partial v}\right)^2,$$

$$F=\frac{\partial x}{\partial u}\frac{\partial x}{\partial v}+\frac{\partial y}{\partial u}\frac{\partial y}{\partial v}+\frac{\partial z}{\partial u}\frac{\partial z}{\partial v}$$

によって定義され，$S$ は誘導計量

$$ds^2=dx^2+dy^2+dz^2=Edu^2+2Fdudv+Gdv^2$$

によって2次元リーマン空間である．ここで，$u=u^1$，$v=u^2$，$E=g_{11}$，$F=g_{12}=g_{21}$，$G=g_{22}$ とおけば

$$ds^2=g_{\lambda\mu}(u^1,u^2)du^{\lambda}du^{\mu}$$

の形となる．ここに $\lambda$，$\mu$ は1，2について和をとる．

さて，ここでガウス曲率の定義を思いだしておこう（大槻 p.68）．

$S$ の点 $p$ における接平面を $T_p$，法線ベクトルを $N$ とする．$N$ と $X\in T_p$

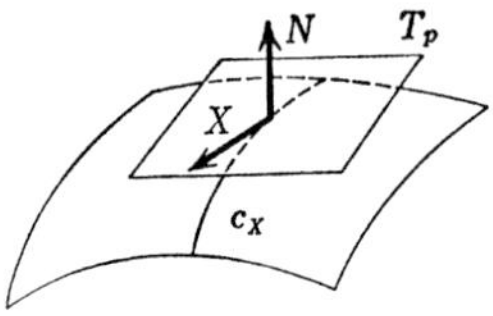


図 15

を含む平面で $S$ を切った截り口の曲線を $c_X$ とし，平面曲線 $c_X$ の点 $p$ における(符号をもった)曲率半径を $r(X)$ とする．$r(X)$ は $c_X$ が直線であれば $\infty$ と約束する．$T_p$ の中で $X$ を $p$ のまわりに動かし $1/r(X)$ の最大値，最小値を $1/R_1, 1/R_2$ とするとき，$K=1/(R_1R_2)$ を $S$ の $p$ におけるガウス曲率という．特に $S$ が平面であればガウス曲率はいたる所 0 である．

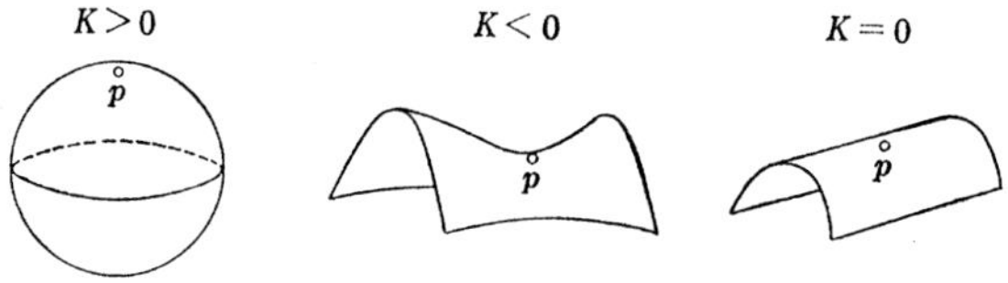


図 16

$K$ は $S$ の計量テンソルとリーマンの曲率テンソルとによって

$$K=-\frac{R_{1212}}{g_{11}g_{22}-(g_{12})^2} \tag{14.1}$$

と書けることが知られている(大槻 p. 157)．したがって $g_{\lambda\mu}(\lambda, \mu=1,2)$ とその 2 回までの偏導函数によって表わされる．

ガウス曲率の定義では $S$ が $E^3$ の曲面であることを本質的に使ったが，(14.1)式にはもはや $S$ が曲面であるということは現われていなくて，2 次元のリーマン空間であれば計算出来る量によって $K$ が与えられている．このことを考えて次のように定義をしよう．

**定義 14.1.** 2 次元リーマン空間 $\{M^2, g\}$ において

$$K=-\frac{R_{1212}}{g_{11}g_{22}-(g_{12})^2}$$

により定義されるスケーラー函数 $K$ の各点 $p$ における値 $K(p)$ を $p$ における**ガウス曲率**という．

このように定義しておけば，$M^2$ が特に曲面 $S$ である場合，今までの意味のガウス曲率に一致するから，ガウス曲率の概念が曲面より一般な 2 次元リーマ

ン空間まで拡張されたことになる．定義 14.1 が意味をもつためには $K$ がスケーラーであること，すなわち局所座標系のとり方に無関係な値をとることを示さなければならないが，その証明は困難ではないから演習問題としておく．

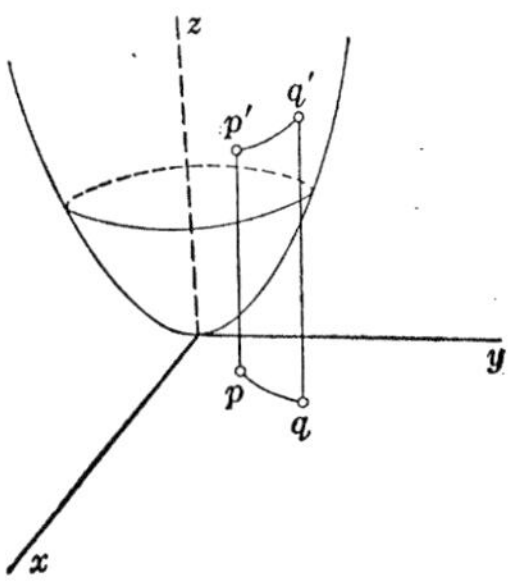

図 17

**例 1.** §13 例1 をもう一度考えよう．回転放物面 $2z=x^2+y^2$ を $S$ とすれば，誘導計量は

$$(*)\qquad ds^2=(1+x^2)dx^2+2xydxdy+(1+y^2)dy^2$$

であった．$x, y$ を $S$ 上の局所座標としてガウス曲率 (14.1) を計算すれば

$$(**)\qquad K=\frac{1}{(1+x^2+y^2)^2}$$

となる．一方，$xy$ 平面 $\boldsymbol{R}^2$ に計量（$*$）を入れることによって2次元リーマン空間 $M^2$ を作った．このリーマン空間 $M^2$ のガウス曲率も ($**$) で与えられる．$M^2$ は見かけ上平らであるが，計量（$*$）によって彎曲度 $K$ をもつことになった．$M^2$ の計量の定義から，図17で $p$ と $p'$，$q$ と $q'$ というようにして対応点を重ねれば，$S$ と $M^2$ とは(それぞれの計量の意味で）全く伸び縮みなしに重ねられる．このことから $M^2$ を $S$ と同じだけ曲っていると考えることは少しも不自然ではないだろう．$M^2$ 上に住んでいる2次元的生物は外の空間を見ないでも，計量テンソルを知れば $M^2$ の彎曲度 $K$ を知ることが出来るのである．

さて，$n$ 次元リーマン空間 $M^n$ の話に進もう．曲率テンソル $R_{\lambda\mu\nu\omega}$ は (0,4) 次であるから各点 $p$ で

$$T_p\times T_p\times T_p\times T_p\to\boldsymbol{R}$$

なる多重線型写像である．このテンソルを $R$ と書くことにすれば(スケーラー曲率も $R$ と書いたが混同のおそれはないだろう)，特に

$$R(\partial/\partial x^\lambda,\ \partial/\partial x^\mu,\ \partial/\partial x^\nu,\ \partial/\partial x^\omega)=R_{\lambda\mu\nu\omega}$$

が自然標構に関する成分である.

**定義 14.2.** $X, Y \in T_p(M)$ を1次独立とするとき

$$\rho(X,Y) = -\frac{R(X,Y,X,Y)}{\|X\|^2\|Y\|^2 - \langle X,Y\rangle^2} \tag{14.2}$$

を，$X$ と $Y$ との張る平面の**断面曲率**という.

まず，次の定理が成りたつ.

**定理 14.1.** $X, Y \in T_p(M)$ の張る平面を

$$pl(X,Y) = \{ Z \mid Z = aX + bY,\ a, b \in \boldsymbol{R} \}$$

と書けば，$pl(X,Y)$ の断面曲率はその平面内の基底のとり方に無関係である.

**証明.** $pl(X,Y)$ の1組の基底を $X', Y'$ とすれば

$$X' = aX + bY, \qquad Y' = cX + dY, \qquad ad - bc \neq 0$$

の形に書ける. $\rho(X', Y') = \rho(X, Y)$ を示せばよい. （証明終）

特に，$X, Y$ を正規直交基底にとれば (14.2) は

$$\rho(X,Y) = -R(X,Y,X,Y) \tag{14.3}$$

となる.

断面曲率とガウス曲率の関係は次の定理で与えられるが証明は曲面論の知識を必要とするので §25 でする.

**定理 14.2.** $X, Y \in T_p(M)$ の張る平面 $pl(X,Y)$ に $p$ で接する測地線の全体が，$p$ の近傍で，作る2次元部分空間——誘導計量により2次元リーマン空間となる——の $p$ におけるガウス曲率は $pl(X,Y)$ の断面曲率に等しい.

特に $M^n$ が2次元のときは $pl(X,Y) = T_p(M)$ であるからガウス曲率は断面曲率に一致する. したがって，断面曲面はガウス曲率の高次元空間への一般化である.

曲率テンソルを知れば(もち論計量テンソルも)すべての断面曲率がわかるが，実は逆も成りたつことを以下で示そう. テンソルは一組の基底に関する成分がすべてわかれば決定する. したがって，$X_i (i = 1, 2, \cdots, n)$ を $T_p(M)$ の任意の正規直交基底とすれば，曲率テンソル $R$ の $\{X_i\}$ に関する成分

$$R(X_i, X_j, X_k, X_l) = R_{ijkl}$$

によって$p$における曲率テンソルは定まる．定理 13.2 で述べた曲率テンソルの恒等式は任意の基底に関する成分についても成りたつから

(14.4) $$R_{ijkl}=-R_{jikl}=-R_{ijlk},$$

(14.5) $$R_{ijkl}+R_{jkil}+R_{kijl}=0,$$

(14.6) $$R_{ijkl}=R_{klij}.$$

また (14.3) によって

$$\rho(i,j)=-R_{ijij},\qquad i\neq j,$$

ここに $\rho(i,j)=\rho(X_i,X_j)$ とする．

準備が出来たから次の定理を証明しよう．

**定理 14.3.** 1点$p$において，すべての断面曲率がわかればその点における曲率テンソルは決定する．

**証明.** 1組の正規直交基底 $\{X_i\}$ をとって考える．$\rho(i,j)=-R_{ijij},(i\neq j)$，はすべて既知であるから

$$R_{ijik},\qquad R_{ijkl}\qquad (i,j,k,l\neq)$$

の形の成分がすべてわかればよい．まず

$$\begin{aligned}2\rho(X_i,X_j+X_k)&=-R(X_i,X_j+X_k,X_i,X_j+X_k)\\&=-R_{ijij}-2R_{ijik}-R_{ikik}\\&=\rho(i,j)+\rho(i,k)-2R_{ijik}.\end{aligned}$$

左辺は既知であるから $R_{ijik}$ も既知となる．次に

$$\begin{aligned}4\rho(X_i+X_k,X_j+X_l)&=-R(X_i+X_k,X_j+X_l,X_i+X_k,X_j+X_l)\\&=\rho(i,l)-2R_{ilkl}+\rho(k,l)\\&\quad-2R_{ilij}-2R_{ilkj}-2R_{klij}-2R_{klkj}\\&\quad+\rho(i,j)-2R_{kjij}+\rho(k,j).\end{aligned}\tag{14.7}$$

既知の項の和を * と書けば

$$R_{ilkj}+R_{klij}=*$$

となり，(14.5) により第2項を変形すれば

(14.8) $$2R_{ilkj}=R_{iklj}+*$$

となる．(14.7) で $X_k,X_l$ を交換すれば (14.8) に対応して

(14.9) $$2R_{iklj}=R_{ilkj}+*$$

が得られるから，(14.8) と (14.9) から $R_{ilkj}=*$. (証明終)

断面曲率 $\rho(X,Y)$ は点と $X,Y$ との函数であるが，これがいかなる点でも $X,Y$ に関係しないという条件を求めよう.

$\rho(X,Y)$ が $X,Y$ に無関係な値 $k$ をとるとすれば，$k$ は点だけの函数であって，(14.2) から

(14.10) $$T_{\lambda\mu\nu\omega}\xi^\lambda\eta^\mu\xi^\nu\eta^\omega=0$$

が成りたつ. ここで，$\xi^\lambda,\eta^\lambda$ は $X,Y\in T_p(M)$ の成分，$T$ は

$$T_{\lambda\mu\nu\omega}=R_{\lambda\mu\nu\omega}+k(g_{\lambda\nu}g_{\mu\omega}-g_{\mu\nu}g_{\lambda\omega})$$

なるテンソルである. $T$ は定理 3.5 の条件を満足するから (14.10) から $T_{\lambda\mu\nu\omega}=0$ が得られ，したがって

(14.11) $$R_{\lambda\mu\nu\omega}=-k(g_{\lambda\nu}g_{\mu\omega}-g_{\mu\nu}g_{\lambda\omega})$$

となる. ここで $k$ は $x$ だけの函数である.

逆に曲率テンソルが (14.11) の形であれば，$\rho(X,Y)$ が $X,Y$ に関係のない値 $k$ をとることは明らかである.

一方，定理 14.8 で証明するように，$n>2$ のときに曲率テンソルが (14.11) の形であれば $k$ は定数となる. したがって

**定理 14.4.** (シューア). リーマン空間 $M^n(n>2)$ のすべての点で断面曲率が方向 $X,Y$ に独立であれば，それは点にも独立，したがって定数である.

2次元 $M^2$ については，$pl(X,Y)=T_p(M)$ であるから $\rho(X,Y)$ は常に方向に独立と考えられ，任意の $M^2$ で (14.11) が成りたつ. しかし $k$ が定数であるとはかぎらない.

**定義 14.3.** 曲率テンソルが

(14.12) $$R_{\lambda\mu\nu\omega}=-k(g_{\lambda\nu}g_{\mu\omega}-g_{\lambda\omega}g_{\mu\nu})$$

の形で，しかも

$$k=\frac{R}{n(n-1)}, \quad (R \text{ はスケーラー曲率}),$$

が定数であるような $n(>1)$ 次元リーマン空間を**定曲率空間**という. この場合，

$R>0, =0, <0$ にしたがって楕円的，平坦(放物的)，双曲的という.

**注意 1.** $k$=定数ということは $n=2$ のために必要である.

これから

**定理 14.5.** リーマン空間 $M^n(n>2)$ の断面曲率が方向に独立であるための必要十分条件は $M^n$ が定曲率空間なることである.

$X_i=\xi_i{}^\lambda\partial/\partial x^\lambda\in T_p(M)$, $i=1,\cdots,n$, を $T_p(M)$ の1組の正規直交基底とすれば定理 4.4 によって

$$g^{\lambda\mu}=\sum_j\xi_j{}^\lambda\xi_j{}^\mu.$$

いま断面曲率

$$\rho(i,j)=-R(X_i,X_j,X_i,X_j)=-R_{\lambda\mu\nu\omega}\xi_i{}^\lambda\xi_j{}^\mu\xi_i{}^\nu\xi_j{}^\omega$$

において，$i=1$ として $j$ について和をとれば

$$\sum_{j=2}^n\rho(1,j)=-R_{\lambda\mu\nu\omega}\xi_1{}^\lambda\xi_1{}^\nu\sum_{j=2}^n\xi_j{}^\mu\xi_j{}^\omega$$

$$=R_{\lambda\nu}\xi_1{}^\lambda\xi_1{}^\nu=\mathrm{Ric}(X_1,X_1)$$

となる.

**定義 14.4.** $Y_1,\cdots,Y_n$ が $T_p(M)$ の直交基底であるとき

$$\rho(Y_1)=\frac{1}{n-1}\sum_{j=2}^n\rho(Y_1,Y_j)$$

を $Y_1$ に関する**平均曲率**という.

このとき，$X_i=Y_i/\|Y_i\|$ とおけば $\{X_i\}$ は正規直交基底で．しかも $\rho(Y_1, Y_j)=\rho(X_1,X_j)$ であるから

$$\rho(Y_1)=\rho(X_1)=\frac{1}{n-1}\mathrm{Ric}(X_1,X_1)=\frac{1}{n-1}\frac{\mathrm{Ric}(Y_1,Y_1)}{\|Y_1\|^2}.$$

これから次の定理が得られる.

**定理 14.6.** $Y_1$ に関する平均曲率は直交基底 $\{Y_i\}$ の $Y_2,\cdots,Y_n$ のえらび方，および $Y_1$ の長さに独立である.

また，$(n-1)\rho(Y_i)=\mathrm{Ric}(X_i,X_i)$ であるから，

$$(n-1)\sum_i\rho(Y_i)=\sum_i\mathrm{Ric}(X_i,X_i)=\sum_i R_{\lambda\mu}\xi_i{}^\lambda\xi_i{}^\mu=R$$

が成りたち，したがって

**定理 14.7.** 直交基底 $\{Y_i\}$ について平均曲率 $\rho(Y_i)$，$i=1,\cdots,n$，の平均は $R/n(n-1)$ に等しい．したがって，それは $\{Y_i\}$ のえらび方に独立である．

次に，定曲率空間と共に重要であるアインシュタイン空間を定義する．

リッチのテンソルが

$$R_{\lambda\mu}=fg_{\lambda\mu} \tag{14.13}$$

の形であるリーマン空間を考えよう．(14.13) と $g^{\lambda\mu}$ との積和をとれば $R=nf$ となるから (14.13) は次式となる：

$$R_{\lambda\mu}=\frac{R}{n}g_{\lambda\mu}.$$

これをビアンキの恒等式から得られた公式 (13.10)：

$$\nabla_\lambda R=2\nabla_\alpha R_\lambda{}^\alpha$$

に代入すれば $(n-2)\nabla_\lambda R=0$ となるから，$n>2$ ならばスケーラー曲率 $R$ が定数であることがわかる．

**定義 14.5.** リッチのテンソルが

$$R_{\lambda\mu}=kg_{\lambda\mu}$$

の形で，しかも

$$k=\frac{R}{n}$$

が定数である $n(>1)$ 次元リーマン空間を**アインシュタイン空間**という．

**注意 2.** $k=$定数という仮定は $n=2$ のために必要である．

定曲率空間では (14.12) と $g^{\lambda\omega}$ との積和をとることによって (14.13) が得られるから

**定理 14.8.** $n(>1)$ 次元定曲率空間はアインシュタイン空間である．

この定理によって先に述べた定理 14.4 も証明された．

**問 1.** 2次元リーマン空間で定義 14.1 で定義した $K$ がスケーラー函数であることを証明せよ．

**問 2.** (i) 2次元リーマン空間では常に $R_{\lambda\mu}=k(x)g_{\lambda\mu}$ が成りたつ．(ii) 2次元，3次元のアインシュタイン空間は定曲率空間である．

# 問　題　3

**1.** テンソル $T_{\lambda\mu}$ が対称(交代)ならば，任意の疑似接続に関して $\nabla_\xi T_{\lambda\mu}$ もそうである.

**2.** リー微分についての公式 (p. 55 参照)，を任意の疑似接続 $\Gamma$ に関する共変微分を使って表わせば次のようになる.

$$\begin{aligned}\mathfrak{L}_\xi T_\lambda{}^\mu &= \xi^\alpha \frac{\partial T_\lambda{}^\mu}{\partial x^\alpha} - T_\lambda{}^\alpha \frac{\partial \xi^\mu}{\partial x^\alpha} + T_\alpha{}^\mu \frac{\partial \xi^\alpha}{\partial x^\lambda} \\ &= \xi^\alpha \nabla_\alpha T_\lambda{}^\mu - T_\lambda{}^\alpha (\nabla_\alpha \xi^\mu + 2\xi^\beta S_{\beta\alpha}{}^\mu) \\ &\qquad + T_\alpha{}^\mu (\nabla_\lambda \xi^\alpha + 2\xi^\beta S_{\beta\lambda}{}^\alpha),\end{aligned}$$

ここに，$T_\lambda{}^\mu$ は任意のテンソル，$S_{\lambda\mu}{}^\nu$ は $\Gamma$ の捩率テンソル (p. 85) である.

**3.** $\Gamma$ を $M^n$ の任意の疑似接続とし $\bar{\Gamma}^\lambda_{\mu\nu} = \Gamma^\lambda_{\nu\mu}$ とおけば，$\bar{\Gamma}^\lambda_{\mu\nu}$ も $M^n$ の疑似接続である．また，このとき $\Gamma$, $\bar{\Gamma}$ に関する共変微分を $\nabla$, $\bar{\nabla}$ で表わすことにすれば，任意のベクトル場 $\xi^\lambda$ について次式が成りたつ.

$$\bar{\nabla}_\lambda \xi^\mu = \nabla_\lambda \xi^\mu + 2\xi^\beta S_{\beta\lambda}{}^\mu,$$

ここに $S$ は $\Gamma$ の捩率テンソル　ある.

**4.** 任意の疑似接続 $\Gamma$ に関して，テンソル $T$ の共変微分商

$$\nabla_\nu T_\lambda{}^\mu = \frac{\partial T_\lambda{}^\mu}{\partial x^\nu} - \Gamma^\alpha_{\nu\lambda} T_\alpha{}^\mu + \Gamma^\mu_{\nu\alpha} T_\lambda{}^\alpha$$

がまたテンソルの成分であることを，座標変換 $x'^\lambda = x'^\lambda(x)$ を行なって確かめよ.

**5.** $E^3$ の曲面 $S$ が直交座標系に関して $z = z(x, y)$ で与えられるとき $\partial z/\partial x = p$, $\partial z/\partial y = q$ とおけば，$S$ の局所座標 $\{x, y\}$ について次式が成りたつ.

$$g_{11} = 1 + p^2, \qquad g_{12} = g_{21} = pq, \qquad g_{22} = 1 + q^2,$$

$$\mathfrak{g} = \det(g_{\lambda\mu}) = 1 + p^2 + q^2,$$

$$g^{11} = (1+q^2)/\mathfrak{g}, \qquad g^{12} = g^{21} = -pq/\mathfrak{g}, \qquad g^{22} = (1+p^2)/\mathfrak{g},$$

$$[\mu\nu, \omega] = \frac{\partial z}{\partial x^\omega} \frac{\partial^2 z}{\partial x^\mu \partial x^\nu}, \qquad \begin{Bmatrix} \lambda \\ \mu\nu \end{Bmatrix} = \frac{1}{\mathfrak{g}} \frac{\partial z}{\partial x^\lambda} \frac{\partial^2 z}{\partial x^\mu \partial x^\nu},$$

ここで $\lambda, \mu, \cdots = 1,\ 2$ とし，$x^1 = x$，$x^2 = y$ とした.

**6.** $\hat{K}(=K_{\lambda\mu\nu}{}^\omega)$，$S$ をそれぞれ疑似接続 $\Gamma$ の曲率テンソル，捩率テンソル (p.85) とすれば，次のリッチの公式が成りたつ.

$$\begin{aligned}&\nabla_\lambda \nabla_\mu f - \nabla_\mu \nabla_\lambda f = -2S_{\lambda\mu}{}^\alpha \nabla_\alpha f, \\ &\nabla_\lambda \nabla_\mu \xi^\kappa - \nabla_\mu \nabla_\lambda \xi^\kappa = K_{\lambda\mu\alpha}{}^\kappa \xi^\alpha - 2S_{\lambda\mu}{}^\alpha \nabla_\alpha \xi^\kappa, \\ &\nabla_\lambda \nabla_\mu u_\nu - \nabla_\mu \nabla_\lambda u_\nu = -K_{\lambda\mu\nu}{}^\alpha u_\alpha - 2S_{\lambda\mu}{}^\alpha \nabla_\alpha u_\nu.\end{aligned}$$

**7.** 球面 $S^n(k)$ (p. 32 参照): $(x^1)^2 + \cdots + (x^{n+1})^2 = k^2$ について $U_{n+1}^{\pm}$ で次式が成りたつ．ただし $a, b, \cdots = 1, 2, \cdots, n$ とする.

$$g_{ab}=\delta_{ab}+\frac{x^a x^b}{(x^{n+1})^2},\qquad g^{ab}=\delta^{ab}-\frac{x^a x^b}{k^2},$$

$$\left\{\begin{matrix} a \\ bc \end{matrix}\right\}=\frac{1}{k^2}x^a\left\{\delta_{bc}+\frac{x^b x^c}{(x^{n+1})^2}\right\}=\frac{1}{k^2}x^a g_{bc},$$

$$R_{abc}{}^e=-\frac{1}{k^2}(g_{ac}\delta_b{}^e-g_{bc}\delta_a{}^e).$$

測地線は弧長 $s$ をパラメーターとして

$$x^a=A^a\sin(s/k)+B^a\cos(s/k)$$

となる．ここに $A^a, B^a$ は定数である．（この式から球面上の測地線は大円であることがわかる）．

**8.** リーマンの曲率テンソルは適当な $n^2(n^2-1)/12$ 個の成分がわかれば，他の成分は全部 (13.5) (13.6) から得られる．

**9.** リーマン空間 $M^n(n>2)$ の各点で平均曲率 $\rho(X)$ が $X$ に独立であれば，$M^n$ はアインシュタイン空間である．

**10.** 4次元アインシュタイン空間で $X_i\in T_p(M)$，$i=1,\cdots,4$，を任意の正規直交基底とすれば次の関係が成りたつ．

$$\rho(1,2)=\rho(3,4),\qquad \rho(1,3)=\rho(2,4),\qquad \rho(1,4)=\rho(2,3).$$

**11.** $\xi^\lambda$ を平行ベクトル場とすれば $R_{\lambda\mu\alpha}{}^\kappa\xi^\alpha=0$．これからスケーラー曲率 $R\neq0$ であるアインシュタイン空間では平行ベクトル場は零ベクトル場以外には存在しない．

# 第4章　変　換　論

## § 15.　疑似変換

$\{U, x^\lambda\}$, $\{\overline{U}, \overline{x}^\lambda\}$ をそれぞれ $n$ 次元微分多様体 $M^n$, $\overline{M}^n$ の座標近傍とし, $\phi: U \to \overline{U}$ を微分同型写像とする．このとき,

$$\theta \circ \phi^{-1}: \overline{U} \to O$$

は $\overline{M}^n$ の許容座標系となり, $\overline{p}=\phi(p)$ は $p \in U$ と同じ座標 $\{x^\lambda\}$ をもつ．$\phi: U \to \overline{U}$ を局所座標 $\theta$, $\bar{\theta}$ によって

(15.1) $$\overline{x}^\lambda = \overline{x}^\lambda(x)$$

と表わせば, (15.1) はそのまま, $\overline{U}$ における2つの座標系 $\bar{\theta}$, $\theta \circ \phi^{-1}$ の間の座標変換式である．

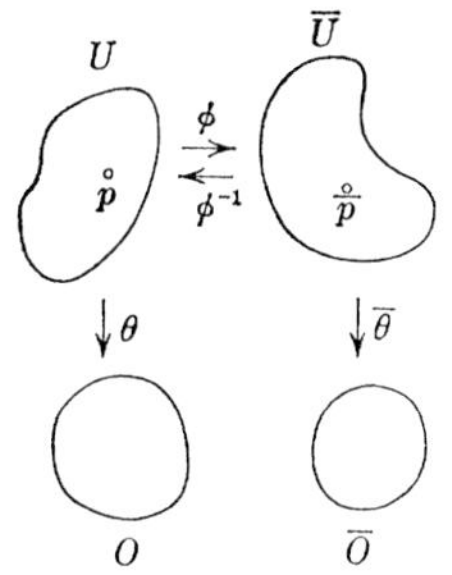

図 18

**定義 15.1.** $\phi$ を微分同型写像, $\overset{*}{\Gamma}{}^\lambda_{\mu\nu}(x)$ を $\{\overline{U}, x^\lambda, \theta \circ \phi^{-1}\}$ における疑似接続の係数とする．このとき $\{U, x^\lambda, \theta\}$ で考えた $\overset{*}{\Gamma}{}^\lambda_{\mu\nu}(x)$ を $\phi$ により $U$ 上に**誘導された疑似接続**という．

対応点どうしが同じ座標をもつから, $U$ と $\overline{U}$ とを同一視して疑似接続もそのまま使うということである．

**定理 15.1.** $\phi: M^n \to \overline{M}^n$ を微分多様体の間の微分同型写像とする．$\overline{M}^n$ が疑似接続 $\overline{\Gamma}$ をもつとき, $M^n$ の各座標近傍 $U$ 上に

$$\phi|U : U \to \overline{M}^n$$

によって誘導された疑似接続は $M^n$ 上に1つの疑似接続 $\overset{*}{\Gamma}$ を与える．

**証明.** 明らかであるが証明しよう．$U \cap V \neq \emptyset$ なる $\{U, x^\lambda\}$, $\{V, x'^\lambda\}$ に誘導された疑似接続が (11.5) の関係を満足することをいえばよい．$\overline{U}=\phi(U)$, $\overline{V}=\phi(V)$ とおき $\overline{U}, \overline{V}$ での座標変換 $\{\overline{U}, \overline{x}^\lambda, \bar{\theta}\} \to \{\overline{U}, x^\lambda, \theta \circ \phi^{-1}\}$, $\{\overline{V}, \overline{x}'^\lambda, \bar{\theta}'\} \to \{\overline{V}, x'^\lambda, \theta' \circ \phi^{-1}\}$ によって $U$ と $\overline{U}$, $V$ と $\overline{V}$ の対応点が同じ座標になるようにする．$\{\overline{U}, x^\lambda, \theta \circ \phi^{-1}\}$, $\{\overline{V}, x'^\lambda, \theta' \circ \phi^{-1}\}$ における疑似接続の係数は $\{\overline{U}, \overline{x}^\lambda\}$,

$\{\overline{V}, \bar{x}'^{\lambda}\}$ における疑似接続の係数 $\overline{\Gamma}^{\lambda}_{\mu\nu}$, $\overline{\Gamma}'^{\lambda}_{\mu\nu}$ からそれぞれ座標変換して得られるが，それらを $\overset{*}{\Gamma}{}^{\lambda}_{\mu\nu}(\bar{p})$, $\overset{*}{\Gamma}{}'^{\lambda}_{\mu\nu}(\bar{p})$ とし，$U$, $V$ 上の誘導接続の係数を $\overset{*}{\Gamma}{}^{\lambda}_{\mu\nu}(p)$, $\overset{*}{\Gamma}{}'^{\lambda}_{\mu\nu}(p)$ とすれば定義によって

$$\overset{*}{\Gamma}{}^{\lambda}_{\mu\nu}(p)=\overset{*}{\Gamma}{}^{\lambda}_{\mu\nu}(\bar{p}), \qquad \overset{*}{\Gamma}{}'^{\lambda}_{\mu\nu}(p)=\overset{*}{\Gamma}{}'^{\lambda}_{\mu\nu}(\bar{p})$$

である．$\overset{*}{\Gamma}(\bar{p})$, $\overset{*}{\Gamma}{}'(\bar{p})$ は $\overline{M}^n$ における疑似接続の係数であるから，$\overline{U}\cap\overline{V}$ での座標変換 $\theta\circ\phi^{-1}\to\theta'\circ\phi^{-1}$:

$$x'^{\lambda}=x'^{\lambda}(x) \tag{15.2}$$

によって

$$\overset{*}{\Gamma}{}^{\lambda}_{\mu\nu}(\bar{p})\frac{\partial x'^{\alpha}}{\partial x^{\lambda}}=\frac{\partial^2 x'^{\alpha}}{\partial x^{\mu}\partial x^{\nu}}+\overset{*}{\Gamma}{}'^{\alpha}_{\beta\gamma}(\bar{p})\frac{\partial x'^{\beta}}{\partial x^{\mu}}\frac{\partial x'^{\gamma}}{\partial x^{\nu}}$$

の関係がある．したがって

$$\overset{*}{\Gamma}{}^{\lambda}_{\mu\nu}(p)\frac{\partial x'^{\alpha}}{\partial x^{\lambda}}=\frac{\partial^2 x'^{\alpha}}{\partial x^{\mu}\partial x^{\nu}}+\overset{*}{\Gamma}{}'^{\alpha}_{\beta\gamma}(p)\frac{\partial x'^{\beta}}{\partial x^{\mu}}\frac{\partial x'^{\gamma}}{\partial x^{\nu}}.$$

しかるに，(15.2) は $U\cap V$ での座標変換 $\theta\to\theta'$ でもあるから，$\overset{*}{\Gamma}$ について (11.5) が得られた．　(証明終)

**定義 15.2.** 定理 15.1 によって $M^n$ 上に定義された疑似接続を $\phi$ による**誘導接続**といい $\Phi(\Gamma)$ で表わす．

**定理 15.2.** $\phi$: $M^n\to\overline{M}^n$ を微分同型写像，$\overline{M}^n$ は疑似接続 $\overline{\Gamma}$ をもつとする．このとき，$M^n$ 上の1つの疑似接続 $\overset{*}{\Gamma}$ が $\phi$ による誘導接続であるための必要十分条件は

$$\phi_*(\overset{*}{\nabla}_X Y)=\overline{\nabla}_{\phi_*(X)}\phi_*(Y) \tag{15.3}$$

が任意の $p, X\in T_p(M)$ と，$p$ の近傍で定義された任意のベクトル場 $Y$ について成りたつことである．ここに $\overset{*}{\nabla}$, $\overline{\nabla}$ はそれぞれ $\overset{*}{\Gamma}$, $\overline{\Gamma}$ に対応する共変微分を表わす．

**証明．** (15.3) はテンソル式であるから1つの座標系について証明すればよい．$p\in\{U, x^{\lambda}\}$ での $\overset{*}{\Gamma}$ の係数を $\overset{*}{\Gamma}{}^{\lambda}_{\mu\nu}(p)$ とし，$\phi(U)=\overline{U}$ で対応点が同じ座標をもつように $\overline{U}$ に座標系 $\{x^{\lambda}\}$ を入れる．$\{x^{\lambda}\}$ に関する $\overline{\Gamma}$ の係数を $\overset{*}{\Gamma}{}^{\lambda}_{\mu\nu}$

$(\bar{p})$ と書こう．$\phi_*$ の定義から任意の $Z=\zeta^\lambda\partial/\partial x^\lambda$ は $\phi_*$ によって $\phi_*(Z)=\zeta^\lambda\partial/\partial x^\lambda$ にうつる．したがって $X=\xi^\lambda(\partial/\partial x^\lambda)_p$, $Y=\eta^\lambda\partial/\partial x^\lambda$ とすれば

$$\phi_*(\overset{*}{\nabla}_X Y)=\xi^\alpha\left(\frac{\partial\eta^\lambda}{\partial x^\alpha}+\overset{*}{\Gamma}{}^\lambda_{\alpha\mu}(p)\eta^\mu\right)\left(\frac{\partial}{\partial x^\lambda}\right)_{\bar{p}},$$

$$\bar{\nabla}_{\phi_*(X)}\phi_*(Y)=\xi^\alpha\left(\frac{\partial\eta^\lambda}{\partial x^\alpha}+\overset{*}{\Gamma}{}^\lambda_{\alpha\mu}(\bar{p})\eta^\mu\right)\left(\frac{\partial}{\partial x^\lambda}\right)_{\bar{p}}.$$

両者が一致する条件は

$$\xi^\alpha\eta^\mu(\overset{*}{\Gamma}{}^\lambda_{\alpha\mu}(p)-\overset{*}{\Gamma}{}^\lambda_{\alpha\mu}(\bar{p}))=0$$

が任意の実数 $\xi^\alpha$, $\eta^\mu$ について成りたつことである．したがって，$\overset{*}{\Gamma}{}^\lambda_{\alpha\mu}(p)=\overset{*}{\Gamma}{}^\lambda_{\alpha\mu}(\bar{p})$ が (15.3) と同値である．　（証明終）

疑似接続 $\bar{\Gamma}$ の $\{\bar{U},\bar{x}^\lambda\}$ に関する係数を $\bar{\Gamma}{}^\lambda_{\mu\nu}$ とするとき，座標変換 $\{\bar{U}, x^\lambda, \theta\circ\phi^{-1}\}\to\{\bar{U},\bar{x}^\lambda\}$ によって

$$\overset{*}{\Gamma}{}^\alpha_{\beta\gamma}(\bar{p})\,\frac{\partial\bar{x}^\lambda}{\partial x^\alpha}=\frac{\partial^2\bar{x}^\lambda}{\partial x^\beta\partial x^\gamma}+\bar{\Gamma}{}^\lambda_{\mu\nu}(\bar{p})\,\frac{\partial\bar{x}^\mu}{\partial x^\beta}\,\frac{\partial\bar{x}^\nu}{\partial x^\gamma}$$

の変換をする．これから誘導接続 $\overset{*}{\Gamma}{}^\alpha_{\beta\gamma}(p)=\overset{*}{\Gamma}{}^\alpha_{\beta\gamma}(\bar{p})$ と $\bar{\Gamma}{}^\lambda_{\mu\nu}(p)$ との関係がわかるから

**定理 15.3.** $\phi: M^n\to\bar{M}^n$ を微分同型写像，$\bar{M}^n$ は疑似接続 $\bar{\Gamma}$ をもつとする．このとき，$\phi$ を局所的に $\bar{x}^\lambda=\bar{x}^\lambda(x)$ とすれば誘導接続 $\overset{*}{\Gamma}=\Phi(\bar{\Gamma})$ の係数は

$$\overset{*}{\Gamma}{}^\alpha_{\beta\gamma}=\frac{\partial x^\alpha}{\partial\bar{x}^\lambda}\left(\frac{\partial^2\bar{x}^\lambda}{\partial x^\beta\partial x^\gamma}+\bar{\Gamma}{}^\lambda_{\mu\nu}\,\frac{\partial\bar{x}^\mu}{\partial x^\beta}\,\frac{\partial\bar{x}^\nu}{\partial x^\gamma}\right)$$

で与えられる．

**定義 15.3.** $\phi: M^n\to\bar{M}^n$ を微分同型写像，$\Gamma$, $\bar{\Gamma}$ をそれぞれ $M^n, \bar{M}^n$ の疑似接続とする．このとき，もし

$$\Gamma=\Phi(\bar{\Gamma})$$

ならば，$\phi$ を $\{M^n,\Gamma\}$ から $\{\bar{M}^n, \bar{\Gamma}\}$ への**疑似写像**といい，このような $\phi$ が存在するとき $\{M^n,\Gamma\}$ は $\{\bar{M}^n, \bar{\Gamma}\}$ に**疑似同型**であるという．特に，疑似写像 $\{M^n,\Gamma\}\to\{M^n,\Gamma\}$ を**疑似変換**という．

$\phi$ が $M^n$ の一部でだけ定義されている場合も同様である．定理 15.2，15.3 から次の定理は明らかである．

**定理 15.4.** $M^n$，$\overline{M}^n$ は疑似接続 $\Gamma$，$\overline{\Gamma}$ をもつ微分多様体とする．このとき，微分同型写像 $\phi: M^n \to \overline{M}^n$ が疑似写像であるための必要十分条件は

$$\phi_*(\nabla_X Y) = \overline{\nabla}_{\phi_*(X)}\phi_*(Y) \tag{15.4}$$

が任意の $X, Y$ について成りたつことである．

**定理 15.5.** 同じ仮定のもとで，$\phi$ を局所的に $\bar{x}^\lambda = \bar{x}^\lambda(x)$ とすれば，$\phi$ が疑似写像であるための必要十分条件は

$$\Gamma_{\beta\gamma}^{\ \alpha} = \frac{\partial x^\alpha}{\partial \bar{x}^\lambda}\left(\frac{\partial^2 \bar{x}^\lambda}{\partial x^\beta \partial x^\gamma} + \overline{\Gamma}_{\mu\nu}^{\ \lambda}\frac{\partial \bar{x}^\mu}{\partial x^\beta}\frac{\partial \bar{x}^\nu}{\partial x^\gamma}\right) \tag{15.5}$$

が成りたつことである．

$c$ を $\{M^n, \Gamma\}$ の道とすると疑似パラメーター $t$ に関して $\nabla_{\dot{c}}\dot{c}=0$ が成りたつ．$c$ の疑似写像 $\phi$ による像曲線を $\bar{c}=\phi\circ c$ とすれば，微分写像の定義によって $\dot{\bar{c}} = \phi_*(\dot{c})$ であるから，(15.4)と同様にして

$$0 = \phi_*(\nabla_{\dot{c}}\dot{c}) = \overline{\nabla}_{\dot{\bar{c}}}\dot{\bar{c}}$$

が示される．したがって

**定理 15.6.** 疑似写像 $\phi$ によって道は道にうつり，しかも道 $c$ の疑似パラメーターは $\phi\circ c$ の疑似パラメーターでもある．

このことを疑似パラメーターは疑似写像によって不変であるという．逆に微分同型写像が道を常に道にうつせば疑似写像だろうか．それは一般に正しくはないが疑似パラメーターを不変にしていれば正しいことが後の議論でわかる（§18 参照）．

疑似写像 $\phi$ について (15.5) が成りたつから $\Gamma$，$\overline{\Gamma}$ の曲率テンソル $\hat{K} = (K_{\lambda\mu\nu}{}^\omega)$，$\hat{\overline{K}} = (\overline{K}_{\lambda\mu\nu}{}^\omega)$ の間には

$$K_{\alpha\beta\gamma}{}^\delta = \overline{K}_{\lambda\mu\nu}{}^\kappa \frac{\partial \bar{x}^\lambda}{\partial x^\alpha}\frac{\partial \bar{x}^\mu}{\partial x^\beta}\frac{\partial \bar{x}^\nu}{\partial x^\gamma}\frac{\partial x^\delta}{\partial \bar{x}^\kappa} \tag{15.6}$$

の関係がある．それは，(15.5)が形式的に接続係数の座標変換式と同じであるから曲率テンソルの成分の座標変換式と同じ形が導かれるというわけである．

(15.6) は $\phi$ から誘導されるテンソル空間の写像 $\Phi$ を使えば

$$\hat{K}=\Phi(\hat{\hat{K}}) \tag{15.7}$$

と書くことが出来る.

次に疑似変換 $\phi$: $\{M^n,\Gamma\}\to\{M^n,\Gamma\}$ を考えよう. 定義から $\phi$: $M^n\to M^n$ は微分同型写像で

$$\Gamma=\Phi(\Gamma),\qquad \Gamma_p=\Phi(\Gamma_{\phi(p)})$$

が成りたつ. すなわち疑似変換によって疑似接続は不変である. $\{M^n,\Gamma\}$ の疑似変換 $\phi,\psi$ について, $\phi^{-1}$, $\phi\circ\psi$ も明らかに疑似変換であるから, 疑似変換の全体は写像の合成を積演算として群を作る. これを $\{M^n,\Gamma\}$, または $M^n$, の疑似変換群という.

疑似変換に対しては (15.7) は

$$\hat{K}=\Phi(\hat{K})$$

となるから

**定理 15.7.** 疑似変換によって曲率テンソルは不変である.

**例.** $\boldsymbol{R}^n$ の平行座標系 $\{x^\lambda\}$ に関して $\Gamma^\lambda_{\mu\nu}\equiv0$ なる疑似接続を考える. 変換 $\phi$: $\bar{x}^\lambda=\bar{x}^\lambda(x)$ によって点 $\bar{x}^\lambda$ における $\bar{\Gamma}^\lambda_{\mu\nu}\equiv\Gamma^\lambda_{\mu\nu}(\bar{x})=0$ を点 $x^\lambda$ に誘導すれば, 定理 15.3 によって

$$\overset{*}{\Gamma}{}^\alpha_{\beta\gamma}(x)=\frac{\partial x^\alpha}{\partial\bar{x}^\lambda}\frac{\partial^2\bar{x}^\lambda}{\partial x^\beta\partial x^\gamma}.$$

$\phi$ が疑似変換である条件は $\overset{*}{\Gamma}{}^\alpha_{\beta\gamma}(x)=\Gamma^\alpha_{\beta\gamma}(x)=0$ であるから $\partial^2\bar{x}^\lambda/\partial x^\beta\partial x^\gamma=0$. これを解けば

$$\bar{x}^\lambda=a_\mu{}^\lambda x^\mu+b^\lambda,\qquad a_\mu{}^\lambda, b^\lambda\in\boldsymbol{R},$$

が得られる. ここで $\phi$ は微分同型であるから $\det(a_\mu{}^\lambda)\neq0$ である. したがって, $\boldsymbol{R}^n$ の疑似変換群は1次変換群である.

$\{\phi_t\}$ を疑似接続 $\Gamma$ をもつ $M^n$ の変換群とする. これを任意の点 $p$ の近傍 $U$ で考えよう. $t$ を固定すれば (局所) 変換 $\phi_t$: $U\to\phi_t(U)$ によって $\phi_t(U)$ 上の疑似接続 $\Gamma$ から $U$ 上に誘導接続

$$\Gamma_t = \Phi_t(\Gamma)$$

が出来る．特に，$t=0$ の場合は $\phi_0$ が恒等写像であるから $\Gamma_0=\Gamma$ である．いま

$$\left(\frac{\partial}{\partial t}\Gamma_t\right)_{t=0} = \lim_{t\to 0}\frac{1}{t}(\Gamma_t-\Gamma)$$

を考えれば，$\Gamma_t, \Gamma$ は共に $U$ 上の疑似接続であるからそれらの差は $(1,2)$ 次のテンソルであり，したがって左辺も $(1,2)$ 次のテンソルである．

**定義 15.4.** $\{\phi_t\}$ が誘導するベクトル場を $X$ とするとき

$$\mathfrak{L}_X\Gamma = \left(\frac{\partial}{\partial t}\Gamma_t\right)_{t=0}$$

を $X$ に関する $\Gamma$ のリー微分商という．$\mathfrak{L}_X\Gamma$ をまたその成分で $\mathfrak{L}_\xi \Gamma^\lambda_{\mu\nu}$ とも表わす．

**定義 15.5.** 変換群 $\{\phi_t\}$ は各 $t$ について $\phi_t$ が疑似変換であれば，**疑似変換群**という．

**注意.** $\{\phi_t\}$ が1径数局所変換群芽を意味する場合は各 $t$ について $\phi_t$ は疑似局所変換と考える．次節以下についても同様とする．

$\{\phi_t\}$ を疑似変換群とすれば常に $\Gamma_t=\Gamma$ であるから $\mathfrak{L}_X\Gamma=0$ となる．

逆に変換群 $\{\phi_t\}$ について，$\mathfrak{L}_X\Gamma=0$ がすべての点で成りたつとすれば §9 と全く同様にして $\Phi_t(\Gamma)$ が $t$ に独立であることがわかり，$\Phi_t(\Gamma)=\Phi_0(\Gamma)=\Gamma$ となる．したがって

**定理 15.8.** 変換群 $\{\phi_t\}$ が疑似変換群であるための必要十分条件は $\mathfrak{L}_X\Gamma=0$ である．ここに，$X$ は $\{\phi_t\}$ が誘導するベクトル場とする．

次に $\mathfrak{L}_X\Gamma$ を座標系を使って表わそう．$\{U, x^\lambda\}$ で $\phi_t(x)=\bar{x}\in U$ であるような十分小さい $t$ について，$\phi_t$ を

$$\bar{x}^\lambda = \bar{x}^\lambda(x,t)$$

とする．$\Gamma_t$ の係数を $\Gamma_{t\,\alpha\beta}^{\ \gamma}$，$\bar{p}=\phi_t(p)$ における $\Gamma$ の係数を $\bar{\Gamma}^\lambda_{\mu\nu}=\Gamma^\lambda_{\mu\nu}(\bar{x})$ とすれば，定理 15.3 によって

$$\Gamma_{t\,\alpha\beta}^{\ \gamma} = \frac{\partial x^\gamma}{\partial \bar{x}^\lambda}\left(\frac{\partial^2 \bar{x}^\lambda}{\partial x^\alpha \partial x^\beta} + \bar{\Gamma}^\lambda_{\mu\nu}\frac{\partial \bar{x}^\mu}{\partial x^\alpha}\frac{\partial \bar{x}^\nu}{\partial x^\beta}\right).$$

これから

$$(15.8)\qquad \frac{\partial \Gamma_{t\alpha\beta}^{\gamma}}{\partial t}=\frac{\partial}{\partial t}\frac{\partial x^{\gamma}}{\partial \bar{x}^{\lambda}}\left(\frac{\partial^2 \bar{x}^{\lambda}}{\partial x^{\alpha}\partial x^{\beta}}+\bar{\Gamma}_{\mu\nu}^{\lambda}\frac{\partial \bar{x}^{\mu}}{\partial x^{\alpha}}\frac{\partial \bar{x}^{\nu}}{\partial x^{\beta}}\right)$$
$$+\frac{\partial x^{\gamma}}{\partial \bar{x}^{\lambda}}\left\{\frac{\partial}{\partial t}\frac{\partial^2 \bar{x}^{\lambda}}{\partial x^{\alpha}\partial x^{\beta}}+\frac{\partial \bar{\Gamma}_{\mu\nu}^{\lambda}}{\partial \bar{x}^{\varepsilon}}\frac{\partial \bar{x}^{\varepsilon}}{\partial t}\frac{\partial \bar{x}^{\mu}}{\partial x^{\alpha}}\frac{\partial \bar{x}^{\nu}}{\partial x^{\beta}}\right.$$
$$\left.+\bar{\Gamma}_{\mu\nu}^{\lambda}\frac{\partial}{\partial t}\frac{\partial \bar{x}^{\mu}}{\partial x^{\alpha}}\frac{\partial \bar{x}^{\nu}}{\partial x^{\beta}}+\bar{\Gamma}_{\mu\nu}^{\lambda}\frac{\partial \bar{x}^{\mu}}{\partial x^{\alpha}}\frac{\partial}{\partial t}\frac{\partial \bar{x}^{\nu}}{\partial x^{\beta}}\right\}.$$

しかるに，$X=\xi^{\lambda}\partial/\partial x^{\lambda}$ とすれば

$$\left(\frac{\partial \bar{x}^{\lambda}}{\partial t}\right)_{t=0}=\xi^{\lambda}$$

であるから

$$\left(\frac{\partial}{\partial t}\frac{\partial \bar{x}^{\mu}}{\partial x^{\alpha}}\right)_{t=0}=\frac{\partial \xi^{\mu}}{\partial x^{\alpha}},\qquad \left(\frac{\partial}{\partial t}\frac{\partial^2 \bar{x}^{\lambda}}{\partial x^{\alpha}\partial x^{\beta}}\right)_{t=0}=\frac{\partial^2 \xi^{\lambda}}{\partial x^{\alpha}\partial x^{\beta}}.$$

$\phi_0$ は恒等変換であるから

$$\left(\frac{\partial \bar{x}^{\lambda}}{\partial x^{\alpha}}\right)_{t=0}=\delta_{\alpha}{}^{\lambda},\qquad \left(\frac{\partial^2 \bar{x}^{\lambda}}{\partial x^{\alpha}\partial x^{\beta}}\right)_{t=0}=0.$$

一方，(9.7) によって

$$\left(\frac{\partial}{\partial t}\frac{\partial x^{\gamma}}{\partial \bar{x}^{\lambda}}\right)_{t=0}=-\frac{\partial \xi^{\gamma}}{\partial x^{\lambda}}.$$

さらに

$$\left(\frac{\partial \bar{\Gamma}_{\mu\nu}^{\lambda}}{\partial \bar{x}^{\varepsilon}}\right)_{t=0}=\frac{\partial \Gamma_{\mu\nu}^{\lambda}}{\partial x^{\varepsilon}},\qquad (\bar{\Gamma}_{\mu\nu}^{\lambda})_{t=0}=\Gamma_{\mu\nu}^{\lambda}.$$

これらを (15.8) に代入すれば

$$\left(\frac{\partial \Gamma_{t\alpha\beta}^{\gamma}}{\partial t}\right)_{t=0}=-\frac{\partial \xi^{\gamma}}{\partial x^{\lambda}}\Gamma_{\alpha\beta}^{\lambda}+\frac{\partial^2 \xi^{\gamma}}{\partial x^{\alpha}\partial x^{\beta}}+\frac{\partial \Gamma_{\alpha\beta}^{\gamma}}{\partial x^{\varepsilon}}\xi^{\varepsilon}+\Gamma_{\mu\beta}^{\gamma}\frac{\partial \xi^{\mu}}{\partial x^{\alpha}}+\Gamma_{\alpha\nu}^{\gamma}\frac{\partial \xi^{\nu}}{\partial x^{\beta}},$$

すなわち

$$(15.9)\qquad \mathfrak{L}_{\xi}\Gamma_{\beta\gamma}^{\alpha}=\frac{\partial^2 \xi^{\alpha}}{\partial x^{\beta}\partial x^{\gamma}}+\xi^{\varepsilon}\frac{\partial \Gamma_{\beta\gamma}^{\alpha}}{\partial x^{\varepsilon}}+\Gamma_{\varepsilon\gamma}^{\alpha}\frac{\partial \xi^{\varepsilon}}{\partial x^{\beta}}+\Gamma_{\beta\varepsilon}^{\alpha}\frac{\partial \xi^{\varepsilon}}{\partial x^{\gamma}}-\Gamma_{\beta\gamma}^{\varepsilon}\frac{\partial \xi^{\alpha}}{\partial x^{\varepsilon}}$$

が得られた．これを $\Gamma$ に関する共変微分，曲率テンソル $\hat{K}=(K_{\alpha\beta\gamma}{}^{\delta})$，捩率テンソル $S_{\alpha\beta}{}^{\gamma}$ を使って表わせば

(15.10)
$$\mathfrak{L}_\xi \Gamma_{\beta\gamma}^{\alpha}=\nabla_\beta(\nabla_\gamma \xi^\alpha+2S_{\varepsilon\gamma}{}^\alpha\xi^\varepsilon)+K_{\varepsilon\beta\gamma}{}^\alpha\xi^\varepsilon$$

となる．これから

**定理 15.9.** 変換群 $\{\phi_t\}$ が疑似変換群であるための必要十分条件は，それが誘導するベクトル場 $X=\xi^\lambda\partial/\partial x^\lambda$ が

(15.11)
$$\mathfrak{L}_\xi \Gamma_{\mu\nu}^{\lambda}=\nabla_\mu(\nabla_\nu \xi^\lambda+2S_{\varepsilon\nu}{}^\lambda\xi^\varepsilon)+K_{\varepsilon\mu\nu}{}^\lambda\xi^\varepsilon=0$$

を満足することである．ここに，$\nabla$，$K_{\varepsilon\mu\nu}{}^\lambda$，$S_{\varepsilon\nu}{}^\lambda$ は $\Gamma$ に関する共変微分，曲率テンソル，捩率テンソルである．

(15.11) を満足するベクトル場 $X$ を**無限小疑似変換**，あるいは**疑似キリング・ベクトル**という．

特に，リーマン空間では（リーマン接続に関して）$X$ が無限小疑似変換の条件は

(15.12)
$$\mathfrak{L}_\xi \left\{ {\lambda \atop \mu\nu} \right\}=\nabla_\mu\nabla_\nu\xi^\lambda+R_{\varepsilon\mu\nu}{}^\lambda\xi^\varepsilon=0$$

となる．

**問 1.** $X,Y$ が疑似キリング・ベクトルならば，$aX+bY$ もそうである．

**問 2.** リーマン空間の疑似キリング・ベクトル $\xi^\lambda$ について次式が成りたつ．

$$\nabla^\alpha\nabla_\alpha\xi^\lambda+R_\alpha{}^\lambda\xi^\alpha=0,\qquad \nabla_\lambda\nabla_\alpha\xi^\alpha=0.$$

ここに $\nabla^\alpha=g^{\alpha\mu}\nabla_\mu$ とする．

## §16.　等長変換

**定義 16.1.** $\phi$: $M^n\to\overline{M}^n$ を微分同型写像，$\overline{M}^n$ は計量 $\bar{g}$ をもつリーマン空間とする．このとき $\Phi(\bar{g})$ を $\phi$ により誘導されたリーマン計量という．

$\Phi(\bar{g})$ の定義は §8により

$$\Phi(\bar{g})(X,Y)=\bar{g}(\phi_*(X),\phi_*(Y)),\qquad X,Y\in T_p(M),$$

であった．このような計量は，たとえば自分の家に物指しがないとき物指しのある隣の家に行って測るというようなことである．

§13 例1における $M^2$ の計量は，$xy$ 平面 $\boldsymbol{R}^2$ から回転放物面 $S$ への写像 $p\to p'$ から誘導されたものである．

**注意.** 誘導計量は正則な写像$\phi$に対しても同様に定義される.

**定義 16.2.** $\phi: M^n \to \overline{M}^n$ はリーマン空間 $\{M^n, g\}$ から $\{\overline{M}^n, \overline{g}\}$ への微分同型写像とする. このとき

$$g = \Phi(\overline{g})$$

が成りたてば $\phi$ を**等長写像**といい, このような $\phi$ が存在する場合リーマン空間 $M^n$ はリーマン空間 $\overline{M}^n$ に**等長同型**であるという. 特に, $\{M, g\}$ のそれ自身への等長写像を**等長変換**, または**運動**という. $\phi$ が $M^n$ で局所的に定義されているときも同様とする.

したがって, 微分多様体 $M^n$ からリーマン空間 $\{\overline{M}^n, \overline{g}\}$ への微分同型写像 $\phi$ によって $M^n$ をリーマン空間 $\{M^n, \Phi(\overline{g})\}$ とすれば, これら2つのリーマン空間は等長同型である.

§13 例1で $M^2$ はこのようにして作ったリーマン空間 $\{\boldsymbol{R}^2, \Phi(\overline{g})\}$ であるから回転放物面 $\{S, \overline{g}\}$ と等長同型である.

定義から明らかなように, 微分同型写像$\phi$が等長写像の条件は, 各座標近傍で $\phi$ を $\overline{x}^\lambda = \overline{x}^\lambda(x)$ とすれば

$$g_{\lambda\mu} = \overline{g}_{\alpha\beta} \frac{\partial \overline{x}^\alpha}{\partial x^\lambda} \frac{\partial \overline{x}^\beta}{\partial x^\mu} \tag{16.1}$$

が成りたつことである. 特に, 対応点 $p, \overline{p}$ が同じ座標をもつようにしておけば (16.1) は $g_{\lambda\mu}(p) = \overline{g}_{\lambda\mu}(\overline{p})$ となる.

(16.1) はまた $ds^2 = d\overline{s}^2$, すなわち

$$g_{\lambda\mu} dx^\lambda dx^\mu = \overline{g}_{\lambda\mu} d\overline{x}^\lambda d\overline{x}^\mu \tag{16.2}$$

と書くことが出来るから, 等長同型とは任意の曲線の長さを変えないような微分同型写像である.

(16.1) は形式的に座標変換による計量テンソルの変換式と同じであるから, §12 の計算によって

$$\left\{ {\lambda \atop \mu\nu} \right\} \frac{\partial \overline{x}^\alpha}{\partial x^\lambda} = \frac{\partial^2 \overline{x}^\alpha}{\partial x^\mu \partial x^\nu} + \left\{ {\alpha \atop \beta\gamma} \right\} \frac{\partial \overline{x}^\beta}{\partial x^\mu} \frac{\partial \overline{x}^\gamma}{\partial x^\nu} \tag{16.3}$$

が成りたつ. したがって定理 15.5 によって

**定理 16.1.** リーマン空間からリーマン空間への等長写像は疑似写像である.

リーマン空間については，長さを変えない写像は平行性も保存することがわかった．しかし一般には疑似写像が等長写像になるとはかぎらない．

**例 1.** ユークリッド空間 $E^n$ で直交座標系 $\{x^\lambda\}$ に関してクリストッフェルの記号は全部 0 であるから，疑似変換は § 15 例 1 によって

$$\bar{x}^\lambda=a_\mu{}^\lambda x^\mu+b^\lambda,\qquad \det(a_\mu{}^\lambda)\neq 0, \tag{16.4}$$

の形である．(16.4) が等長変換である条件は，(16.2) によって

$$\begin{aligned} d\bar{s}^2&=\sum_\lambda (d\bar{x}^\lambda)^2=\sum_\lambda (a_\mu{}^\lambda dx^\mu)(a_\nu{}^\lambda dx^\nu)\\ &=(\sum_\lambda a_\mu{}^\lambda a_\nu{}^\lambda)dx^\mu dx^\nu=ds^2=\sum_\mu (dx^\mu)^2 \end{aligned}$$

であるから

$$\sum_\lambda a_\mu{}^\lambda a_\nu{}^\lambda=\delta_{\mu\nu}.$$

したがって，$E^n$ の等長変換は (16.4) において行列 $(a_\mu{}^\lambda)$ が直交行列なるもの，すなわち $E^n$ の合同変換，である．

定理 15.6 から

**定理 16.2.** 等長写像によって測地線は測地線にうつり，このとき疑似パラメーターは保存される．

また，(15.6) に対応して等長写像 $\phi$: $\bar{x}^\lambda=\bar{x}^\lambda(x)$ について曲率テンソル $\hat{R}=(R_{\lambda\mu\nu}{}^\kappa)$，$\hat{\bar{R}}=(\bar{R}_{\lambda\mu\nu}{}^\kappa)$ の間に

$$\hat{R}=\Phi(\hat{\bar{R}}), \tag{16.5}$$

$$R_{\lambda\mu\nu}{}^\kappa=\bar{R}_{\alpha\beta\gamma}{}^\delta\frac{\partial\bar{x}^\alpha}{\partial x^\lambda}\frac{\partial\bar{x}^\beta}{\partial x^\mu}\frac{\partial\bar{x}^\gamma}{\partial x^\nu}\frac{\partial x^\kappa}{\partial\bar{x}^\delta}$$

が成りたつ．したがって定理 16.1 と (16.5) から定理 15.7 に対応して次の定理が得られる．

**定理 16.3.** 等長変換によって，リーマンの接続およびリーマンの曲率テンソルは不変である．

リーマン空間 $M^n$ の等長変換全体が群を作ることは明らかであろう．この群 $I(M)$ をリーマン空間の等長変換群という．

**定義 16.3.** 変換群 $\{\phi_t\}$ は各 $t$ について $\phi_t$ が等長変換であれば**等長変換群**

という.

§9の議論から次の定理が成りたつことがわかる.

**定理 16.4.** 変換群 $\{\phi_t\}$ が等長変換群であるための必要十分条件は $\mathfrak{L}_X g=0$ である. ここに $g$ は計量テンソル, $X$ は $\{\phi_t\}$ が誘導するベクトル場である.

$\mathfrak{L}_X g$ を局所座標系に関して表わせば

$$\mathfrak{L}_\xi g_{\lambda\mu}=\xi^\alpha\frac{\partial g_{\lambda\mu}}{\partial x^\alpha}+g_{\lambda\alpha}\frac{\partial\xi^\alpha}{\partial x^\mu}+g_{\alpha\mu}\frac{\partial\xi^\alpha}{\partial x^\lambda}$$
$$=\nabla_\lambda\xi_\mu+\nabla_\mu\xi_\lambda$$

となる.

(16.6) $$\mathfrak{L}_\xi g_{\lambda\mu}=\nabla_\lambda\xi_\mu+\nabla_\mu\xi_\lambda=0$$

をキリングの方程式といい, これを満足するベクトル場 $X=\xi^\lambda\partial/\partial x^\lambda$ を**キリング・ベクトル場**, または**無限小等長変換**という.

キリング・ベクトル $X$ について (16.6) から

$$\mathrm{div}X=\nabla_\lambda\xi^\lambda=0$$

が成りたつ. さらに, 等長変換は疑似変換であるから $X$ は (15.12), すなわち

(16.7) $$\mathfrak{L}_\xi\left\{{\lambda \atop \mu\nu}\right\}=\nabla_\mu\nabla_\nu\xi^\lambda+R_{\alpha\mu\nu}{}^\lambda\xi^\alpha=0$$

も満足し, これから

(16.8) $$g^{\mu\nu}\mathfrak{L}_\xi\left\{{\lambda \atop \mu\nu}\right\}=\nabla^\mu\nabla_\mu\xi^\lambda+R_\alpha{}^\lambda\xi^\alpha=0,\qquad(\nabla^\mu=g^{\mu\nu}\nabla_\nu),$$

が成りたつこともわかる.

**例 2.** $E^n$ で直交座標系に関して $X=(\xi^\lambda)$ をキリング・ベクトル場とする. $g_{\lambda\mu}=\delta_{\lambda\mu}$, $\left\{{\lambda \atop \mu\nu}\right\}=0$, $R_{\lambda\mu\nu}{}^\kappa=0$ であるから, (16.6), (16.7) は

(16.9) $$\frac{\partial\xi^\mu}{\partial x^\lambda}+\frac{\partial\xi^\lambda}{\partial x^\mu}=0,$$

(16.10) $$\frac{\partial^2\xi^\lambda}{\partial x^\mu\partial x^\nu}=0$$

となる. (16.10) から

(16.11) $$\frac{\partial\xi^\lambda}{\partial x^\mu}=a_\mu{}^\lambda\ (\text{定数})$$

となり，(16.9) から $a_\mu{}^\lambda$ は

(16.12) $$a_\mu{}^\lambda=-a_\lambda{}^\mu$$

を満足する．(16.11) を解けば

(16.13) $$\xi^\lambda=a_\mu{}^\lambda x^\mu+b^\lambda, \qquad b^\lambda=\text{定数},$$

となるから，$E^n$ のキリング・ベクトル場は (16.12) の条件のもとで (16.13) で与えられる．したがって，$E^n$ の無限小等長変換は $a_\lambda{}^\mu$，$b_\lambda$ の個数 $n(n-1)/2+n=n(n+1)/2$ だけの自由度があることになる．いま，ベクトル $Y=(b^\lambda)$，$Z=(a_\mu{}^\lambda x^\mu)$ を考えれば，$Y,Z$ はともに (16.9) を満足するからキリング・ベクトル場で $X=Y+Z$ が成りたつ．$Y$ の積分曲線は $dx^\lambda/dt=b^\lambda$ の解 $x^\lambda=b^\lambda t+c^\lambda$ なる直線で，したがって $Y$ が生成する等長変換群 $\{\phi_t\}$ は平行移動の群 $\{c^\lambda\}\to\{b^\lambda t+c^\lambda\}$ である．一方，$Z$ の積分曲線は

(16.14) $$dx^\lambda/dt=a_\mu{}^\lambda x^\mu$$

の解である．(16.14) の初期条件「$t=0$ のとき $x^\lambda=0$」なる解は一意性によって $x^\lambda(t)=0$ であるから，$Z$ が生成する等長変換群 $\{\phi_t\}$ は原点を動かさない．一般に１点 $p$ を動かさない等長変換を $p$ のまわりの**回転**という．したがって，$\{\phi_t\}$ は原点のまわりの回転の１径数群である．結局，$E^n$ のキリング・ベクトル $X$ は平行移動，原点のまわりの回転をそれぞれ生成するキリング・ベクトルの和であって，$n(n+1)/2$ 個の自由度をもつことがわかる．

さて例２を一般化した次の定理を証明しよう．

**定理 16.5.** リーマン空間 $M^n$ の任意の点 $p$ で任意の実数 $a^\lambda$，$a_{\lambda\mu}=-a_{\mu\lambda}$ に対して $(\xi^\lambda)_p=a^\lambda$，$(\nabla_\lambda\xi_\mu)_p=a_{\lambda\mu}$ となるような，キリング・ベクトル場が $p$ の近傍で存在するための必要十分条件は，$M^n$ が定曲率空間なることである．

**証明.** キリング・ベクトル $\xi^\lambda$ はキリングの方程式

(16.15) $$\nabla_\lambda\xi_\mu+\nabla_\mu\xi_\lambda=0$$

の解として与えられる．(16.15) は $n(n+1)$ 個の未知函数 $\xi_\lambda$，$\xi_{\lambda\mu}$ をもつ偏微分方程式系

(16.16) $$\nabla_\lambda\xi_\mu=\xi_{\lambda\mu}$$

(16.17) $$\nabla_\lambda\xi_{\mu\nu}=-R_{\alpha\lambda\mu\nu}\xi^\alpha$$

を付帯条件

(16.18) $$\xi_{\mu\nu}=-\xi_{\nu\mu}$$

のもとで解くことと同値である．この偏微分方程式系の積分可能条件を調べよう(§13 注意1参照)．

まず (16.18) を微分した式

$$\nabla_\lambda\xi_{\mu\nu}=-\nabla_\lambda\xi_{\nu\mu}$$

は (16.17) によって恒等的に満足される．

次に (16.16) の積分可能条件

$$\nabla_\lambda\nabla_\mu\xi_\nu-\nabla_\mu\nabla_\lambda\xi_\nu=-R_{\lambda\mu\nu}{}^\alpha\xi_\alpha$$

は，(16.16),(16.17) を代入すれば

$$-R_{\alpha\lambda\mu\nu}\xi^\alpha-R_{\alpha\mu\lambda\nu}\xi^\alpha=-R_{\lambda\mu\nu\alpha}\xi^\alpha$$

となるから，(13.6) によって恒等的に成りたつ．

最後に，(16.17) の積分可能条件

$$\nabla_\omega\nabla_\lambda\xi_{\mu\nu}-\nabla_\lambda\nabla_\omega\xi_{\mu\nu}=-R_{\omega\lambda\mu}{}^\alpha\xi_{\alpha\nu}-R_{\omega\lambda\nu}{}^\alpha\xi_{\mu\alpha}$$

は，左辺に (16.17) を代入して整頓すれば

(16.19) $$\begin{aligned}&(-\nabla_\omega R_{\alpha\lambda\mu\nu}+\nabla_\lambda R_{\alpha\omega\mu\nu})\xi^\alpha\\&=(R_{\omega\lambda\mu}{}^\alpha\delta_\nu^\rho-R_{\omega\lambda\nu}{}^\alpha\delta_\mu^\rho+R^\alpha{}_{\lambda\mu\nu}\delta_\omega^\rho-R^\alpha{}_{\omega\mu\nu}\delta_\lambda^\rho)\xi_{\rho\alpha}\end{aligned}$$

となる．ここで，$R^\alpha{}_{\lambda\mu\nu}=g^{\alpha\varepsilon}R_{\varepsilon\lambda\mu\nu}$ とおいた．

さて，任意の点 $p$ で任意の $a^\lambda, a_{\lambda\mu}=-a_{\mu\lambda}$ が与えられたとき $(\xi^\lambda)_p=a^\lambda$, $(\nabla_\lambda\xi_\mu)_p=a_{\lambda\mu}$ となる $\xi^\lambda$ が存在すると仮定しよう．このとき，(16.19)は任意の $\xi^\lambda$, $\xi_{\rho\alpha}=-\xi_{\alpha\rho}$ によって満足されるから，$\xi^\alpha$ の係数，$\xi_{\rho\alpha}$ の係数の交代部分はそれぞれ0となる．したがって

(16.20) $$-\nabla_\omega R_{\alpha\lambda\mu\nu}+\nabla_\lambda R_{\alpha\omega\mu\nu}=0,$$

(16.21) $$\begin{aligned}&R_{\omega\lambda\mu}{}^\alpha\delta_\nu^\rho-R_{\omega\lambda\nu}{}^\alpha\delta_\mu^\rho+R^\alpha{}_{\lambda\mu\nu}\delta_\omega^\rho-R^\alpha{}_{\omega\mu\nu}\delta_\lambda^\rho\\&=R_{\omega\lambda\mu}{}^\rho\delta_\nu^\alpha-R_{\omega\lambda\nu}{}^\rho\delta_\mu^\alpha+R^\rho{}_{\lambda\mu\nu}\delta_\omega^\alpha-R^\rho{}_{\omega\mu\nu}\delta_\lambda^\alpha.\end{aligned}$$

(16.21) で $\rho=\nu$ として和をとれば

(16.22) $$R_{\omega\lambda\mu}{}^\alpha=(R_{\lambda\mu}\delta_\omega^\alpha-R_{\omega\mu}\delta_\lambda^\alpha)/(n-1).$$

したがって

$$R_{\omega\lambda\mu\nu}=(R_{\lambda\mu}g_{\omega\nu}-R_{\omega\mu}g_{\lambda\nu})/(n-1).$$

ここで添字の交換 $\omega\leftrightarrow\mu$, $\lambda\leftrightarrow\nu$ を行なえば

$$R_{\mu\nu\omega\lambda}=(R_{\nu\omega}g_{\mu\lambda}-R_{\mu\omega}g_{\nu\lambda})/(n-1).$$

この2式の左辺は (13.5) によって等しいから

$$R_{\lambda\mu}g_{\omega\nu}=R_{\nu\omega}g_{\mu\lambda}.$$

$g^{\omega\nu}$ との積和をとることによって，$R_{\lambda\mu}=(R/n)g_{\lambda\mu}$ となるから (16.22) に代入して

(16.23)
$$R_{\omega\lambda\mu}{}^{\alpha}=-\frac{R}{n(n-1)}(g_{\omega\mu}\delta_{\lambda}{}^{\alpha}-g_{\lambda\mu}\delta_{\omega}{}^{\alpha})$$

が得られ，考える $M^n$ は定曲率空間であることがわかる.

逆に，$M^n$ が定曲率空間であれば，(16.23) が成りたち，これから (16.20), (16.21) が満足されるから (16.16)～(16.18) は完全積分可能である.

(証明終)

**定義 16.4.** キリング・ベクトル場 $X$ の長さが一定であるとき $X$ を**並進キリング・ベクトル場**，または**無限小並進変換**という．また，$X$が生成する変換群 $\{\phi_t\}$ を**並進変換群**，各 $t$ について $\phi_t$ を並進変換という.

**問 1.** $E^n$ の並進変換は平行移動である.

**問 2.** $\phi$: $M^n\to\overline{M}^n$ を微分多様体 $M^n$ からリーマン空間 $\{\overline{M}^n,\bar{g}\}$ への微分同型写像とする．このとき，$M^n$ 上の $\Phi(\bar{g})$ に関するリーマンの接続は $\overline{M}^n$ のリーマンの接続の $\phi$による誘導接続に一致する.

**問 3.** リー微分とリーマンの接続との間に次の諸公式が成りたつ.

$$\mathfrak{L}_\xi f=\xi^\alpha\nabla_\alpha f,$$

$$\mathfrak{L}_\xi\eta^\lambda=\xi^\alpha\nabla_\alpha\eta^\lambda-\eta^\alpha\nabla_\alpha\xi^\lambda,$$

$$\mathfrak{L}_\xi u_\lambda=\xi^\alpha\nabla_\alpha u_\lambda+u_\alpha\nabla_\lambda\xi^\alpha,$$

$$\mathfrak{L}_\xi T_{\lambda\mu}{}^{\kappa}=\xi^\alpha\nabla_\alpha T_{\lambda\mu}{}^{\kappa}+T_{\alpha\mu}{}^{\kappa}\nabla_\lambda\xi^\alpha+T_{\lambda\alpha}{}^{\kappa}\nabla_\mu\xi^\alpha-T_{\lambda\mu}{}^{\alpha}\nabla_\alpha\xi^\kappa,$$

$$\nabla_\lambda\mathfrak{L}_\xi\eta^\mu-\mathfrak{L}_\xi\nabla_\lambda\eta^\mu=-\eta^\alpha\mathfrak{L}_\xi\left\{{\mu \atop \lambda\alpha}\right\},$$

$$\nabla_\lambda\mathfrak{L}_\xi u_\mu-\mathfrak{L}_\xi\nabla_\lambda u_\mu=u_\alpha\mathfrak{L}_\xi\left\{{\alpha \atop \lambda\mu}\right\},$$

$$\nabla_\lambda\mathfrak{L}_\xi T_\mu{}^\kappa-\mathfrak{L}_\xi\nabla_\lambda T_\mu{}^\kappa=-T_\mu{}^\alpha\mathfrak{L}_\xi\left\{{\kappa \atop \lambda\alpha}\right\}+T_\alpha{}^\kappa\mathfrak{L}_\xi\left\{{\alpha \atop \lambda\mu}\right\},$$

$$\mathfrak{L}_\xi\left\{{\lambda \atop \mu\nu}\right\}=(1/2)g^{\lambda\alpha}\{\nabla_\nu\mathfrak{L}_\xi g_{\mu\alpha}+\nabla_\mu\mathfrak{L}_\xi g_{\nu\alpha}-\nabla_\alpha\mathfrak{L}_\xi g_{\mu\nu}\}$$

$$=\nabla_\mu\nabla_\nu\xi^\lambda+R_{\alpha\mu\nu}{}^{\lambda}\xi^\alpha,$$

$$\nabla_\lambda \mathfrak{L}_\xi \left\{ {\kappa \atop \mu\nu} \right\} - \nabla_\mu \mathfrak{L}_\xi \left\{ {\kappa \atop \lambda\nu} \right\} = \mathfrak{L}_\xi R_{\lambda\mu\nu}{}^\kappa.$$

## § 17. 共 形 変 換

等長写像は角を保存するが，逆に角を保存する微分同型写像が等長写像であるとはかぎらない．それはユークリッド平面 $E^2$ で $(x, y) \to (ax, ay)$，$a>0$，なる変換を考えればわかる．この節では角を保存する写像の性質を調べる．

**定義 17.1.** 微分多様体 $M^n$ が2つのリーマン計量 $g$，$\overset{*}{g}$ をもつとする．このとき，もし

(17.1) $$\overset{*}{g} = e^{2\rho} g$$

が成りたつようなスケーラー函数 $\rho$ が存在するならば，$g$ は $\overset{*}{g}$ と**共形的対応**にあるといい，また特に $\rho$ が定数であるとき $g$ は $\overset{*}{g}$ と**相似的対応**にあるという．

リーマン計量は正定値であるから，$g$ が $\overset{*}{g}$ と共形的対応にあることは，$\overset{*}{g} = \sigma g$ なるスケーラー函数 $\sigma$ が存在することと同値である．

$g$ が $\overset{*}{g}$ と共形的であれば $\overset{*}{g}$ は $g$ と共形的，さらに $\overset{*}{g}$ が $g'$ と共形的であれば $g$ は $g'$ と共形的であることは明らかである．

(17.1) は座標系 $\{x^\lambda\}$ については

$$\overset{*}{g}_{\lambda\mu} = e^{2\rho} g_{\lambda\mu},$$

また線元素を使えば次式で表わされる．

(17.2) $$ds^{*2} = e^{2\rho} ds^2.$$

共形的対応にある $g$，$\overset{*}{g}$ で測ったベクトル $X$ の長さ，$X$，$Y$ のなす角をそれぞれ $\|X\|$，$\|X\|^*$，$\theta$，$\theta^*$ とすれば

$$\|X\|^* = e^\rho \|X\|, \qquad \theta^* = \theta$$

が成りたつ．

以下で考えるリーマン空間 $M^n$ の次元は常に $n>2$ と仮定する．

共形的対応にある $g$，$\overset{*}{g}$ についてそれらのクリストッフェルの記号，曲率テンソルの関係を調べよう．まず

$$\overset{*}{g}{}^{\lambda\mu} = e^{-2\rho} g^{\lambda\mu}$$

は明らかである．次に

$$\rho_\lambda=\frac{\partial\rho}{\partial x^\lambda}$$

と書くことにすれば

$$\frac{\partial \overset{*}{g}_{\lambda\mu}}{\partial x^\nu}=e^{2\rho}\left(2\rho_\nu g_{\lambda\mu}+\frac{\partial g_{\lambda\mu}}{\partial x^\nu}\right)$$

であるから

(17.3)
$$e^{-2\rho}[\lambda\mu,\nu]^*=[\lambda\mu,\nu]+\rho_\lambda g_{\mu\nu}+\rho_\mu g_{\lambda\nu}-\rho_\nu g_{\lambda\mu}$$
$$\left\{{\kappa \atop \lambda\mu}\right\}^*=\left\{{\kappa \atop \lambda\mu}\right\}+\rho_\lambda\delta_\mu{}^\kappa+\rho_\mu\delta_\lambda{}^\kappa-\rho^\kappa g_{\lambda\mu}$$

が得られる．

曲率テンソルの式

$$\overset{*}{R}_{\lambda\mu\nu}{}^\kappa=\frac{\partial\left\{{\kappa \atop \mu\nu}\right\}^*}{\partial x^\lambda}-\frac{\partial\left\{{\kappa \atop \lambda\nu}\right\}^*}{\partial x^\mu}+\left\{{\kappa \atop \lambda\alpha}\right\}^*\left\{{\alpha \atop \mu\nu}\right\}^*-\left\{{\kappa \atop \mu\alpha}\right\}^*\left\{{\alpha \atop \lambda\nu}\right\}^*$$

に (17.3) を代入して

(17.4) $$\rho_{\lambda\mu}=\nabla_\lambda\rho_\mu-\rho_\lambda\rho_\mu+\frac{1}{2}\rho_\varepsilon\rho^\varepsilon g_{\lambda\mu}(=\rho_{\mu\lambda})$$

と書くことにすれば

(17.5) $$\overset{*}{R}_{\lambda\mu\nu}{}^\kappa=R_{\lambda\mu\nu}{}^\kappa+\rho_{\lambda\nu}\delta_\mu{}^\kappa-\rho_{\mu\nu}\delta_\lambda{}^\kappa+g_{\lambda\nu}\rho_\mu{}^\kappa-g_{\mu\nu}\rho_\lambda{}^\kappa$$

となる．ここで，$\lambda$ と $\kappa$ とについて縮約すれば

(17.6) $$\overset{*}{R}_{\mu\nu}=R_{\mu\nu}-(n-2)\rho_{\mu\nu}-\rho_\alpha{}^\alpha g_{\mu\nu}.$$

さらに，$\overset{*}{g}{}^{\mu\nu}=e^{-2\rho}g^{\mu\nu}$ との積和をとればスケーラー曲率の間に

$$e^{2\rho}\overset{*}{R}=R-2(n-1)\rho_\alpha{}^\alpha$$

なる関係が得られる．したがって

(17.7) $$\rho_\alpha{}^\alpha=\frac{1}{2(n-1)}(R-e^{2\rho}\overset{*}{R}).$$

これを (17.6) に代入すれば

$$\overset{*}{R}_{\mu\nu}=R_{\mu\nu}-(n-2)\rho_{\mu\nu}-\frac{1}{2(n-1)}(R-e^{2\rho}\overset{*}{R})g_{\mu\nu}$$

となるから

(17.8)
$$L_{\mu\nu}=R_{\mu\nu}-\frac{R}{2(n-1)}g_{\mu\nu}$$

とおけば

(17.9)
$$\rho_{\mu\nu}=\frac{1}{n-2}(L_{\mu\nu}-\overset{*}{L}_{\mu\nu})$$

となる．さらに (17.5) に代入して $\rho_{\mu\nu}$ を消去することによって

$$\overset{*}{C}_{\lambda\mu\nu}{}^{\kappa}=C_{\lambda\mu\nu}{}^{\kappa}$$

が得られる．ここに，$\hat{C}=(C_{\lambda\mu\nu}{}^{\kappa})$ は

(17.10)
$$C_{\lambda\mu\nu}{}^{\kappa}=R_{\lambda\mu\nu}{}^{\kappa}+\frac{1}{n-2}(L_{\lambda\nu}\delta_{\mu}{}^{\kappa}-L_{\mu\nu}\delta_{\lambda}{}^{\kappa}+g_{\lambda\nu}L_{\mu}{}^{\kappa}-g_{\mu\nu}L_{\lambda}{}^{\kappa})$$

により定義されるテンソルで，**ワイルの共形曲率テンソル**とよばれている．したがって

**定理 17.1.** 共形的対応によってワイルの共形曲率テンソルは不変である．

(17.10) を詳しく書けば次の形になる．

$$C_{\lambda\mu\nu}{}^{\kappa}=R_{\lambda\mu\nu}{}^{\kappa}+\frac{1}{n-2}(R_{\lambda\nu}\delta_{\mu}{}^{\kappa}-R_{\mu\nu}\delta_{\lambda}{}^{\kappa}+g_{\lambda\nu}R_{\mu}{}^{\kappa}-g_{\mu\nu}R_{\lambda}{}^{\kappa})$$
$$-\frac{R}{(n-1)(n-2)}(g_{\lambda\nu}\delta_{\mu}{}^{\kappa}-g_{\mu\nu}\delta_{\lambda}{}^{\kappa}).$$

平坦な計量 $g$ については明らかに $C_{\lambda\mu\nu}{}^{\kappa}=0$ であるから，それと共形的な $\overset{*}{g}$ についても $\overset{*}{C}_{\lambda\mu\nu}{}^{\kappa}=0$ が成りたつ．

共形曲率テンソル $\hat{C}=(C_{\lambda\mu\nu}{}^{\kappa})$，$C_{\lambda\mu\nu\omega}=C_{\lambda\mu\nu}{}^{\kappa}g_{\kappa\omega}$ は次の恒等式を満足する．

(17.11)
$$C_{\lambda\mu\nu\omega}=-C_{\mu\lambda\nu\omega}=-C_{\lambda\mu\omega\nu},$$

(17.12)
$$C_{\lambda\mu\nu}{}^{\kappa}+C_{\mu\nu\lambda}{}^{\kappa}+C_{\nu\lambda\mu}{}^{\kappa}=0,$$

(17.13)
$$C_{\lambda\mu\nu\omega}=C_{\nu\omega\lambda\mu},$$

(17.14)
$$C_{\alpha\mu\nu}{}^{\alpha}=0.$$

これらの恒等式から次の定理が得られる．

**定理 17.2.** 3 次元リーマン空間の共形曲率テンソルは零テンソルである．

**証明.** 任意の点 $p$ でテンソル $\hat{C}$ が零テンソルであることを示す．そのために 1 点 $p$ で $T_p(M)$ の正規直交基底 $\{X_i\}$，$i=1,2,3$ をとり，$\{X_i\}$ に関する成分がすべて 0 であることをいえばよい．$\{X_i\}$ に関する計量テンソル $g$ の成分

は $\delta_{ij}$ であるから，添字はすべて下に書くことにする．このとき $\hat{C}$ の成分

$$C_{ijkh}=R_{ijkh}+R_{ik}\delta_{jh}-R_{jk}\delta_{ih}+\delta_{ik}R_{jh}-\delta_{jk}R_{ih} -\frac{R}{2}(\delta_{ik}\delta_{jh}-\delta_{jk}\delta_{ih})$$

は (17.11)～(17.14) に対応する恒等式を満足し（テンソル式は基底のとり方によらない），特に (17.14) は $\sum_{i=1}^{3}C_{ijki}=0$ となる．$R_{ik}=\sum_{l=1}^{3}R_{likl}$，$R=\sum_{i=1}^{3}R_{ii}$ に注意して $C_{1212}$，$C_{1213}$ などを計算すれば，すべて 0 になることが確かめられる．　　　　（証明終）

共形曲率テンソルはリーマン空間の共形的な曲り工合を表わす量であるが，$n=3$ の場合は恒等的に 0 になってしまうのでこの場合 $\hat{C}$ に代る量が必要である．それは

$$\begin{aligned}C_{\lambda\mu\nu}&=\nabla_{\lambda}L_{\mu\nu}-\nabla_{\mu}L_{\lambda\nu}\\&=\nabla_{\lambda}R_{\mu\nu}-\nabla_{\mu}R_{\lambda\nu}-\frac{1}{2(n-1)}(g_{\mu\nu}\nabla_{\lambda}R-g_{\lambda\nu}\nabla_{\mu}R)\end{aligned}$$

で定義されるテンソル $C=(C_{\lambda\mu\nu})$ であることが後の議論からわかる．$C$ については，共形的対応にある $g$，$\overset{*}{g}$ に対して

$$\overset{*}{C}_{\lambda\mu\nu}=C_{\lambda\mu\nu}+(n-2)C_{\lambda\mu\nu}{}^{\alpha}\rho_{\alpha} \tag{17.15}$$

が成りたち ($n>2$)，したがって $n=3$ ならば

$$\overset{*}{C}_{\lambda\mu\nu}=C_{\lambda\mu\nu}\qquad(n=3)$$

となる．

$\overset{*}{g}$ が平坦な計量 $g$ と共形的対応にあれば，(17.15) から $\overset{*}{C}_{\lambda\mu\nu}=0$ がわかる．

**注意 1.** $n>3$ の場合に，$C_{\lambda\mu\nu}{}^{\kappa}$ が恒等的に 0 ならば $C_{\lambda\mu\nu}$ も恒等的に 0 である．それは次の恒等式が成りたつからである．

$$\nabla_{\alpha}C_{\lambda\mu\nu}{}^{\alpha}=\frac{n-3}{n-2}C_{\lambda\mu\nu}. \tag{17.16}$$

**定義 17.2.** リーマン空間 $\{M^n, g\}$ は，$n>3$ のときは $C_{\lambda\mu\nu}{}^{\kappa}=0$，$n=3$ のときは $C_{\lambda\mu\nu}=0$ ならば，**共形的に平坦**であるといい，このとき $g$ を共形的に平坦な計量という．

**定理 17.3.** $n(>2)$ 次元リーマン空間 $\{M^n, g\}$ が共形的に平坦であるため

の必要十分条件は，各点 $p$ に対して近傍 $U$ と $U$ 上の平坦なリーマン計量 $\overset{*}{g}$ が存在して，$U$ で $g$ が $\overset{*}{g}$ に共形的対応にあることである.

**証明.** 十分性は前に述べた議論によって明らかだから必要性を示す. $\{M^n, g\}$ を共形的に平坦なリーマン空間とし，いま未知函数 $\rho_\nu$ についての偏微分方程式系

(17.17) $$\rho_{\mu\nu}=L_{\mu\nu}/(n-2),$$

すなわち

$$\nabla_\mu\rho_\nu-\rho_\mu\rho_\nu+\frac{1}{2}\rho_\varepsilon\rho^\varepsilon g_{\mu\nu}=\frac{1}{n-2}\left\{R_{\mu\nu}-\frac{R}{2(n-1)}g_{\mu\nu}\right\}$$

を考える.

積分可能条件

$$\nabla_\lambda\nabla_\mu\rho_\nu-\nabla_\mu\nabla_\lambda\rho_\nu=-R_{\lambda\mu\nu}{}^\varepsilon\rho_\varepsilon$$

を計算すると，(17.17) によって

$$C_{\lambda\mu\nu}-R_{\lambda\mu\nu}{}^\varepsilon\rho_\varepsilon=-R_{\lambda\mu\nu}{}^\varepsilon\rho_\varepsilon$$

となるから

(17.18) $$C_{\lambda\mu\nu}=0.$$

しかるに，(17.18) は，$n=3$ の場合は仮定により，また $n>3$ の場合は注意1から，恒等的に満足される. したがって，(17.17) は完全積分可能となるから任意の点 $p$ の近傍 $U_1$ で解 $\rho_\nu$ をもつ. さらに $\nabla_\mu\rho_\nu=\nabla_\nu\rho_\mu$ であるから §13 例2 (p.79)によって，$\rho_\nu=\partial\rho/\partial x^\nu$ となるスケーラー函数 $\rho$ が $p$ の近傍 $U\subset U_1$ で存在する. このような $\rho$ を使って $\overset{*}{g}=e^{2\rho}g$ なる共形的対応を考えよう. このとき，(17.9) と (17.17) から

$$\overset{*}{L}_{\mu\nu}=\overset{*}{R}_{\mu\nu}-\frac{\overset{*}{R}}{2(n-1)}\overset{*}{g}_{\mu\nu}=0.$$

$\overset{*}{g}{}^{\mu\nu}$ との積和をとることによって $\overset{*}{R}=0$, $\overset{*}{R}_{\mu\nu}=0$ が得られ，さらに $n\geqq3$ に対して $\overset{*}{C}_{\lambda\mu\nu}{}^\kappa=C_{\lambda\mu\nu}{}^\kappa=0$ から $\overset{*}{R}_{\lambda\mu\nu}{}^\kappa=0$ となる. したがって，$\overset{*}{g}$ が平坦な計量であることがわかった.　(証明終)

定理 17.3 によって，共形的に平坦ならば局所的にユークリッド空間と共形

的である.

**注意 2.** 2次元のリーマン空間は常に局所的にユークリッド空間と共形的である(大槻 p.205 定理 30.2).

共形的に平坦な空間の例として

**定理 17.4.** 定曲率空間 ($n\geqq 3$) は共形的に平坦である.

**証明.** 定曲率空間については

$$R_{\lambda\mu\nu}{}^{\kappa}=-\frac{R}{n(n-1)}(g_{\lambda\nu}\delta_{\mu}{}^{\kappa}-g_{\mu\nu}\delta_{\lambda}{}^{\kappa})$$

が成りたつから

$$R_{\mu\nu}=\frac{R}{n}g_{\mu\nu}, \qquad L_{\mu\nu}=\frac{(n-2)R}{2n(n-1)}g_{\mu\nu}$$

となる. これらを使って $C_{\lambda\mu\nu}{}^{\kappa}=0$, $C_{\lambda\mu\nu}=0$ が確かめられる. (証明終)

**定義 17.3.** リーマン空間 $\{M^n, g\}$, $\{\overline{M}^n, \overline{g}\}$ について, 微分同型写像 $\phi$: $M^n\to\overline{M}^n$ は, もし $g$ が $\overset{*}{g}=\Phi(\overline{g})$ と共形的対応にあれば**共形写像**といい, このとき $M^n$ は $\overline{M}^n$ に**共形同型**であるという. 特に, $M^n=\overline{M}^n$, $g=\overline{g}$ の場合には $\phi$ を $\{M^n, g\}$ の**共形変換**という. 相似写像(変換)についても同様とする. また, $\phi$ が局所的にのみ定義されている場合も同様である.

相似写像については, $\overset{*}{g}=\Phi(\overline{g})=e^{2\rho}g$ において $\rho=$定数 であるから (17.3) によって $\left\{ {\lambda \atop \mu\nu} \right\}^*=\left\{ {\lambda \atop \mu\nu} \right\}$ となる. したがって

**定理 17.5.** 相似写像は疑似写像である.

$M^n=\overline{M}^n$ に対して $\phi=i$ (恒等写像) とすれば $\overset{*}{g}=\overline{g}$ であるから, $i$ が $\{M^n, g\}$ から $\{M^n, \overline{g}\}$ への共形写像ということは $g$ が $\overline{g}$ と共形的ということと同値である.

定義 17.3 によって定理 17.3 は次のようにいうことが出来る.

**定理 17.6.** リーマン空間 $\{M^n, g\}$, $n\geqq 3$, が共形的に平坦であるための必要十分条件は, その各点がユークリッド空間の開部分空間と共形同型であるような近傍をもつことである.

$\phi$: $M^n\to\overline{M}^n$ を微分同型写像とし, それが局所座標系に関して $\overline{x}^{\lambda}=\overline{x}^{\lambda}(x)$

と表わされるとすれば

$$\overset{*}{g}_{\lambda\mu}=\bar{g}_{\alpha\beta}\frac{\partial\bar{x}^\alpha}{\partial x^\lambda}\frac{\partial\bar{x}^\beta}{\partial x^\mu} \tag{17.19}$$

が誘導計量 $\overset{*}{g}=\Phi(\bar{g})$ であるから，$\phi$ が共形写像である条件

$$\overset{*}{g}_{\lambda\mu}=e^{2\rho}g_{\lambda\mu} \tag{17.20}$$

は

$$\bar{g}_{\alpha\beta}\frac{\partial\bar{x}^\alpha}{\partial x^\lambda}\frac{\partial\bar{x}^\beta}{\partial x^\mu}=e^{2\rho}g_{\lambda\mu} \tag{17.21}$$

と書くことが出来る.

(17.20) から

$$\overset{*}{C}_{\lambda\mu\nu}{}^\kappa=C_{\lambda\mu\nu}{}^\kappa.$$

また，(17.19) は計量テンソルの座標変換式と同じ形であるから，$\overset{*}{g}$，$\bar{g}$ に対応する共形曲率テンソルの間には

$$\overset{*}{C}_{\lambda\mu\nu}{}^\kappa=\bar{C}_{\alpha\beta\gamma}{}^\varepsilon\frac{\partial\bar{x}^\alpha}{\partial x^\lambda}\frac{\partial\bar{x}^\beta}{\partial x^\mu}\frac{\partial\bar{x}^\gamma}{\partial x^\nu}\frac{\partial x^\kappa}{\partial\bar{x}^\varepsilon}$$

が成りたつ．これらから

$$C_{\lambda\mu\nu}{}^\kappa=\bar{C}_{\alpha\beta\gamma}{}^\varepsilon\frac{\partial\bar{x}^\alpha}{\partial x^\lambda}\frac{\partial\bar{x}^\beta}{\partial x^\mu}\frac{\partial\bar{x}^\gamma}{\partial x^\nu}\frac{\partial x^\kappa}{\partial\bar{x}^\varepsilon}, \tag{17.22}$$

すなわち，共形曲率テンソル $\hat{C}=(C_{\lambda\mu\nu}{}^\kappa)$ について

$$\hat{C}=\Phi(\hat{\bar{C}}) \tag{17.23}$$

が得られた．同様に $n=3$ の場合 $C=(C_{\lambda\mu\nu})$ についても $C=\Phi(\bar{C})$ が得られるから，特に

**定理 17.7.** $n$ 次元リーマン空間の共形変換によって，共形曲率テンソル $\hat{C}$ は不変である．また，$n=3$ ならばテンソル $C$ も不変である.

**定義 17.4.** 変換群 $\{\phi_t\}$ は各 $t$ について $\phi_t$ が共形（または相似）変換であれば**共形(または相似)変換群**という.

$\{\phi_t\}$ が誘導するベクトル場を $X$ とし，$\{\phi_t\}$ が共形変換群であるための条件を $X$ を使って表わそう.

$\{\phi_t\}$ を共形変換群とすれば

$$\Phi_t(g_{\bar{p}})=\exp(2\rho_t)g_p$$

なるスケーラー函数 $\rho_t$ が存在する．ここに，$\bar{p}=\phi_t(p)$ とする．$\phi_0$ は恒等変換であるから $\rho_0=0$ である．

$$\left[\frac{\partial}{\partial t}\Phi_t(g_{\bar{p}})\right]_{t=0}=2\left[\frac{\partial\rho_t}{\partial t}\exp(2\rho_t)\right]_{t=0}\cdot g_p$$

であるから

$$(\partial\rho_t/\partial t)_{t=0}=\rho$$

によってスケーラー函数 $\rho$ を定義すれば

(17.24)　　$$\mathfrak{L}_X g=2\rho g$$

が得られる．

逆に，(17.24) が $M^n$ の任意の点で成りたつようなスケーラー函数 $\rho$ が存在すると仮定する．$\bar{p}=\phi_s(p)$ として

$$\left[\frac{\partial}{\partial t}\Phi_t(g_{\phi_t(\bar{p})})\right]_{t=0}=2\rho(\bar{p})g_{\bar{p}}$$

の左辺を変形すれば

$$左辺=\left[\frac{\partial}{\partial t}\Phi_t(g_{\phi_{t+s}(p)})\right]_{t=0}=\Phi_s{}^{-1}\left[\frac{\partial}{\partial u}\ \Phi_u(g_{\phi_u(p)})\right]_{u=s}$$

となるから

$$\frac{\partial}{\partial s}\Phi_s(g_{\phi_s(p)})=2\Phi_s(\rho(\bar{p})g_{\bar{p}})=2\rho(\bar{p})\Phi_s(g_{\bar{p}}).$$

これから

$$\frac{\dfrac{\partial}{\partial s}\Phi_s(g_{\bar{p}})}{\Phi_s(g_{\bar{p}})}=2\rho(\bar{p}).$$

これを積分すれば(左辺は各成分について考える)

$$\Big[\log\Phi_s(g_{\bar{p}})\Big]_0^s=2\int_0^s\rho(\bar{p})ds.$$

ここで，

$$\rho_s=\int_0^s\rho(\bar{p})ds$$

とおけば

$$\log \Phi_s(g_{\bar{p}}) - \log g_p = 2\rho_s,$$

すなわち

$$\Phi_s(g_{\bar{p}}) = \exp(2\rho_s) g_p$$

が得られ $\phi_s$ が共形変換であることがわかった．ゆえに

**定理 17.8.** 変換群 $\{\phi_t\}$ が共形変換群であるための必要十分条件は，$\{\phi_t\}$ が誘導するベクトル場 $X$ が

$$\mathfrak{L}_X g = 2\rho g \tag{17.25}$$

を満足するようなスケーラー函数 $\rho$ が存在することである．

(17.25)，すなわち

$$\mathfrak{L}_\xi g_{\lambda\mu} = \nabla_\lambda \xi_\mu + \nabla_\mu \xi_\lambda = 2\rho g_{\lambda\mu} \tag{17.26}$$

を満足するベクトル場 $X = \xi^\lambda \partial/\partial x^\lambda$ を**共形キリング・ベクトル**または**無限小共形変換**という．

(17.26) と $g^{\lambda\mu}$ との積和をとることによって

$$n\rho = \nabla_\alpha \xi^\alpha \tag{17.27}$$

が得られ，$\rho$ は $X$ から定まることがわかる．

(17.26) はまた次式と同値である．

$$\mathfrak{L}_\xi g^{\lambda\mu} = -\nabla^\lambda \xi^\mu - \nabla^\mu \xi^\lambda = -2\rho g^{\lambda\mu}.$$

共形キリング・ベクトル $X$ によりワイルの共形曲率テンソル $\hat{C}$ は

$$\mathfrak{L}_X \hat{C} = 0$$

を満足することは明らかであるが直接計算して確かめておこう．

$\rho_\lambda = \partial\rho/\partial x^\lambda$ とおくと

$$\begin{aligned}\mathfrak{L}_\xi \left\{ {\lambda \atop \mu\nu} \right\} &= (1/2) g^{\lambda\alpha} [\nabla_\mu \mathfrak{L}_\xi g_{\nu\alpha} + \nabla_\nu \mathfrak{L}_\xi g_{\mu\alpha} - \nabla_\alpha \mathfrak{L}_\xi g_{\mu\nu}] \\ &= g^{\lambda\alpha} (\rho_\mu g_{\nu\alpha} + \rho_\nu g_{\mu\alpha} - \rho_\alpha g_{\mu\nu})\end{aligned}$$

となるから

$$\begin{aligned}\mathfrak{L}_\xi \left\{ {\lambda \atop \mu\nu} \right\} &= \nabla_\mu \nabla_\nu \xi^\lambda + R_{\alpha\mu\nu}{}^\lambda \xi^\alpha \\ &= \rho_\mu \delta_\nu^\lambda + \rho_\nu \delta_\mu^\lambda - \rho^\lambda g_{\mu\nu}\end{aligned} \tag{17.28}$$

が得られた．これを

$$\mathfrak{L}_\xi R_{\lambda\mu\nu}{}^\kappa = \nabla_\lambda \mathfrak{L}_\xi \left\{ {\kappa \atop \mu\nu} \right\} - \nabla_\mu \mathfrak{L}_\xi \left\{ {\kappa \atop \lambda\nu} \right\}$$

に代入して整頓すれば

(17.29)　$$\mathfrak{L}_\xi R_{\lambda\mu\nu}{}^\kappa = \delta_\mu{}^\kappa \nabla_\lambda \rho_\nu - \delta_\lambda{}^\kappa \nabla_\mu \rho_\nu + g_{\lambda\nu} \nabla_\mu \rho^\kappa - g_{\mu\nu} \nabla_\lambda \rho^\kappa$$

となる．ここで $\lambda=\kappa$ として和をとれば

(17.30)　$$\mathfrak{L}_\xi R_{\mu\nu} = -(n-2)\nabla_\mu \rho_\nu - g_{\mu\nu} \nabla_\alpha \rho^\alpha.$$

次に，スケーラー曲率 $R$ については

$$\begin{aligned} \mathfrak{L}_\xi R &= \mathfrak{L}_\xi (R_{\mu\nu} g^{\mu\nu}) = \mathfrak{L}_\xi R_{\mu\nu} g^{\mu\nu} + R_{\mu\nu} \mathfrak{L}_\xi g^{\mu\nu} \\ &= \{-(n-2)\nabla_\mu \rho_\nu - g_{\mu\nu} \nabla_\alpha \rho^\alpha\} g^{\mu\nu} - R_{\mu\nu} 2\rho g^{\mu\nu} \\ &= -2(n-1)\nabla_\alpha \rho^\alpha - 2\rho R. \end{aligned}$$

これから

(17.31)　$$\mathfrak{L}_\xi R = -2(n-1)\nabla_\alpha \rho^\alpha - 2\rho R,$$

(17.32)　$$\nabla_\alpha \rho^\alpha = -\frac{1}{2(n-1)}(2\rho R + \mathfrak{L}_\xi R)$$

が得られる．

(17.32) を (17.30) に代入して $\nabla_\alpha \rho^\alpha$ を消去すれば

(17.33)　$$\mathfrak{L}_\xi L_{\mu\nu} = -(n-2)\nabla_\mu \rho_\nu$$

となる．ここに，$L_{\mu\nu}$ は (17.8) で定義されたテンソル：

$$L_{\mu\nu} = R_{\mu\nu} - \frac{R}{2(n-1)} g_{\mu\nu}$$

である．

(17.33) を (17.29) に代入すれば $\mathfrak{L}_\xi C_{\lambda\mu\nu}{}^\kappa = 0$ となる．

**例．** $S^n(k):(x^1)^2+\cdots+(x^{n+1})^2=k^2$ は $E^{n+1}$ からの誘導計量によって定曲率空間である．$E^n$ を $x^{n+1}=0$ なるユークリッド空間とし，$S^n(k)$ の北極 $p_0(0,\cdots,0,k)$ からの射影を

$$\phi: S^n(k)-\{p_0\} \to E^n$$

とすれば $\phi$ は微分同型写像である．$\phi$ はまた共形写像であることが証明出来

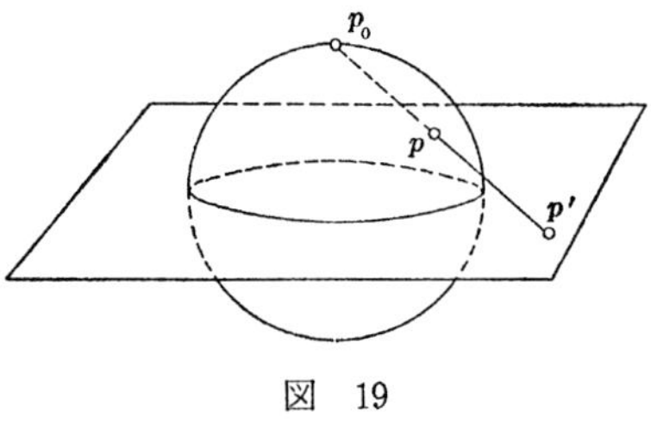

図　19

る(問3参照). このような $\phi$ を中心 $p_0$ の極射影という. (同様に, 南極 $q_0$ を中心とする極射影も $S^n(k)-\{q_0\}\to E^n$ の共形写像である). いま $E^n$ 上で任意の共形変換 $\psi$ を考えれば

$$p \overset{\phi}{\to} p' \overset{\psi}{\to} q' \overset{\phi^{-1}}{\to} q$$

によって $S^n(k)-\{p_0\}$ 上の共形変換が出来る. 特に $\psi$ として $E^n$ の相似変換群 $\{\phi_t\}$:

$$\phi_t:\ (x^1,\cdots,x^n)\ \to\ (e^t x^1,\cdots,e^t x^n)$$

をとれば $\{\phi^{-1}\circ\phi_t\circ\phi\}$ は $S^n(k)-\{p_0\}$ の共形変換群である.

**問 1.** (17.15), (17.16) を証明せよ.

**問 2.** $\xi^\lambda$ を共形キリング・ベクトルとすれば

$$\mathfrak{L}_\xi C_{\lambda\mu\nu}=(n-2)C_{\lambda\mu\nu}{}^\alpha\rho_\alpha.$$

**問 3.** 中心 $p_0$ の極射影が共形写像であることを, $S^n(k)$ と $E^n$ の線元素を比較することによって証明せよ.

## §18. 射 影 変 換

疑似写像によって道は道に移されるが, 逆にこの性質をもつ微分同型写像が疑似写像とはかぎらないことを§15で述べた. この節では道を道に移す写像—射影写像—の性質を調べよう.

**定義 18.1.** 微分多様体 $M^n$ が2つの疑似接続 $\Gamma,\overset{*}{\Gamma}$ をもつとする. このとき, $\Gamma$ に関する道と $\overset{*}{\Gamma}$ に関する道とが常に一致すれば, $\Gamma$ と $\overset{*}{\Gamma}$ とは**射影的対応**にあるという.

話を簡単にするために, 以下で考える疑似接続はすべて対称疑似接続とする.

$\Gamma$ と $\overset{*}{\Gamma}$ とは射影的対応にあると仮定して, まずそれらの係数の間の関係を求める. 曲線 $c$: $x^\lambda=x^\lambda(t)$ が $\Gamma$ に関する道であるとすれば

$$\frac{d^2x^\lambda}{dt^2}+\Gamma^\lambda_{\mu\nu}\frac{dx^\mu}{dt}\frac{dx^\nu}{dt}=\alpha(t)\frac{dx^\lambda}{dt} \tag{18.1}$$

が成りたつ. ここで $\alpha(t)$ は $c$ 上の函数で, $t$ は任意のパラメーター(疑似パラメーターである必要はない)とする. 仮定によって $c$ は $\overset{*}{\Gamma}$ の道でもあるから

$$(18.2) \qquad \frac{d^2x^\lambda}{dt^2}+\overset{*}{\Gamma}{}^\lambda_{\mu\nu}\frac{dx^\mu}{dt}\frac{dx^\nu}{dt}=\beta(t)\frac{dx^\lambda}{dt}$$

の形の式が成りたつ.

(18.1) で疑似パラメーターを使わなかったのは, $\Gamma$ に関する道の疑似パラメーターは必ずしも $\overset{*}{\Gamma}$ に関する道の疑似パラメーターではないので, 疑似パラメーターを特に使っても利点がないからである.

(18.1), (18.2) は同じ $x^\lambda=x^\lambda(t)$ について成りたつから, 対称テンソル $a^\lambda_{\mu\nu}$ を

$$a^\lambda_{\mu\nu}=\overset{*}{\Gamma}{}^\lambda_{\mu\nu}-\Gamma^\lambda_{\mu\nu}$$

で定義すれば

$$a^\lambda_{\mu\nu}\frac{dx^\mu}{dt}\frac{dx^\nu}{dt}=(\beta-\alpha)\frac{dx^\lambda}{dt}$$

が得られる. 両辺に $dx^\omega/dt$ をかければ

$$\frac{dx^\omega}{dt}a^\lambda_{\mu\nu}\frac{dx^\mu}{dt}\frac{dx^\nu}{dt}=(\beta-\alpha)\frac{dx^\lambda}{dt}\frac{dx^\omega}{dt}$$

となるが, 右辺は $\lambda$, $\omega$ について対称であるから, $\lambda$, $\omega$ を交換した式を辺々引くことによって

$$(18.3) \qquad (\delta_\alpha{}^\omega a^\lambda_{\mu\nu}-\delta_\alpha{}^\lambda a^\omega_{\mu\nu})\frac{dx^\alpha}{dt}\frac{dx^\mu}{dt}\frac{dx^\nu}{dt}=0.$$

しかるに道は任意の点 $p$ を通って, 任意の方向 $\xi^\lambda=(dx^\lambda/dt)_p$ に存在するから, (18.3) は任意の実数 $\xi^\lambda$ について成りたつ. したがって, 係数の $\alpha,\mu,\nu$ に関する対称部分は 0 となって

$$\delta_\alpha{}^\omega a^\lambda_{\mu\nu}-\delta_\alpha{}^\lambda a^\omega_{\mu\nu}+\delta_\mu{}^\omega a^\lambda_{\nu\alpha}-\delta_\mu{}^\lambda a^\omega_{\nu\alpha}+\delta_\nu{}^\omega a^\lambda_{\alpha\mu}-\delta_\nu{}^\lambda a^\omega_{\alpha\mu}=0.$$

ここで, $\omega=\alpha$ として和をとり,

$$\psi_\mu=a^\varepsilon_{\mu\varepsilon}/(n+1)$$

とおけば次式が得られる

$$a^\lambda_{\mu\nu}=\psi_\mu\delta_\nu{}^\lambda+\psi_\nu\delta_\mu{}^\lambda.$$

逆に, $M^n$ の 2 つの疑似接続の間に

$$\overset{*}{\Gamma}{}_{\mu\nu}^{\lambda}=\Gamma_{\mu\nu}^{\lambda}+\psi_\mu\delta_\nu{}^\lambda+\psi_\nu\delta_\mu{}^\lambda$$

が成りたつような共変ベクトル場 $\psi_\mu$ が存在すれば，(18.1) と (18.2) が同時に成りたつことがわかるから

**定理 18.1.** $M^n$ の2つの(対称)疑似接続 $\Gamma$, $\overset{*}{\Gamma}$ が射影的対応にあるための必要十分条件は

(18.4)
$$\overset{*}{\Gamma}{}_{\mu\nu}^{\lambda}=\Gamma_{\mu\nu}^{\lambda}+\psi_\mu\delta_\nu{}^\lambda+\psi_\nu\delta_\mu{}^\lambda$$

となる共変ベクトル場 $\psi_\mu$ が存在することである.

射影的対応にある $\Gamma,\overset{*}{\Gamma}$ について，それらの曲率テンソルの間の関係，および射影的対応によって不変なテンソルを導こう.

$$\overset{*}{K}{}_{\lambda\mu\nu}{}^\kappa=\frac{\partial\overset{*}{\Gamma}{}_{\mu\nu}^{\kappa}}{\partial x^\lambda}-\frac{\partial\overset{*}{\Gamma}{}_{\lambda\nu}^{\kappa}}{\partial x^\mu}+\overset{*}{\Gamma}{}_{\lambda\varepsilon}^{\kappa}\overset{*}{\Gamma}{}_{\mu\nu}^{\varepsilon}-\overset{*}{\Gamma}{}_{\mu\varepsilon}^{\kappa}\overset{*}{\Gamma}{}_{\lambda\nu}^{\varepsilon}$$

の右辺に (18.4) を代入して整頓すれば

(18.5)
$$\overset{*}{K}{}_{\lambda\mu\nu}{}^\kappa=K_{\lambda\mu\nu}{}^\kappa+\psi_{\lambda\nu}\delta_\mu{}^\kappa-\psi_{\mu\nu}\delta_\lambda{}^\kappa-(\psi_{\lambda\mu}-\psi_{\mu\lambda})\delta_\nu{}^\kappa$$

となる．ここで，$\psi_{\lambda\mu}$ は

(18.6)
$$\psi_{\lambda\mu}=\nabla_\lambda\psi_\mu-\psi_\lambda\psi_\mu$$

により定義されるテンソル場である.

**定義 18.2.** リーマン計量 $g,\overset{*}{g}$ をもつ微分多様体 $M^n$ において，それらから定まるリーマンの接続が射影的対応にあるとき，すなわち

(18.7)
$$\left\{{\lambda \atop \mu\nu}\right\}^*=\left\{{\lambda \atop \mu\nu}\right\}+\psi_\mu\delta_\nu{}^\lambda+\psi_\nu\delta_\mu{}^\lambda$$

なる共変ベクトル場 $\psi_\lambda$ が存在するとき，$g$ と $\overset{*}{g}$ とは**射影的対応**にあるという.

$g$ と $\overset{*}{g}$ とが射影的対応にあるとすれば，(18.7) で $\lambda=\nu$ について和をとることによって

$$\frac{\partial\log\overset{*}{\mathfrak{g}}}{\partial x^\mu}=\frac{\partial\log\mathfrak{g}}{\partial x^\mu}+2(n+1)\psi_\mu$$

となるから

$$\psi_\mu=\frac{1}{2(n+1)}\frac{\partial}{\partial x^\mu}\log\frac{\overset{*}{\mathfrak{g}}}{\mathfrak{g}}$$

は勾配ベクトルである．したがって

$$\nabla_\lambda \psi_\mu = \nabla_\mu \psi_\lambda$$

が成りたつ．

$g$，$\overset{*}{g}$ の曲率テンソルの間には (18.5) から

$$\overset{*}{R}_{\lambda\mu\nu}{}^\kappa = R_{\lambda\mu\nu}{}^\kappa + \psi_{\lambda\nu}\delta_\mu{}^\kappa - \psi_{\mu\nu}\delta_\lambda{}^\kappa - (\psi_{\lambda\mu} - \psi_{\mu\lambda})\delta_\nu{}^\kappa$$

の関係があり，

$$\psi_{\lambda\mu} = \psi_{\mu\lambda}$$

であるから

$$\overset{*}{R}_{\lambda\mu\nu}{}^\kappa = R_{\lambda\mu\nu}{}^\kappa + \psi_{\lambda\nu}\delta_\mu{}^\kappa - \psi_{\mu\nu}\delta_\lambda{}^\kappa \tag{18.8}$$

が得られた．

(18.8) で $\lambda$ と $\kappa$ について縮約すれば

$$\overset{*}{R}_{\mu\nu} = R_{\mu\nu} - (n-1)\psi_{\mu\nu}.$$

これから得られる

$$\psi_{\mu\nu} = -\frac{1}{n-1}(\overset{*}{R}_{\mu\nu} - R_{\mu\nu})$$

を (18.8) に代入して整頓すれば

$$\overset{*}{W}_{\lambda\mu\nu}{}^\kappa = W_{\lambda\mu\nu}{}^\kappa \tag{18.9}$$

となる．ここで，テンソル $\hat{W} = (W_{\lambda\mu\nu}{}^\kappa)$ は

$$W_{\lambda\mu\nu}{}^\kappa = R_{\lambda\mu\nu}{}^\kappa + \frac{1}{n-1}(R_{\lambda\nu}\delta_\mu{}^\kappa - R_{\mu\nu}\delta_\lambda{}^\kappa) \tag{18.10}$$

により定義され，リーマン空間の(**ワイルの)射影曲率テンソル**とよばれるものである．したがって

**定理 18.2.** ワイルの射影曲率テンソルは射影的対応によって不変である．

射影曲率テンソルは次の恒等式を満足することが示される．

$$W_{\lambda\mu\nu}{}^\omega = -W_{\mu\lambda\nu}{}^\omega,$$

$$W_{\lambda\mu\nu}{}^\omega + W_{\mu\nu\lambda}{}^\omega + W_{\nu\lambda\mu}{}^\omega = 0,$$

$$W_{\alpha\mu\nu}{}^\alpha = 0.$$

これらの式から

2 次元リーマン空間の射影曲率テンソルは恒等的に 0 である

ことがわかる．次に，テンソル $W=(W_{\lambda\mu\nu})$ を

(18.11) $$W_{\lambda\mu\nu}=\nabla_\lambda R_{\mu\nu}-\nabla_\mu R_{\lambda\nu}$$

で定義すれば，射影的対応によって

(18.12) $$\overset{*}{W}_{\lambda\mu\nu}=W_{\lambda\mu\nu}+(n-1)W_{\lambda\mu\nu}{}^{\alpha}\psi_\alpha$$

が成りたつ．したがって

2 次元リーマン空間では，射影的対応によってテンソル $W=(W_{\lambda\mu\nu})$ は不変である．

$\overset{*}{g}$ が平坦な計量 $g$ と射影的対応にあれば，$\overset{*}{W}_{\lambda\mu\nu}{}^{\kappa}=W_{\lambda\mu\nu}{}^{\kappa}=0$，$\overset{*}{W}_{\lambda\mu\nu}=W_{\lambda\mu\nu}=0$ が成りたつ．

**定義 18.3.** $n$ 次元リーマン空間は，$n>2$ のときはワイルの射影曲率テンソルが 0，$n=2$ のときは $W_{\lambda\mu\nu}=0$，ならば**射影的に平坦**であるという．

**注意.** $n(>2)$ 次元の射影的に平坦なリーマン空間では $W_{\lambda\mu\nu}=0$ である．それは次の恒等式が成りたつからである．

(18.13) $$\nabla_\alpha W_{\lambda\mu\nu}{}^{\alpha}=\frac{n-2}{n-1}W_{\lambda\mu\nu}.$$

**定理 18.3.** $n(>1)$ 次元リーマン空間が射影的に平坦であるための必要十分条件は，それが定曲率空間なることである．

**証明.** 射影的に平坦なリーマン空間では $W_{\lambda\mu\nu}{}^{\kappa}=0$ であるから

(18.14) $$R_{\lambda\mu\nu}{}^{\kappa}=-\frac{1}{n-1}(R_{\lambda\nu}\delta_\mu{}^{\kappa}-R_{\mu\nu}\delta_\lambda{}^{\kappa}).$$

これを，恒等式 $R_{\lambda\mu\nu\omega}-R_{\nu\omega\lambda\mu}=0$ に代入すれば

(18.15) $$R_{\lambda\mu}=\frac{R}{n}g_{\lambda\mu}$$

が得られる．さらに (18.15) を (18.14) に代入すれば

$$R_{\lambda\mu\nu}{}^{\kappa}=-\frac{R}{n(n-1)}(g_{\lambda\nu}\delta_\mu{}^{\kappa}-g_{\mu\nu}\delta_\lambda{}^{\kappa})$$

となるから，$n>2$ ならば定曲率空間である．$n=2$ の場合は，(18.15) を $W_{\lambda\mu\nu}=0$ に代入すれば $R=$定数がわかるから，やはり定曲率空間である．

逆に，定曲率空間ならば射影的に平坦であることは計算を逆にたどることに

よって容易に証明される. (証明終)

**定義 18.4.** $\phi: M^n \to \overline{M}^n$ を微分同型写像とする. このとき $\phi$ が $\{M^n, \Gamma\}$ の道を常に $\{\overline{M}^n, \overline{\Gamma}\}$ の道に移すならば, $\phi$ を**射影写像**, $M^n$ と $\overline{M}^n$ とは**射影同型**であるという. 特に, $M^n=\overline{M}^n$, $\Gamma=\overline{\Gamma}$ ならば, $\phi$ を**射影変換**という. $\phi$ が局所微分同型写像の場合も同様とする.

微分同型写像 $\phi$ によって $\overline{\Gamma}$ から $M^n$ 上に誘導された疑似接続 $\Phi(\overline{\Gamma})$ に関する $M^n$ 上の道は, $\phi$ によって $\overline{M}^n$ の道に移るから, $\phi$ が射影写像ということは $\Gamma$ と $\Phi(\overline{\Gamma})$ とが射影的対応にあることと同値である.

まず, 明らかに

**定理 18.4.** 疑似写像は射影写像である.

がわかる. 次に定理 18.1 と $\Phi(\overline{\Gamma})$の定義とから

**定理 18.5.** 微分同型写像 $\phi: M^n \to \overline{M}^n$ が $\{M^n, \Gamma\} \to \{\overline{M}^n, \overline{\Gamma}\}$ の射影写像であるための必要十分条件は, 対応点が同じ座標をもつような局所座標に関して$\Gamma$, $\Phi(\overline{\Gamma})$ の係数 $\Gamma_{\mu\nu}^{\lambda}$, $\overset{*}{\Gamma}{}_{\mu\nu}^{\lambda}$ の間に

$$\overset{*}{\Gamma}{}_{\mu\nu}^{\lambda}=\Gamma_{\mu\nu}^{\lambda}+\psi_{\mu}\delta_{\nu}{}^{\lambda}+\psi_{\nu}\delta_{\mu}{}^{\lambda}$$

が成りたつようなベクトル場 $\psi_\lambda$ が存在することである.

リーマン空間 $\{M^n, g\}$, $\{\overline{M}^n, \overline{g}\}$ に関しては $\Gamma$, $\overline{\Gamma}$, $\overset{*}{\Gamma}$ をそれぞれ $g$, $\overline{g}$, $\Phi(\overline{g})$ から作ったクリストッフェルの記号でおき直せばよい.

共形の場合と同様に次の定理が得られる.

**定理 18.6.** $n(>1)$ 次元リーマン空間の射影曲率テンソルは射影変換のもとで不変である. また, 2 次元リーマン空間ではテンソル $W=(W_{\lambda\mu\nu})$ が不変である.

**定義 18.5.** 変換群 $\{\phi_t\}$ は, 各 $t$ について $\phi_t$ が射影変換であれば, **射影変換群**という.

リーマン空間の射影変換群 $\{\phi_t\}$ が誘導するベクトル場 $X$ の満足する条件を調べよう.

$\Gamma_{\mu\nu}^{\lambda}=\left\{ {\lambda \atop \mu\nu} \right\}$ と書くことにすれば, 定理 18.5 によって

$$\Gamma_t=\Phi_t(\Gamma)$$

の係数 $\Gamma_{t\mu\nu}^{\lambda}$ について

(18.16) $$\Gamma_{t\mu\nu}^{\lambda}=\Gamma_{\mu\nu}^{\lambda}+\psi_{t,\mu}\delta_\nu^\lambda+\psi_{t,\nu}\delta_\mu^\lambda$$

となるベクトル場 $\psi_t$ が存在する．ここで $\phi_0$ は恒等写像であるから $\psi_0=0$ である．1点 $p$ で考えることとし，(18.16) を $t$ で偏微分すれば

$$\left(\frac{\partial}{\partial t}\Gamma_{t\mu\nu}^{\lambda}\right)_{t=0}=\left(\frac{\partial}{\partial t}\psi_{t,\mu}\right)_{t=0}\delta_\nu^\lambda+\left(\frac{\partial}{\partial t}\psi_{t,\nu}\right)_{t=0}\delta_\mu^\lambda.$$

したがって

$$\left(\frac{\partial}{\partial t}\psi_{t,\mu}\right)_{t=0}=\psi_\mu$$

とおけば

(18.17) $$\mathfrak{L}_X\Gamma_{\mu\nu}^{\lambda}=\psi_\mu\delta_\nu^\lambda+\psi_\nu\delta_\mu^\lambda$$

が得られた．

逆に，リーマン空間の変換群 $\{\phi_t\}$ について (18.17) が成りたつようなベクトル場 $\psi_\lambda$ が存在すると仮定しよう．任意の点 $\bar{p}=\phi_s(p)$ で

$$\left(\frac{\partial}{\partial t}\Gamma_{t\mu\nu}^{\lambda}\right)_{t=0}(\bar{p})=\psi_\mu(\bar{p})\delta_\nu^\lambda+\psi_\nu(\bar{p})\delta_\mu^\lambda.$$

しかるに，§9と同様に

$$\text{左辺}=\Phi_{-s}\left(\frac{\partial}{\partial u}\Phi_u(\Gamma_{\phi_u(p)})\right)_{u=s}$$

であるから

$$\frac{\partial}{\partial s}\Phi_s(\Gamma_{\mu\nu}^{\lambda}(\bar{p}))=\Phi_s(\psi_\mu(\bar{p}))\delta_\nu^\lambda+\Phi_s(\psi_\nu(\bar{p}))\delta_\mu^\lambda$$

となる．これを積分すれば

$$\Phi_s(\Gamma_{\mu\nu}^{\lambda}(\bar{p}))-\Phi_0(\Gamma_{\mu\nu}^{\lambda}(p))=\psi_{s,\mu}\delta_\nu^\lambda+\psi_{s,\nu}\delta_\mu^\lambda,$$

ここに $\psi_{s,\mu}$ は

$$\psi_{s,\mu}(p)=\int_0^s\Phi_s(\psi_\mu(\bar{p}))ds$$

である．

しかるに，$\Gamma_s(p)=\Phi_s(\Gamma(\bar{p}))$ であるから，結局

$$\Gamma_{s\mu\nu}{}^{\lambda}=\Gamma^{\lambda}_{\mu\nu}+\psi_{s,\mu}\delta_{\nu}{}^{\lambda}+\psi_{s,\nu}\delta_{\mu}{}^{\lambda}$$

が得られ，$\{\phi_t\}$ が射影変換群であることがわかった．したがって

**定理 18.7.** リーマン空間において，変換群 $\{\phi_t\}$ が射影変換群であるための必要十分条件は，それが誘導するベクトル場 $X=\xi^{\lambda}\partial/\partial x^{\lambda}$ が

$$\mathfrak{L}_X\left\{{\lambda \atop \mu\nu}\right\}=\psi_{\mu}\delta_{\nu}{}^{\lambda}+\psi_{\nu}\delta_{\mu}{}^{\lambda} \tag{18.18}$$

を満足するようなベクトル場 $\psi_{\mu}$ が存在することである．

(18.18) を満足するベクトル場 $X$ を**射影キリング・ベクトル**，または**無限小射影変換**という．

(18.18) を詳しく書けば

$$\begin{aligned}\mathfrak{L}_X\left\{{\lambda \atop \mu\nu}\right\}&=\nabla_{\mu}\nabla_{\nu}\xi^{\lambda}+R_{\alpha\mu\nu}{}^{\lambda}\xi^{\alpha}\\&=\psi_{\mu}\delta_{\nu}{}^{\lambda}+\psi_{\nu}\delta_{\mu}{}^{\lambda}\end{aligned} \tag{18.19}$$

となるから，$\lambda=\nu$ として和をとることにより

$$\psi_{\mu}=\frac{1}{n+1}\nabla_{\mu}\nabla_{\alpha}\xi^{\alpha}$$

が得られ，したがって $\psi_{\mu}$ は $X$ から定まる勾配ベクトルであることがわかる．

次に，射影キリング・ベクトル $X$ について

$$\mathfrak{L}_X\widehat{W}=0 \tag{18.20}$$

が成りたつことは定理 18.6 によって明らかであるが，これを直接確かめておこう．

$$\mathfrak{L}_{\xi}R_{\lambda\mu\nu}{}^{\kappa}=\nabla_{\lambda}\mathfrak{L}_{\xi}\left\{{\kappa \atop \mu\nu}\right\}-\nabla_{\mu}\mathfrak{L}_{\xi}\left\{{\kappa \atop \lambda\mu}\right\}$$

に (18.19) を代入すれば

$$\mathfrak{L}_{\xi}R_{\lambda\mu\nu}{}^{\kappa}=\delta_{\mu}{}^{\kappa}\nabla_{\lambda}\psi_{\nu}-\delta_{\lambda}{}^{\kappa}\nabla_{\mu}\psi_{\nu}. \tag{18.21}$$

$\lambda$ と $\kappa$ とについて縮約すれば

$$\mathfrak{L}_{\xi}R_{\mu\nu}=-(n-1)\nabla_{\mu}\psi_{\nu}.$$

これを (18.21) に代入し $\nabla_{\mu}\psi_{\nu}$ を消去することにより (18.20) が得られる．

**例.** $M^n$ を $E^{n+1}$ の中の開半球

$$(x^1)^2+\cdots+(x^n)^2+(x^{n+1}-k)^2=k^2, \qquad x_{n+1}<k$$

とすれば，自然な計量によって定曲率空間である．$E^n$ を $x^{n+1}=0$ なるユークリッド空間とする．

$$\phi: M^n \to E^n$$

を球の中心 $p_0$ からの図 20 のような射影とする(このような対応を**中心射影**という)．

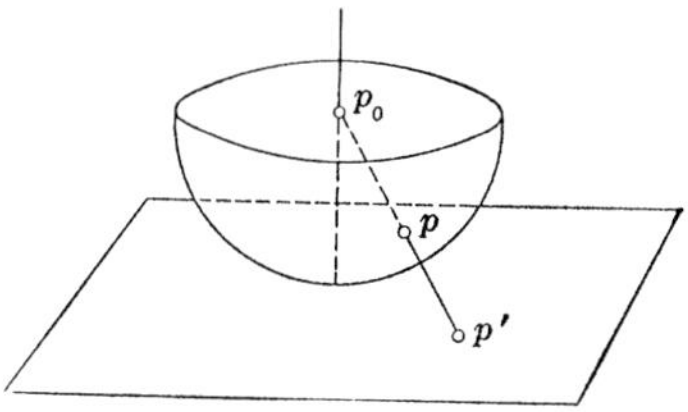


図 20

$\phi$ は微分同型写像であるが，さらに射影写像である．それは，$M^n$ の測地線(大円の弧)は $\phi$ により $E^n$ の測地線(直線)に移るからである．$E^n$ 上で疑似変換 $\psi$ を考え

$$M^n \overset{\phi}{\to} E^n \overset{\psi}{\to} E^n \overset{\phi^{-1}}{\to} M^n$$

を合成すれば $M^n$ の射影変換 $\phi^{-1}\circ\psi\circ\phi$ が得られる．

**問 1.** (18.12)，(18.13) を証明せよ．

**問 2.** 射影キリング・ベクトル $\xi^\lambda$ について次式が成りたつ．

$$\mathfrak{L}_\xi W_{\lambda\mu\nu}=(n-1)W_{\lambda\mu\nu}{}^\alpha\phi_\alpha.$$

**問 3.** リーマン空間の共形変換が同時に射影変換であれば，それは相似変換である．

## 問　題　4

**1.** リーマン空間の疑似キリング・ベクトル $\xi^\lambda$ について次式が成りたつ．

$$\mathfrak{L}_\xi R_{\lambda\mu\nu}{}^\kappa=0, \qquad \mathfrak{L}_\xi R_{\mu\nu}=0.$$

**2.** キリング・ベクトル $X$ の長さ $\|X\|$ は，$X$ が生成する等長変換群 $\{\phi_t\}$ の各軌道上で一定である．

**3.** キリング・ベクトル $X$ の長さ $\|X\|$ が1点 $p_0$ で最大(または最小)値をとれば，$p_0$ の軌道は測地線である．

**4.** $X=\xi^\lambda\partial/\partial x^\lambda$ をキリング・ベクトルとすれば，

$$\mathfrak{L}_\xi R_{\lambda\mu\nu}{}^\kappa=0, \qquad \mathfrak{L}_\xi R_{\mu\nu}=0, \qquad \mathfrak{L}_\xi R=0.$$

さらに $R$，$R_{\lambda\mu}R^{\lambda\mu}$，$R_{\lambda\mu\nu\omega}R^{\lambda\mu\nu\omega}$ は $X$ が生成する等長変換群の各軌道上で一定である．

**5.** 並進変換群の軌道は測地線である．

**6.** $\xi^\lambda$ が2次元ユークリッド空間 $E^2$ の共形キリング・ベクトルであるための必要十分条件は，$\xi^1$，$\xi^2$ がコーシー・リーマンの方程式を満足することである．ただし，$\xi^\lambda$ は $E^2$

の直交座標系に関する成分とする.

**7.** 共形的に平坦なアインシュタイン空間は定曲率空間である.

**8.** $n(>2)$ 次元アインシュタイン空間の共形キリング・ベクトル $\xi^\lambda$ は

$$\xi_\lambda=\eta_\lambda-\frac{n(n-1)}{R}\rho_\lambda$$

の形に書ける. ここに $\eta^\lambda$ はキリング・ベクトル, $\mathfrak{L}_\xi g_{\lambda\mu}=2\rho g_{\lambda\mu}$, $\rho_\lambda=\partial\rho/\partial x^\lambda$ とし, スケーラー曲率$R$ は 0 ではないとする.

**9.**
$$Z_{\lambda\mu\nu}{}^\kappa=R_{\lambda\mu\nu}{}^\kappa+\frac{R}{n(n-1)}(g_{\lambda\nu}\delta_\mu{}^\kappa-g_{\mu\nu}\delta_\lambda{}^\kappa)$$

により定義されるテンソル $Z_{\lambda\mu\nu}{}^\kappa$ を**共円曲率テンソル**という. $n>2$ のとき, 共形的対応 $\overset{*}{g}_{\lambda\mu}=e^{2\rho}g_{\lambda\mu}$ が共円曲率テンソルを不変にするための必要十分条件は

$$\nabla_\lambda\rho_\mu-\rho_\lambda\rho_\mu+\frac{1}{2}\rho_\varepsilon\rho^\varepsilon g_{\lambda\mu}=\sigma g_{\lambda\mu}$$

を満足する函数 $\sigma$ が存在することである. (この場合, 考える対応を**共円的対応**という).

**10.** $n(>1)$ 次元アインシュタイン空間の射影キリング・ベクトル $\xi^\lambda$, $\mathfrak{L}_\xi\left\{{\lambda \atop \mu\nu}\right\}=\phi_\mu\delta_\nu{}^\lambda+\phi_\nu\delta_\mu{}^\lambda$, は

$$\xi_\lambda=\eta_\lambda-\frac{n(n-1)}{2R}\phi_\lambda$$

の形に書くことが出来る. ここに, $\eta^\lambda$ はキリング・ベクトルで, スケーラー曲率 $R$ は 0 ではないとする.

**11.** 対称疑似接続の係数 $\Gamma_{\mu\nu}^\lambda$ から

$$\Pi_{\mu\nu}^\lambda=\Gamma_{\mu\nu}^\lambda-\frac{1}{n+1}(\Gamma_{\varepsilon\mu}^\varepsilon\delta_\nu{}^\lambda+\Gamma_{\varepsilon\nu}^\varepsilon\delta_\mu{}^\lambda)$$

を作れば, $\Pi_{\mu\nu}^\lambda$ は射影的対応で不変である. また $\Pi_{\mu\nu}^\lambda$ は座標変換でテンソルおよび疑似接続係数の変換を一般にはしないことを示せ.

# 第5章 曲　線　論

## § 19. 測 地 線

測地線 $\gamma$ は疑似パラメーターを使えば $\nabla_{\dot\gamma}\dot\gamma=0$ として定義された．また，局所座標系で考えれば

$$\frac{d^2x^\lambda}{dt^2}+\left\{ {\lambda \atop \mu\nu} \right\}\frac{dx^\mu}{dt}\frac{dx^\nu}{dt}=0 \tag{19.1}$$

の解 $x^\lambda=x^\lambda(t)$ として与えられる．これは2階の微分方程式であるから任意の点 $q=(x_0{}^\lambda)$ でベクトル $X=(\xi^\lambda)\in T_q(M)$ を任意に与えれば，点 $q$ を通りそこでの方向が $\dot\gamma(0)=X$ なる測地線が一意に存在する．

測地線はこのように自平行曲線として定義されたが，この節と § 21 ではその最短性の性質について調べる．

**定義 19.1.** $X\in T_q(M)$ について

$$\gamma(0)=q, \qquad \dot\gamma(0)=X$$

なる測地線 $\gamma(t)$ が区間 $[0,1]$ を含む区間で定義されていれば点 $\gamma(1)$ を

$$E_q(X)=\gamma(1)$$

で表わし $E_q$ を**べき写像**とよぶ．ここにパラメーター $t$ は疑似パラメーターとする．

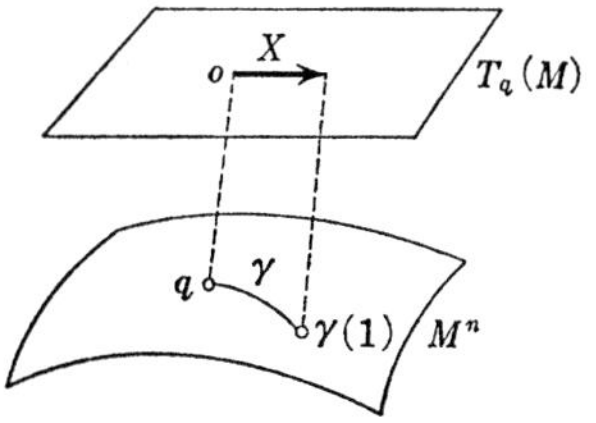

図 21

$E^n$ から1点を取り去った例によってわかるように，測地線は任意の長さに延長できるとは限らないから， $\gamma(1)$ が定義されない場合もある．

**定理 19.1.** $X\in T_q(M)$, $\|X\|=a$ ならば，$q$ から $E_q(X)$ までの測地線の長さは $a$ である．

**証明.** $\gamma$ に沿って $\|\dot\gamma\|$ は一定であるから

$$\int_0^1\|\dot\gamma\|dt=\int_0^1\|X\|dt=a. \qquad \text{（証明終）}$$

特に，$\|X\|=1$ であれば $q$ から $E_q(rX)$ までの測地線の長さは $|r|$ である

ことがわかる．したがって，この場合 $|r|$ は弧長である．

測地線の方程式 (19.1) は $2n$ 個の未知函数 $x^\lambda(t)$, $\xi^\lambda(t)$ をもつ次の微分方程式と同値である:

$$(19.2) \qquad \frac{dx^\lambda}{dt}=\xi^\lambda, \qquad \frac{d\xi^\lambda}{dt}=-\left\{ {\lambda \atop \mu\nu} \right\}\xi^\mu\xi^\nu.$$

この微分方程式を点 $q=(x_0{}^\lambda)$ の近傍 $\{U, x^\lambda\}$ で考えよう．このとき，(19.2) について次の条件を満足する正の定数 $\varepsilon_1, \varepsilon_2$ が存在する（§9 補助定理 参照）．

$$B=\{(\xi^\lambda)\,|\,\|\xi^\lambda\|<\varepsilon_1\}$$

を $T_q(M)$ の中で0ベクトルを中心とする半径 $\varepsilon_1$ の球の内部（**$\varepsilon_1$-開球**）とすれば，(19.2) は

$$x^\lambda(0)=x_0{}^\lambda, \qquad \xi^\lambda(0)=\xi_0{}^\lambda\in B$$

を初期条件として $|t|<\varepsilon_2$ で定義された解

$$(19.3) \qquad x^\lambda=\phi^\lambda(x_0, \xi_0, t), \qquad \xi^\lambda=\psi^\lambda(x_0, \xi_0, t)$$

を一意にもつ．

(19.3) は $q=(x_0{}^\lambda)$ を通る $(dx^\lambda/dt)_{t=0}=\xi_0{}^\lambda$ 方向の測地線で，点 $\phi^\lambda$ における接線ベクトルが $\psi^\lambda$ である．

(19.2) における文字 $t$, $\xi^\lambda$ を $\tau, \eta^\lambda$ と書くことにすれば

$$(19.4) \qquad \frac{dx^\lambda}{d\tau}=\eta^\lambda, \qquad \frac{d\eta^\lambda}{d\tau}=-\left\{ {\lambda \atop \mu\nu} \right\}\eta^\mu\eta^\nu$$

となるが，これを $c$ を定数として初期条件 $x_0, c\xi_0\in B$ のもとに解けば，(19.3) と同じ函数 $\phi^\lambda, \psi^\lambda$ によって

$$(19.5) \qquad x^\lambda=\phi^\lambda(x_0, c\xi_0, \tau), \qquad \eta^\lambda=\psi^\lambda(x_0, c\xi_0, \tau)$$

が得られる．

いま，$t=c\tau$ とおけば (19.4) は

$$(19.6) \qquad \frac{dx^\lambda}{dt}=\frac{1}{c}\eta^\lambda, \qquad \frac{d}{dt}\left(\frac{1}{c}\eta^\lambda\right)=-\left\{ {\lambda \atop \mu\nu} \right\}\frac{1}{c}\eta^\mu\frac{1}{c}\eta^\nu$$

と書けるから，(19.5) で $t=c\tau$ とした函数

$$(19.7) \qquad x^\lambda=\phi^\lambda(x_0, c\xi_0, t/c), \qquad \eta^\lambda=\psi^\lambda(x_0, c\xi_0, t/c)$$

は (19.6) を初期条件 $x^\lambda(0)=x_0{}^\lambda$, $\eta^\lambda(0)=c\xi_0{}^\lambda$ のもとで解いた解を表わす．

しかるに，(19.6) は $(1/c)\eta^\lambda=\xi^\lambda$ とおけば (19.2) に外ならないから，(19.7) は (19.2) を初期条件 $x_0{}^\lambda, \xi^\lambda(0)=(1/c)\eta^\lambda(0)=\xi_0{}^\lambda$ で解いた解 (19.3) と一致する．したがって，$\phi^\lambda, \psi^\lambda$ について

$$\phi^\lambda\left(x_0,\ c\xi_0,\ \frac{t}{c}\right)=\phi^\lambda(x_0, \xi_0, t), \tag{19.8}$$

$$\psi^\lambda\left(x_0,\ c\xi_0,\ \frac{t}{c}\right)=c\psi^\lambda(x_0, \xi_0, t) \tag{19.9}$$

なる関係式が成りたつ．

$c$ は任意であったから，(19.8) で $c=t$ とおくことにより，$|t|<\varepsilon_2$, $\xi_0\in B$, $t\xi_0\in B$ に対して

$$\phi^\lambda(x_0, t\xi_0, 1)=\phi^\lambda(x_0, \xi_0, t) \tag{19.10}$$

が得られる．(19.10) は $t\neq 0$ として導いたが $t=0$ でも成りたつことは明らかであろう．

いま，$B_1, \varepsilon_3$ を

$$B_1=\{(\xi^\lambda)|\ \|\xi^\lambda\|<\varepsilon_3\}, \qquad \varepsilon_3=\mathrm{Min}\{\varepsilon_1, \varepsilon_1/\varepsilon_2\}$$

によって定めれば，$T_q(M)$ の $\varepsilon_3$-開球 $B_1$ の元 $\xi_0$ について (19.10) は正しい．

$B_1$ は微分多様体 $T_q(M)$ の開集合として微分多様体であるから，対応

$$E_q:\ B_1\to M, \qquad (\xi^\lambda)\to x^\lambda=\phi^\lambda(x_0, \xi, 1)$$

はこれら微分多様体の間の写像である．この写像が $T_q(M)$ の 0 の近傍($\subset B_1$)で微分同型写像になることを示そう．

**定理 19.2.** $E_q$ について次式が成りたつ．

$$\left(\frac{\partial\phi^\lambda}{\partial\xi^\mu}(x_0, \xi, 1)\right)_{\xi=0}=\delta_\mu{}^\lambda.$$

**証明.** $\phi^\lambda(x_0, \xi, t)=\phi^\lambda(x_0, t\xi, 1)$ を $t$ で微分すれば

$$\frac{\partial\phi^\lambda}{\partial t}(x_0, \xi, t)=\xi^\mu\left(\frac{\partial\phi^\lambda}{\partial\eta^\mu}(x_0, \eta, 1)\right)_{\eta=t\xi}.$$

$t=0$ で考えれば

$$\xi^\lambda=\xi^\mu\left(\frac{\partial\phi^\lambda}{\partial\eta^\mu}(x_0, \eta, 1)\right)_{\eta=0}.$$

$\xi^\lambda$ は小さければ任意であるから証明された.　(証明終)

したがって $\xi^\lambda=0$ の($T_q(M)$の中の) ある近傍 $B_2\subset(B_1)$で $\det(\partial\phi^\lambda/\partial\xi^\mu)\neq 0$ となり

$$x^\lambda=\phi^\lambda(x_0,\xi,1)$$

は $\xi$ について解けて

$$\xi^\lambda=f^\lambda(x_0,x)$$

の形の式が得られる. ゆえに

$$E_q:\ X=\xi^\lambda(\partial/\partial x^\lambda)_q \to E_q(X)$$

は $B_2$ から $M^n$ の中への微分同型写像である. これから

**定理 19.3.** リーマン空間 $M^n$ の各点 $q$ に対して次の条件を満足するような $\varepsilon>0$ が存在する.

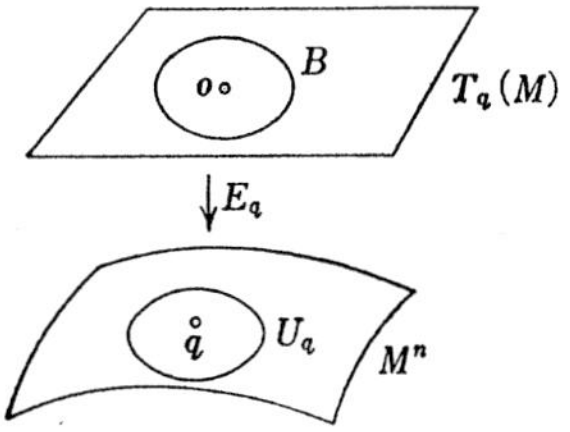

図　22

(i)　$E_q$ は $T_q(M)$ の $\varepsilon$-開球 $B$ から $q$ の近傍 $U_q$ の上への微分同型写像である.

(ii)　$U_q$ の任意の点 $q'$ は $q$ と長さが $<\varepsilon$ であるただ1つの測地線で $U_q$ の中で結べる.

(iii)　そのような測地線の $q$ における接線ベクトルは $q'$ に $C^\infty$ 級に従属する.

**例 1.** $M^n=E^n-\{p_0\}$ を $E^n$ から1点 $p_0$ を取り除いた空間とする. $q\in M^n$ について $U_q$ は中心 $q$, 半径 $r(\leqq\overline{p_0q})$ の開球である.

**例 2.** 半径 $k$ の $n$ 次元球面 $M^n=S^n(k)$ の任意の点 $q$ については, $\varepsilon$ は $0<\varepsilon\leqq\pi k$ を満足する任意の実数である.

次に測地線の最短性を示す次の定理を証明しよう.

**定理 19.4.** $\varepsilon,U_q$ を前定理と同じとする. $q'\in U_q$ を $q$ に結ぶ $U_q$ の中の測地線を $\gamma$, $q'$ を $q$ に結ぶ $U_q$ 内の任意の曲線を $\omega$: $\gamma(0)=\omega(0)=q$, $\gamma(1)=\omega(1)=q'$, とすれば

$$\int_0^1\|\dot\gamma\|dt\leqq\int_0^1\|\dot\omega\|dt$$

が成りたつ. ここで等号は点集合として $\gamma([0,1])=\omega([0,1])$ のときに限る.

証明は以下の2つの定理による.

**定理 19.5.** $\varepsilon, U_q$ は定理 19.3 と同じとする. このとき測地線 $\gamma, \gamma(0)=q$, は曲面

$$S=\{E_q(X) \mid X \in T_q(M),\ \|X\|=r_0\}$$

に垂直である. ここに $r_0$ は $0<r_0<\varepsilon$ なる定数とする ($S$ を中心 $q$, 半径 $r_0$ の**測地球**という).

**証明.** $\{X(t)\}$ は $T_q(M)$ 内の曲線で $\|X(t)\|=1$ とする. $\alpha: t \to E_q(r_0X(t))$ は $S$ 上の曲線であるが, $\alpha$ が測地線

$$\gamma: r \to E_q(rX(t_0))$$

に垂直であることを示せばよい. そのために2次元曲面

$$f(r,t)=E_q(rX(t))$$

を考え

$$\left\langle \frac{\partial f}{\partial r}, \frac{\partial f}{\partial t} \right\rangle = 0$$

を証明する(記号は §11 参照).

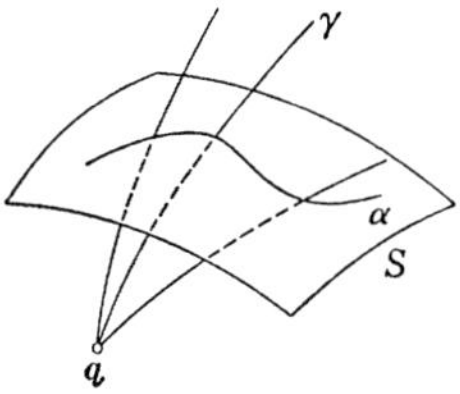

図 23

$F(r,t)=\langle \partial f/\partial r, \partial f/\partial t \rangle$ はスケーラー函数であるから $\gamma$ に沿って微分すれば

$$\frac{\partial}{\partial r}F(r,t)=\frac{\delta}{\delta r}F(r,t)$$

$$=\left\langle \frac{\delta}{\delta r}\frac{\partial f}{\partial r}, \frac{\partial f}{\partial t} \right\rangle + \left\langle \frac{\partial f}{\partial r}, \frac{\delta}{\delta r}\frac{\partial f}{\partial t} \right\rangle.$$

しかるに, $\gamma$ は測地線で $\dot{\gamma}=\partial f/\partial r$ であるから

$$\frac{\delta}{\delta r}\frac{\partial f}{\partial r}=0.$$

一方 $r$-曲線が測地線であるから $\|X(t)\|=\|\partial f/\partial r\|$ が成りたつことに注意すれば

$$\left\langle \frac{\partial f}{\partial r}, \frac{\delta}{\delta r}\frac{\partial f}{\partial t} \right\rangle = \left\langle \frac{\partial f}{\partial r}, \frac{\delta}{\delta t}\frac{\partial f}{\partial r} \right\rangle \qquad (\because \text{p.}\,70)$$

$$=\frac{1}{2}\frac{\delta}{\delta t}\left\|\frac{\partial f}{\partial r}\right\|^2=\frac{1}{2}\frac{\partial}{\partial t}\|X(t)\|^2=0.$$

したがって $F(r,t)$ は $r$ に独立である. しかるに $f(0,t)=E_q(0)=q$ から

$(\partial f/\partial t)_{(0,t)}=0$ となり $F(r,t)=F(0,t)=0$ が証明された．　　　　（証明終）

$\omega$ を $U_q$ 内の曲線とすれば

$$\omega(t)=E_q(r(t)X(t)),\qquad 0<r(t)<\varepsilon,$$
$$X(t)\in T_q(M),\qquad \|X(t)\|=1$$

の形に表わすことが出来る．このとき

**定理 19.6.**
$$\int_a^b\|\dot{\omega}\|dt\geqq|r(b)-r(a)|.$$

ここで等号は $r(t)$ が単調で，しかも $X(t)$ が一定のベクトルである場合にかぎる．

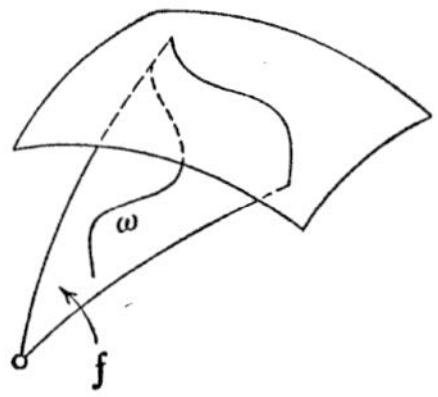


図　24

**証明．** 前のように

$$f(r,t)=E_q(rX(t))$$

とおくと

$$\omega(t)=f(r(t),t)$$

となる．$\omega$ の接線ベクトルは

$$\dot{\omega}=\frac{d\omega}{dt}=r'(t)\frac{\partial f}{\partial r}+\frac{\partial f}{\partial t}$$

であるから，右辺の2つのベクトルが互いに直交することと $\|\partial f/\partial r\|=1$ に注意すれば

$$\|\dot{\omega}\|^2=r'(t)^2+\|\partial f/\partial t\|^2\geqq r'(t)^2. \tag{19.11}$$

ここで等号は $\partial f/\partial t\equiv 0$ のときに成りたつ．しかるに $f=\phi(q,\ X(t),\ r)$ であるから $f$ の座標 $f^\lambda$，$X(t)$ の成分 $\xi^\lambda(t)$ を使って考えれば

$$\frac{\partial f}{\partial t}=\frac{\partial f^\lambda}{\partial t}\frac{\partial}{\partial x^\lambda}=\frac{\partial\xi^\mu}{\partial t}\frac{\partial\phi^\lambda}{\partial\xi^\mu}\frac{\partial}{\partial x^\lambda}$$

となり，これから $\partial f/\partial t=0$ と $\partial\xi^\mu(t)/\partial t=0$ とが同値であることがわかる．さて (19.11) から

$$\int_a^b\|\dot{\omega}\|dt\geqq\int_a^b|r'(t)|dt\geqq|r(b)-r(a)|$$

が得られ，しかも後の等号は $r(t)$ が単調のときに限り成りたつ．　（証明終）

**問 1.** 曲線 $\omega$: $[0,l]\to M^n$ はその長さが $\omega(0)$ から $\omega(l)$ までの任意の曲線の長さより大きくはないとする．このとき $\omega$ は測地線である．

**問 2.** 曲線または曲面外の1点からそれにひいた最短曲線は（もし存在すれば）測地線であって，しかも垂直である．

## § 20. 標準座標系

ユークリッド空間では平行座標系に関して計量テンソルの成分はすべて定数で，しかも直線は1次式 $x^\lambda = a^\lambda t + b^\lambda$ の形で与えられる．リーマン空間では一般にそのように便利な座標系は存在しないが，1点の近傍にかぎっていえばその点を通る測地線がすべて1次式で表わされるという座標系が存在する．この節では標準座標系と，それより一般的な測地座標系について述べる．

**定義 20.1.** 座標系 $\{U, \bar{x}^\lambda\}$ は $\bar{x}^\lambda(p_0)=0$ でしかも

$$(20.1)\qquad \left(\frac{\partial \bar{g}_{\lambda\mu}}{\partial \bar{x}^\nu}\right)_{p_0}=0$$

を満足すれば，$p_0$ を原点とする**測地座標系**という．

(20.1) は (12.3), (12.4) からわかるように

$$(20.2)\qquad \overline{\left\{ {\lambda \atop \mu\nu} \right\}}_{p_0}=0$$

と同値である．

リーマン空間 $M^n$ の任意の点 $p_0$ を原点とする測地座標系が必ず存在することは次のようにしてわかる．

$\{U, x^\lambda\}$ を $p_0 \in U$ の任意の座標近傍とし，$\bar{x}^\lambda$ を

$$(20.3)\qquad \bar{x}^\lambda = a_\mu{}^\lambda (x^\mu - x_0{}^\mu) + \frac{1}{2} a_\varepsilon{}^\lambda \left\{ {\varepsilon \atop \alpha\beta} \right\}_{p_0} (x^\alpha - x_0{}^\alpha)(x^\beta - x_0{}^\beta)$$

によって定義する．ここで，$x_0{}^\mu$ は $p_0$ の座標，$(a_\mu{}^\lambda)$ は定数 $a_\mu{}^\lambda$ を要素とする正則行列とする．$\{\bar{x}^\lambda\}$ が $p_0$ を原点とする測地座標系であることを証明しよう．まず

$$a_\mu{}^\lambda = \left(\frac{\partial \bar{x}^\lambda}{\partial x^\mu}\right)_{p_0}$$

であり，行列 $(a_\mu{}^\lambda)$ は正則であるから連続性によって行列 $(\partial \bar{x}^\lambda / \partial x^\mu)$ は $p_0$ の近傍で正則，したがってそこで $\{\bar{x}^\lambda\}$ は許容座標系である．$\bar{x}^\lambda(p_0)=0$ は明らかであるからあとは (20.2) が成りたつことを示せばよい．座標変換 (20.3)

によってクリストッフェルの記号は

$$\begin{Bmatrix}\lambda\\ \mu\nu\end{Bmatrix}\frac{\partial\bar{x}^{\alpha}}{\partial x^{\lambda}}=\frac{\partial^{2}\bar{x}^{\alpha}}{\partial x^{\mu}\partial x^{\nu}}+\overline{\begin{Bmatrix}\alpha\\ \beta\gamma\end{Bmatrix}}\frac{\partial\bar{x}^{\beta}}{\partial x^{\mu}}\frac{\partial\bar{x}^{\gamma}}{\partial x^{\nu}}$$

の変換をするが，(20.3) から

$$\left(\frac{\partial^{2}\bar{x}^{\alpha}}{\partial x^{\mu}\partial x^{\nu}}\right)_{p_0}=a_{\varepsilon}{}^{\alpha}\begin{Bmatrix}\varepsilon\\ \mu\nu\end{Bmatrix}_{p_0}$$

であるから

$$\overline{\begin{Bmatrix}\alpha\\ \beta\gamma\end{Bmatrix}}_{p_0}a_{\mu}{}^{\beta}a_{\nu}{}^{\gamma}=0$$

が得られる．$(a_{\mu}{}^{\beta})$ は正則であるから，これから (20.2) が成りたつことがわかった．

$p_0$ を原点とする測地座標系 $\{x^{\lambda}\}$ では，任意のテンソル $T$ の共変微分商は $p_0$ で偏微分商と一致する．たとえば

$$(\nabla_{\lambda}T_{\mu}{}^{\nu})_{p_0}=\left(\frac{\partial T_{\mu}{}^{\nu}}{\partial x^{\lambda}}+\begin{Bmatrix}\nu\\ \lambda\alpha\end{Bmatrix}T_{\mu}{}^{\alpha}-\begin{Bmatrix}\alpha\\ \lambda\mu\end{Bmatrix}T_{\alpha}{}^{\nu}\right)_{p_0}=\left(\frac{\partial T_{\mu}{}^{\nu}}{\partial x^{\lambda}}\right)_{p_0}.$$

このことを利用してビアンキの恒等式(§13 p. 81)

$$\nabla_{\lambda}R_{\mu\nu\omega}{}^{\kappa}+\nabla_{\mu}R_{\nu\lambda\omega}{}^{\kappa}+\nabla_{\nu}R_{\lambda\mu\omega}{}^{\kappa}=0 \tag{20.4}$$

の別証明を与えることが出来る．

曲率テンソル

$$R_{\mu\nu\omega}{}^{\kappa}=\frac{\partial\begin{Bmatrix}\kappa\\ \nu\omega\end{Bmatrix}}{\partial x^{\mu}}-\frac{\partial\begin{Bmatrix}\kappa\\ \mu\omega\end{Bmatrix}}{\partial x^{\nu}}+\begin{Bmatrix}\kappa\\ \mu\varepsilon\end{Bmatrix}\begin{Bmatrix}\varepsilon\\ \nu\omega\end{Bmatrix}-\begin{Bmatrix}\kappa\\ \nu\varepsilon\end{Bmatrix}\begin{Bmatrix}\varepsilon\\ \mu\omega\end{Bmatrix}$$

について原点 $p_0$ では

$$(\nabla_{\lambda}R_{\mu\nu\omega}{}^{\kappa})_{p_0}=\left(\frac{\partial R_{\mu\nu\omega}{}^{\kappa}}{\partial x^{\lambda}}\right)_{p_0}=\left(\frac{\partial^{2}\begin{Bmatrix}\kappa\\ \nu\omega\end{Bmatrix}}{\partial x^{\lambda}\partial x^{\mu}}-\frac{\partial^{2}\begin{Bmatrix}\kappa\\ \mu\omega\end{Bmatrix}}{\partial x^{\lambda}\partial x^{\nu}}\right)_{p_0}$$

となるから $p_0$ で

$$\begin{aligned}&\nabla_{\lambda}R_{\mu\nu\omega}{}^{\kappa}+\nabla_{\mu}R_{\nu\lambda\omega}{}^{\kappa}+\nabla_{\nu}R_{\lambda\mu\omega}{}^{\kappa}\\ &\quad=\frac{\partial^{2}\begin{Bmatrix}\kappa\\ \nu\omega\end{Bmatrix}}{\partial x^{\lambda}\partial x^{\mu}}-\frac{\partial^{2}\begin{Bmatrix}\kappa\\ \mu\omega\end{Bmatrix}}{\partial x^{\lambda}\partial x^{\nu}}+\frac{\partial^{2}\begin{Bmatrix}\kappa\\ \lambda\omega\end{Bmatrix}}{\partial x^{\mu}\partial x^{\nu}}-\frac{\partial^{2}\begin{Bmatrix}\kappa\\ \nu\omega\end{Bmatrix}}{\partial x^{\mu}\partial x^{\lambda}}\\ &\qquad+\frac{\partial^{2}\begin{Bmatrix}\kappa\\ \mu\omega\end{Bmatrix}}{\partial x^{\nu}\partial x^{\lambda}}-\frac{\partial^{2}\begin{Bmatrix}\kappa\\ \lambda\omega\end{Bmatrix}}{\partial x^{\nu}\partial x^{\mu}}=0.\end{aligned}$$

したがって (20.4) が測地座標系に関して $p_0$ で成りたったが，これはテンソル式であるから $p_0$ で任意の座標系についても正しい．しかるに $p_0$ は $M^n$ の任意の点であるから，結局任意の点で任意の座標系に関して成りたつことがわかった．

次に測地座標系よりも特殊で，原点を通る測地線がすべて疑似パラメーター $t$ の1次式で表わされるという座標系の存在を示そう．

§19 の記号を使えば定理 19.3 によって，任意の点 $q$ に対してべき写像 $E_q$ が $T_q(M)$ の $\varepsilon$-開球 $B$ から $U_q$ への微分同型写像である，という $\varepsilon>0$ と $q$ の近傍 $U_q$ とが存在した．

$U_q$ での任意の座標系を $\{x^\lambda\}$，$q$ の座標を $x_0{}^\lambda$，$X=\xi^\lambda(\partial/\partial x^\lambda)_q\in B\subset T_q(M)$ とすれば，$0\leqq t\leqq 1$ に対して $E_q(tX)$ の座標は

$$x^\lambda=\phi^\lambda(x_0,\xi,t)=\phi^\lambda(x_0,t\xi,1) \tag{20.5}$$

で与えられた．

いま，(20.5) における $t\xi$ の所を $\bar{x}$ と書いた式

$$x^\lambda=\phi^\lambda(x_0,\bar{x},1)\equiv f(\bar{x}) \tag{20.6}$$

を考えよう．このとき定理 19.2 と $U_q$ の定義から函数行列式 $\det(\partial f^\lambda/\partial\bar{x}^\mu)$ は $U_q$ 上で 0 ではないから，$\{\bar{x}^\lambda\}$ は $U_q$ 上で許容座標系となり (20.6) はその座標変換式を与える．

さて，$q$ を通る測地線 $\gamma$ は $\{x^\lambda\}$ 座標に関して疑似パラメーター $t$ を使って

$$x^\lambda=x^\lambda(t)=\phi^\lambda(x_0,t\xi,1)$$

で与えられ，一方座標変換式は(20.6)であるから $x^\lambda(t)$ の新しい座標を $\bar{x}^\lambda(t)$ とすれば

$$x^\lambda(t)=\phi^\lambda(x_0,\bar{x}(t),1)$$

が成りたつ．$\phi^\lambda$ は1対1であるからこれら両式をくらべて

$$\bar{x}^\lambda(t)=\xi^\lambda t \tag{20.7}$$

が得られる．(20.7) は考える測地線の新座標系に関する式である．

定理 19.2 によって $(\partial x^\lambda/\partial\bar{x}^\mu)_q=\delta_\mu{}^\lambda$ であるからベクトル $X$ の成分 $\xi^\lambda$ は座標変換 (20.6) によって変わらない．したがって，このようにして定義された

座標系 $\{\bar{x}^\lambda\}$ は $tX\in B\subset T_q(M)$ の基底 $(\partial/\partial\bar{x})_q=(\partial/\partial x)_q$ に関する成分 $t\xi^\lambda$ を点 $E_q(tX)\in U_q$ の座標としたものにほかならない．

**定義 20.2.** $q$ の近傍 $\{U_q, x^\lambda\}$ についてべき写像 $E_q$ が $T_q(M)$ の $\varepsilon$-開球 $B$ から $U_q$ の上への微分同型写像であるとき，$X=\bar{x}^\lambda(\partial/\partial x^\lambda)$ の成分 $(\bar{x}^\lambda)$ を点 $E_q(X)$ の(座標系 $\{x^\lambda\}$ に付随した)**標準座標**，$\{U_q, \bar{x}^\lambda\}$ を原点 $q$ の標準座標系という．

測地線 $\bar{x}^\lambda=\eta^\lambda t$ において $\xi^\lambda=\eta^\lambda/\|\eta^\alpha\|$ とおけば，測地線は

(20.8)　　　$\bar{x}^\lambda=\xi^\lambda s,\qquad \|\xi^\lambda\|=1,\quad s$ は弧長

の形に書ける．したがって次の定理が得られる．

**定理 20.1.** $q$ を原点とする標準座標系 $\{\bar{x}^\lambda\}$ に関して（$q$ の近傍で）$q$ を通る曲線が測地線であるための必要十分条件はそれが

$$\bar{x}^\lambda=\xi^\lambda s,\qquad s \text{ は弧長}$$

の形に書けることである．

逆を考えよう．$q$ のある近傍 $\{U_q, \bar{x}^\lambda\}$ で $q$ を通る測地線が常に定理 20.1 の形で書けたとする．これを疑似パラメーター $t=as$，$a$ は定数，によって

$$\bar{x}^\lambda=\bar{x}^\lambda(t)=\eta^\lambda t,\qquad \|\eta^\lambda\|<\varepsilon$$

の形にすることが出来る．$X=(\eta^\lambda)$ とすれば

$$E_q(X)=\{\bar{x}^\lambda(1)\}=\{\eta^\lambda\}$$

となり点 $E_q(X)$ の座標はベクトル $X$ の成分と一致したから $\{\bar{x}^\lambda\}$ は標準座標系である．したがって

**定理 20.2.** 座標系 $\{x^\lambda\}$ が点 $q$ を原点とする標準座標系であるための必要十分条件は，$q$ を通る測地線が常に $x^\lambda=\xi^\lambda s$，$s$ は弧長，の形に書けることである．

標準座標系 $\{x^\lambda\}$ について $x^\lambda=\xi^\lambda s$ は測地線であるから

$$\frac{d^2x^\lambda}{ds^2}+\left\{{\lambda \atop \mu\nu}\right\}\frac{dx^\mu}{ds}\frac{dx^\nu}{ds}=0$$

を満足する．したがって考える測地線上の点で

(20.9)　　　$\left\{{\lambda \atop \mu\nu}\right\}\xi^\mu\xi^\nu=0$

が常に成りたち，さらに $s^2$ をかけることにより

$$\left\{ {\lambda \atop \mu\nu} \right\} x^\mu x^\nu = 0 \tag{20.10}$$

が $U_q$ で恒等的に成りたつことがわかる．

逆に，(20.10) が $q$ の近傍で恒等的に成りたつという座標系 $\{x^\lambda\}$ を考えよう．このとき 1 次式 $x^\lambda = \xi^\lambda s$ は測地線の微分方程式を満足する． $q$ を通る測地線は $\xi^\lambda$ を与えればその方向に一意に定まるから， $q$ を通る測地線はすべて $x^\lambda = \xi^\lambda s$ の形であることがわかる．したがって次の定理が得られた．

**定理 20.3.** $q$ を原点とする座標系 $\{U, x^\lambda\}$ が標準座標系であるための必要十分条件は $U$ の各点で

$$\left\{ {\lambda \atop \mu\nu} \right\} x^\mu x^\nu = 0$$

が成りたつことである．

(20.9) は $q$ を通る測地線上の任意の点で成りたつから，特に

$$\left\{ {\lambda \atop \mu\nu} \right\}_q \xi^\mu \xi^\nu = 0.$$

しかるに $\xi^\lambda$ は任意であるから

$$\left\{ {\lambda \atop \mu\nu} \right\}_q = 0 \tag{20.11}$$

が得られた．したがって，標準座標系は一種の測地座標系であることがわかる．

$q$ を原点とする標準座標系 $\{x^\lambda\}$ を利用して，リーマン空間とユークリッド空間とのちがいを表わす曲率テンソルの役割を調べよう．

まず，(20.11) から

$$\left\{ {\lambda \atop \mu\nu} \right\}_q = 0, \qquad [\mu\nu, \lambda]_q = 0, \qquad (\partial g_{\mu\nu}/\partial x^\lambda)_q = 0.$$

また，$(g^{\lambda\alpha})$ が各点で正則であるから (20.10) から

$$[\mu\nu, \alpha] x^\mu x^\nu = 0. \tag{20.12}$$

これを $x^\lambda$ で偏微分すれば

$$\frac{\partial[\mu\nu, \alpha]}{\partial x^\lambda} x^\mu x^\nu + 2[\mu\lambda, \alpha] x^\mu = 0.$$

$x^\lambda$ をかけて $\lambda$ で和をとれば (20.12) によって

$$\frac{\partial[\mu\nu,\alpha]}{\partial x^\lambda}x^\lambda x^\mu x^\nu=0.$$

この式は任意の測地線 $x^\lambda=\xi^\lambda s$ 上の任意の点で成りたつから，$s\neq 0$ で

$$\frac{\partial[\mu\nu,\alpha]}{\partial x^\lambda}\xi^\lambda\xi^\mu\xi^\nu=0$$

が得られるが，連続性によって $q$ でも正しい．したがって $q$ で任意の $\xi^\lambda$ について成りたつことから

(20.13) $$\left(\frac{\partial[\mu\nu,\alpha]}{\partial x^\lambda}+\frac{\partial[\nu\lambda,\alpha]}{\partial x^\mu}+\frac{\partial[\lambda\mu,\alpha]}{\partial x^\nu}\right)_q=0.$$

一方，曲率テンソルは (13.3) によって

$$R_{\lambda\mu\nu\omega}=\frac{\partial[\mu\nu,\omega]}{\partial x^\lambda}-\frac{\partial[\lambda\nu,\omega]}{\partial x^\mu}$$
$$-g_{\alpha\beta}\left(\begin{Bmatrix}\alpha\\\lambda\omega\end{Bmatrix}\begin{Bmatrix}\beta\\\mu\nu\end{Bmatrix}-\begin{Bmatrix}\alpha\\\mu\omega\end{Bmatrix}\begin{Bmatrix}\beta\\\lambda\nu\end{Bmatrix}\right)$$

で与えられるから

$$(R_{\lambda\mu\nu\omega})_q=\left(\frac{\partial[\mu\nu,\omega]}{\partial x^\lambda}-\frac{\partial[\lambda\nu,\omega]}{\partial x^\mu}\right)_q.$$

したがって，(20.13) を使えば

$$(R_{\lambda\mu\nu\omega}+R_{\lambda\nu\mu\omega})_q=3\left(\frac{\partial[\mu\nu,\omega]}{\partial x^\lambda}\right)_q.$$

これから次式が得られる．

(20.14) $$\left(\frac{\partial[\mu\nu,\omega]}{\partial x^\lambda}\right)_q x^\mu x^\nu=\frac{2}{3}(R_{\lambda\mu\nu\omega})_q x^\mu x^\nu.$$

次に，(20.14) の左辺を変形しよう．(20.13) により

$$\left(\frac{\partial[\mu\nu,\omega]}{\partial x^\lambda}\right)_q x^\mu x^\nu=-2\left(\frac{\partial[\nu\lambda,\omega]}{\partial x^\mu}\right)_q x^\mu x^\nu$$
$$=-\left(\frac{\partial^2 g_{\lambda\omega}}{\partial x^\mu\partial x^\nu}+\frac{\partial^2 g_{\nu\omega}}{\partial x^\mu\partial x^\lambda}-\frac{\partial^2 g_{\nu\lambda}}{\partial x^\mu\partial x^\omega}\right)_q x^\mu x^\nu.$$

これを (20.14) に代入すれば

$$-\left(\frac{\partial^2 g_{\lambda\omega}}{\partial x^\mu\partial x^\nu}\right)_q x^\mu x^\nu-\left(\frac{\partial^2 g_{\nu\omega}}{\partial x^\mu\partial x^\lambda}-\frac{\partial^2 g_{\nu\lambda}}{\partial x^\mu\partial x^\omega}\right)_q x^\mu x^\nu=\frac{2}{3}(R_{\lambda\mu\nu\omega})_q x^\mu x^\nu.$$

しかるに，左辺第1項と右辺とは共に $\lambda$, $\omega$ について対称であるのに左辺第2

項は交代であるから結局次式が得られる.

$$(20.15)\qquad \left(\frac{\partial^2 g_{\lambda\omega}}{\partial x^\mu \partial x^\nu}\right)_q x^\mu x^\nu = -\frac{2}{3}(R_{\lambda\mu\nu\omega})_q x^\mu x^\nu = \frac{2}{3}(R_{\lambda\alpha\omega\beta})_q x^\alpha x^\beta.$$

さて, $q$ の近傍の点 $p$ の座標を $x^\lambda(p)=\xi^\lambda s$ として, $g_{\lambda\omega}(p)$ を $s$ についてべき級数に展開すれば

$$g_{\lambda\omega}(p)=g_{\lambda\omega}(q)+\frac{1}{2}\left(\frac{\partial^2 g_{\lambda\omega}}{\partial x^\mu \partial x^\nu}\right)_q x^\mu x^\nu + O(s^3)$$

となる. ここに $O(s^3)$ は $s^3$ と同次の無限小とする. したがって, (20.15) を代入すれば

$$(20.16)\qquad g_{\lambda\omega}(p)=g_{\lambda\omega}(q)+\frac{1}{3}(R_{\lambda\alpha\omega\beta})_q x^\alpha x^\beta + O(s^3)$$

が得られ, 2 点 $p$, $q$ における計量テンソルの差の主要部分が曲率テンソルで評価されることがわかる.

(20.16)はまた次のような意味に解釈することが出来る. $T_q(M)$ は $\{(\partial/\partial x^\lambda)_q\}$ を平行座標系とし $g_{\lambda\omega}(q)$ を計量テンソルとするユークリッド空間と考えることが出来る. この意味で $T_q(M)$ の任意の点 $X$ における計量テンソルを $g_{\lambda\omega}(X)$ と書けばそれは $g_{\lambda\omega}(q)$ に等しい. $X=(\xi^\lambda s)\in T_q(M)$, $\|X\|<\varepsilon$, $E_q(X)=p$ と考えれば (20.16) は

$$g_{\lambda\omega}(E_q(X))=g_{\lambda\omega}(X)+\frac{1}{3}(R_{\lambda\alpha\omega\beta})_q x^\alpha x^\beta + O(s^3)$$

と書くことが出来て, $T_q(M)$ (ユークリッド空間) と $q$ の近傍 $U_q$ (リーマン空間) とのべき写像 $E_q$ で対応する点の間の計量テンソルの関係を表わしている.

**問 1.** 任意の点 $q$ を原点とし, しかも $\bar{g}_{\lambda\mu}(q)=\delta_{\lambda\mu}$ となるような測地座標系 $\{\bar{x}^\lambda\}$ が存在する.

**問 2.** $\left\{ {\lambda \atop \mu\nu} \right\} x^\mu = 0$ が成りたつような座標系 $\{x^\lambda\}$ が存在すれば, そこで計量テンソルの成分は定数である.

## § 21. 変　　分

測地線 $c$ 上の十分近い 2 点 $p, q$ を考えれば, それらの間の最短距離を与える曲線は $c$ 自身である. いま実変数 $v$ を与えるごとに $p, q$ を通る曲線 $c_v$ が

定まるというような∞個の曲線を考えよう．$c_v$ の長さを $L(v)$ とするとき $L'(0)=0$，$L''(0)>0$ を満足すれば $L(0)$ は極小である．この節ではこのような考え方から測地線が自然に定義出来ることを示し，さらに測地線の最短性について再考する．

$$c: I \to M^n, \qquad u \to c(u)$$

をリーマン空間の1つの曲線，$u$ はその上の1点から測った弧長，$I$ は開区間とする．$I_\varepsilon=(-\varepsilon,\varepsilon)$ を他の開区間として，$\alpha$ を

$$\alpha: I\times I_\varepsilon \to M^n, \qquad (u,v) \to \alpha(u,v)$$

$$\alpha(u,0)=c(u)$$

なる写像とする．$v\in I_\varepsilon$ をきめるごとに $\alpha(u,v)$ は $M^n$ の曲線であるから，$\alpha$ は $c$ を含むような∞個の曲線の集りである．これらの各曲線を $c$ の**変分曲線**，$\alpha$ を $c$ の**変分**という．

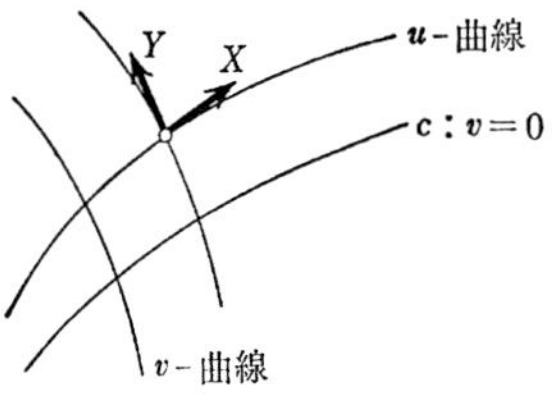

図　25

$u$-曲線，$v$-曲線の接線ベクトルをそれぞれ

$$X=\frac{\partial\alpha}{\partial u}, \qquad Y=\frac{\partial\alpha}{\partial v}$$

と書こう．$u$ は各変分曲線については弧長であるとは限らないが $c$ については弧長であるから，$c$ 上では $X=\dot{c}$ は単位ベクトルである．ベクトル場 $Y$ を変分 $\alpha$ の**変分ベクトル**とよぶ．

**注意 1.** 以下で考える変分は $c$ 上の少なくとも1点で $\dot{c}$ と $Y$ とは1次独立であると仮定する．

座標近傍 $\{U, x^\lambda\}$ に含まれる所で

$$\alpha:\ x^\lambda=x^\lambda(u,v),$$

$$c:\ x^\lambda=x^\lambda(u,0)=x^\lambda(u),$$

$X$，$Y$ の成分をそれぞれ $\xi^\lambda$，$\eta^\lambda$ とすれば

$$\xi^\lambda=\dot{x}^\lambda=\frac{\partial x^\lambda}{\partial u}, \qquad \eta^\lambda=x^{\lambda\prime}=\frac{\partial x^\lambda}{\partial v}$$

が成りたつ．この節では・，′ はそれぞれ $u$，$v$ に関する偏微分を表わすものとする．まず次式は明らかである．

(21.1)　　$$\xi^{\lambda\prime}=\dot{\eta}^\lambda.$$

**注意 2.** 変分 $\alpha$ が与えられれば変分ベクトルが定まるが，逆に曲線 $c$ 上で任意にベク

トル場 $Y$ を与えれば，べき写像を使って，$\alpha(u,v)=E_{c(u)}(vY)$ は $c$ の 1 つの変分を与え しかもその変分ベクトルは $c$ 上でちょうど与えられた $Y$ となる．それは $Y$ の成分を $\eta^\lambda=\eta^\lambda(u)$ とすると §19 の記号を使って，$\alpha(u,v)$ の座標は $x^\lambda=\phi^\lambda(x(u),v\eta,1)$，したがって $\zeta^\lambda=v\eta^\lambda$ とおけば変分ベクトルは $c$ 上で

$$\left(\frac{\partial\phi^\lambda}{\partial v}\right)_{v=0}=\left(\frac{\partial\zeta^\mu}{\partial v}\frac{\partial\phi^\lambda(x,\zeta,1)}{\partial\zeta^\mu}\right)_{v=0}$$
$$=\eta^\mu\left(\frac{\partial\phi^\lambda(x,\zeta,1)}{\partial\zeta^\mu}\right)_{\zeta=0}=\eta^\mu\delta_\mu{}^\lambda=\eta^\lambda$$

となるからである．

いま，$F=F(u,v)>0$ を

(21.2) $$F^2=\|X\|^2=g_{\lambda\mu}\xi^\lambda\xi^\mu$$

で定義すれば $u$-曲線(変分曲線)の長さ $L(v)$ は

(21.3) $$L(v)=\int_{u_1}^{u_2}F\,du$$

で与えられる．

特に $c$ については次式が成りたつ．

(21.4)$_c$ $$F(u,0)=1.$$

以下では $F$ の偏微分商を

$$\partial_\lambda F=\frac{\partial F}{\partial x^\lambda},\qquad \partial_{|\lambda}F=\frac{\partial F}{\partial\xi^\lambda}$$

$$\partial_{\lambda\mu}F=\frac{\partial^2 F}{\partial x^\lambda\partial x^\mu},\qquad \partial_{\lambda|\mu}F=\frac{\partial^2 F}{\partial x^\lambda\partial\xi^\mu},\qquad \partial_{|\lambda\mu}F=\frac{\partial^2 F}{\partial\xi^\lambda\partial\xi^\mu}$$

のように書くことにして，これらを計算しておこう．

(21.5) $$\partial_\lambda F=\frac{1}{2F}\frac{\partial F^2}{\partial x^\lambda}=\frac{1}{2F}\frac{\partial g_{\mu\nu}}{\partial x^\lambda}\xi^\mu\xi^\nu,$$

(21.6) $$\partial_{|\lambda}F=\frac{1}{2F}\frac{\partial F^2}{\partial\xi^\lambda}=\frac{1}{F}g_{\lambda\mu}\xi^\mu=\frac{1}{F}\xi_\lambda,$$

(21.7) $$\begin{aligned}\partial_{\lambda\mu}F&=\frac{1}{2F}\partial_{\lambda\mu}F^2-\frac{1}{4F^3}\partial_\lambda F^2\partial_\mu F^2\\&=\frac{1}{2F}\frac{\partial^2 g_{\alpha\beta}}{\partial x^\lambda\partial x^\mu}\xi^\alpha\xi^\beta-\frac{1}{4F^3}\frac{\partial g_{\alpha\beta}}{\partial x^\lambda}\frac{\partial g_{\gamma\delta}}{\partial x^\mu}\xi^\alpha\xi^\beta\xi^\gamma\xi^\delta,\end{aligned}$$

(21.8) $$\partial_{\lambda|\mu}F=\frac{1}{2F}\partial_{\lambda|\mu}F^2-\frac{1}{4F^3}\partial_\lambda F^2\partial_{|\mu}F^2$$

$$=\frac{1}{F}\frac{\partial g_{\mu\alpha}}{\partial x^\lambda}\xi^\alpha-\frac{1}{2F^3}\frac{\partial g_{\alpha\beta}}{\partial x^\lambda}\xi^\alpha\xi^\beta\xi_\mu,$$

$$\partial_{|\lambda\mu}F=\frac{1}{2F}\partial_{|\lambda\mu}F^2-\frac{1}{4F^3}\partial_{|\lambda}F^2\partial_{|\mu}F^2$$

(21.9)

$$=\frac{1}{F}g_{\lambda\mu}-\frac{1}{F^3}\xi_\lambda\xi_\mu.$$

これらの式を使ってまず $L'(v)$ を計算しよう.

$$F'=(\partial_{|\lambda}F)\xi^{\lambda\prime}+(\partial_\lambda F)x^{\lambda\prime}$$
$$=(\partial_{|\lambda}F)\dot{\eta}^\lambda+(\partial_\lambda F)\eta^\lambda$$
$$=(\partial_{|\lambda}F)\left(\nabla_X\eta^\lambda-\left\{{\lambda \atop \alpha\beta}\right\}\xi^\alpha\eta^\beta\right)+(\partial_\beta F)\eta^\beta$$

であるから

(21.10) $$F'=(\partial_{|\lambda}F)\nabla_X\eta^\lambda+\Psi_\beta\eta^\beta.$$

ここに

$$\Psi_\beta=\partial_\beta F-(\partial_{|\mu}F)\xi^\nu\left\{{\mu \atop \nu\beta}\right\}$$

とおいたが，実は $\Psi_\beta=0$ が次のようにして証明される. (21.5), (21.6) によって

$$\Psi_\beta=\frac{1}{2F}\frac{\partial g_{\mu\nu}}{\partial x^\beta}\xi^\mu\xi^\nu-\frac{1}{F}\xi_\mu\xi^\nu\left\{{\mu \atop \nu\beta}\right\}$$
$$=\frac{1}{F}\left(\frac{1}{2}\frac{\partial g_{\mu\nu}}{\partial x^\beta}-[\nu\beta,\mu]\right)\xi^\nu\xi^\mu=0.$$

したがって (21.10) から次式が得られた.

(21.11) $$F'=(\partial_{|\lambda}F)\nabla_X\eta^\lambda,$$

(21.12) $$L'(v)=\int_{u_1}^{u_2}F'du=\int_{u_1}^{u_2}(\partial_{|\lambda}F)\nabla_X\eta^\lambda du.$$

特に，$c$ 上では (21.4), (21.6) によって次のようになる.

$(21.13)_c$ $$F'=\xi_\mu\nabla_X\eta^\mu=\langle\dot{c},\nabla_{\dot{c}}Y\rangle,$$

$(21.14)_c$ $$L'(0)=\int_{u_1}^{u_2}\langle\dot{c},\nabla_{\dot{c}}Y\rangle du.$$

**定義 21.1.** $L'(0)$ を曲線 $c$ の変分 $\alpha$ に関する**第1変分**といい，それが0ならば $c$ を変分 $\alpha$ の**停留曲線**とよぶ.

$c$ の長さ $L(0)$ が函数 $L(v)$ の極小(大)値であれば当然 $c$ は $\alpha$ の停留曲線である.

$(21.14)_c$ から次の定理が得られた.

**定理 21.1.** 任意の曲線 $c$ は，変分ベクトル $Y$ が $c$ に沿って平行であるという変分に関しては常に，その停留曲線である.

$(21.14)_c$ を変形しよう.

$$\frac{\partial}{\partial u}\langle\dot{c},Y\rangle=\nabla_{\dot{c}}\langle\dot{c},Y\rangle=\langle\nabla_{\dot{c}}\dot{c},Y\rangle+\langle\dot{c},\nabla_{\dot{c}}Y\rangle$$

であるから $(21.14)_c$ は次の形となる.

$$(21.15)_c \qquad L'(0)=\langle\dot{c},Y\rangle\Big|_{u_1}^{u_2}-\int_{u_1}^{u_2}\langle\nabla_{\dot{c}}\dot{c},Y\rangle du.$$

特に， $c$ の両端を固定した変分，すなわち任意の $v$ について $Y_{(u_1,v)}=Y_{(u_2,v)}=0$ なる変分に対しては

$$(21.16)_c \qquad L'(0)=-\int_{u_1}^{u_2}\langle\nabla_{\dot{c}}\dot{c},Y\rangle du$$

が成りたつ. これから

**定理 21.2.** 測地線 $c$ はその両端を固定した任意の変分の停留曲線である.

**注意 3.** ここで $c$ の両端を固定した変分とは，測地線 $c$ 上の任意の2点 $A$, $B$ を両端とする変分という意味である. $c$ の弧 $AB$ が1つの座標近傍に入っていない場合でも $(21.16)_c$ はその形からわかるように局所座標系のとり方に独立であるから大域的に意味を持つことに注意する. しかし，もちろん $L(0)$ は $L(v)$ の停留値ではあるが極小(大)値であるとはかぎらない.

$(21.16)_c$ の他の応用として上記定理の逆に当る定理を証明しよう. いま曲線 $c$ はその両端 $p_1=c(u_1)$, $p_2=c(u_2)$ を固定した任意の変分の停留曲線であるとする. このとき $(21.16)_c$ から

$$\int_{u_1}^{u_2}\langle\nabla_{\dot{c}}\dot{c},Y\rangle du=0$$

が $c$ 上の任意のベクトル場 $Y$ について成りたつ. $U$ を任意の座標近傍とし $U$ に含まれる $c$ の部分を考える. $c$ 上の2点 $c(a)=p_a$, $c(b)=p_b$ を固定して $c$ の

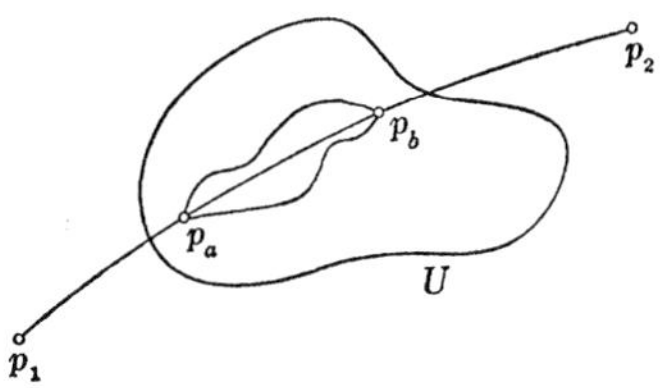

図 26

$a\leqq u\leqq b$ だけでの変分，すなわち $[u_0, a]$，$[b, u_1]$ では $Y\equiv 0$ である変分を考えれば

$$\int_a^b \langle \nabla_{\dot{c}}\dot{c}, Y\rangle du=0$$

となる．これを成分で書けば

$$\int_a^b (\nabla_{\dot{c}}\dot{c})^\lambda \eta_\lambda du=0$$

の形であるが，$\eta_\lambda$ が任意であることから次の補助定理によって $\nabla_{\dot{c}}\dot{c}=0$ が結論される．

**補助定理．** 函数 $\phi(u)$ は，もし $\eta(a)=\eta(b)=0$ である任意の函数 $\eta(u)$ について常に

$$\int_a^b \phi(u)\eta(u)du=0$$

を満足すれば，実は恒等的に 0 である．

**証明．** $\phi(u_0)>0$ となる $u_0$ があるとする．$\phi$ の連続性から $(u_0-\varepsilon, u_0+\varepsilon)$ で常に $\phi(u)>0$ であるという $\varepsilon>0$ が存在する．いま，$\eta$ を

$$\eta(u)=\begin{cases} e^{\frac{1}{u-(u_0+\varepsilon)}-\frac{1}{u-(u_0-\varepsilon)}}, & u_0-\varepsilon<u<u_0+\varepsilon, \\ 0, & u\leqq u_0-\varepsilon \text{ または } u_0+\varepsilon\leqq u \end{cases}$$

によって定義すれば

$$\int_a^b \phi(u)\eta(u)du=\int_{u_0-\varepsilon}^{u_0+\varepsilon}\phi(u)\eta(u)du>0$$

となり矛盾する．したがって，$\phi(u_0)>0$ となる $u_0$ は存在しない．$\phi(u_0)<0$ となる $u_0$ が存在しないことも同様である．　　　　　　　　　　　　（証明終）

さて，$\eta_\lambda$ は $\eta_\lambda(a)=\eta_\lambda(b)=0$ 以外任意であるから特に $\eta_2(u)=\cdots=\eta_n(u)=0$ なる変分を考えれば

$$\int_a^b (\nabla_{\dot{c}}\dot{c})^1 \eta_1(u)du=0.$$

これから補助定理により $(\nabla_{\dot{c}}\dot{c})^1=0$．同様にしてすべての $\lambda=1, \cdots, n$ について $(\nabla_{\dot{c}}\dot{c})^\lambda=0$ が得られ $c$ の弧 $p_a p_b$ は測地線であることがわかった．$p_a$，$p_b$ は $c$ 上で十分近ければ任意であるから $c$ は常に $\nabla_{\dot{c}}\dot{c}=0$ を満足し，したがって測地

線である．ゆえに次の定理が得られた．

**定理 21.3.** 曲線 $c$ は，両端を固定した任意の変分について常にその停留曲線であれば，実は測地線である．

**注意 4.** この定理をもって測地線を定義してもよい．クリストッフェルの記号は §12 で技巧的な立場から導入されたが，曲線の長さの第1変分を考えることによって測地線の方程式，したがってクリストッフェルの記号がごく自然に導かれるのである．

次に $F''$ を計算しよう．(21.11) の $F'$ を $v$ で偏微分すれば

$$F''=\frac{\partial}{\partial v}\left\{(\partial_{|\lambda}F)\nabla_X\eta^\lambda\right\}$$
$$=\left\{(\partial_{|\lambda\mu}F)\xi^{\mu\prime}+(\partial_{\mu|\lambda}F)\eta^\mu\right\}\nabla_X\eta^\lambda+(\partial_{|\lambda}F)\left(\nabla_Y\nabla_X\eta^\lambda-\eta^\alpha\left\{{\lambda \atop \alpha\beta}\right\}\nabla_X\eta^\beta\right).$$

しかるに (21.1) によって

$$\xi^{\mu\prime}=\dot{\eta}^\mu=\nabla_X\eta^\mu-\xi^\alpha\left\{{\mu \atop \alpha\beta}\right\}\eta^\beta$$

であるから

$$F''=(\partial_{|\lambda\mu}F)\left(\nabla_X\eta^\mu-\xi^\alpha\left\{{\mu \atop \alpha\beta}\right\}\eta^\beta\right)\nabla_X\eta^\lambda$$
$$(21.17)\qquad +(\partial_{\mu|\lambda}F)\eta^\mu\nabla_X\eta^\lambda+(\partial_{|\lambda}F)\left(\nabla_Y\nabla_X\eta^\lambda-\eta^\alpha\left\{{\lambda \atop \alpha\beta}\right\}\nabla_X\eta^\beta\right)$$
$$=(\partial_{|\lambda}F)\nabla_Y\nabla_X\eta^\lambda+(\partial_{|\lambda\mu}F)\nabla_X\eta^\lambda\nabla_X\eta^\mu+\Phi_{\lambda\mu}\eta^\lambda\nabla_X\eta^\mu,$$

ここで

$$\Phi_{\lambda\mu}=-(\partial_{|\mu\varepsilon}F)\xi^\alpha\left\{{\varepsilon \atop \alpha\lambda}\right\}+\partial_{\lambda|\mu}F-(\partial_{|\varepsilon}F)\left\{{\varepsilon \atop \lambda\mu}\right\}$$

とおいた．しかるに (21.6), (21.8), (21.9) によって $\Phi_{\lambda\mu}=0$ なることがわかるから (21.17) は

$$(21.18)\qquad F''=(\partial_{|\lambda}F)\nabla_Y\nabla_X\eta^\lambda+(\partial_{|\lambda\mu}F)\nabla_X\eta^\lambda\nabla_X\eta^\mu$$

となり，したがって

$$(21.19)\qquad L''(v)=\int_{u_1}^{u_2}\left\{(\partial_{|\lambda}F)\nabla_Y\nabla_X\eta^\lambda+(\partial_{|\lambda\mu}F)\nabla_X\eta^\lambda\nabla_X\eta^\mu\right\}du$$

が得られる．

特に $c$ 上で考えれば (21.6), (21.9) によって

$$F''=\xi_\lambda\nabla_Y\nabla_{\dot{c}}\eta^\lambda+(g_{\lambda\mu}-\xi_\lambda\xi_\mu)\nabla_{\dot{c}}\eta^\lambda\nabla_{\dot{c}}\eta^\mu$$

となるから

$$(21.20)_c \qquad F''=\langle \dot{c}, \nabla_Y \nabla_{\dot{c}} Y\rangle+\|\nabla_{\dot{c}} Y\|^2-\langle \dot{c}, \nabla_{\dot{c}} Y\rangle^2,$$

$$(21.21)_c \qquad L''(0)=\int_{u_1}^{u_2}\left\{\langle \dot{c}, \nabla_Y \nabla_{\dot{c}} Y\rangle+\|\nabla_{\dot{c}} Y\|^2-\langle \dot{c}, \nabla_{\dot{c}} Y\rangle^2\right\}du$$

も得られる．$L''(0)$ を曲線 $c$ の変分 $\alpha$ に関する**第2変分**という．

さて，第2変分の他の形を求めておこう．$\nabla_Y \nabla_{\dot{c}} Y$ の成分について (21.1) とリッチの恒等式を使えば

$$\nabla_Y \nabla_{\dot{c}} \eta^\kappa=\nabla_{\dot{c}} \nabla_Y \eta^\kappa+R_{\lambda\mu\nu}{}^\kappa \eta^\lambda \xi^\mu \eta^\nu.$$

したがって

$$\langle \dot{c}, \nabla_Y \nabla_{\dot{c}} Y\rangle=\langle \dot{c}, \nabla_{\dot{c}} \nabla_Y Y\rangle+R(\dot{c}, Y, \dot{c}, Y).$$

しかるに

$$\langle \dot{c}, \nabla_{\dot{c}} \nabla_Y Y\rangle=\nabla_{\dot{c}}\langle \dot{c}, \nabla_Y Y\rangle-\langle \nabla_{\dot{c}} \dot{c}, \nabla_Y Y\rangle$$

であるから，これらを $(21.21)_c$ に代入することによって次式が得られる．

$$(21.22)_c \qquad \begin{aligned} L''(0)=&\langle \dot{c}, \nabla_Y Y\rangle\Big|_{u_1}^{u_2}-\int_{u_1}^{u_2}\langle \nabla_{\dot{c}} \dot{c}, \nabla_Y Y\rangle du \\ &+\int_{u_1}^{u_2}\left\{\|\nabla_{\dot{c}} Y\|^2-\langle \dot{c}, \nabla_{\dot{c}} Y\rangle^2+R(\dot{c}, Y, \dot{c}, Y)\right\}du. \end{aligned}$$

特に $c$ が測地線であれば，測地線の第2変分は

$$(21.23)_g \qquad \begin{aligned} L''(0)=&\langle \dot{c}, \nabla_Y Y\rangle\Big|_{u_1}^{u_2} \\ &+\int_{u_1}^{u_2}\left\{\|\nabla_{\dot{c}} Y\|^2-\langle \dot{c}, \nabla_{\dot{c}} Y\rangle^2+R(\dot{c}, Y, \dot{c}, Y)\right\}du \end{aligned}$$

で与えられることがわかる．

いま，ベクトル $Z$ を

$$Z=Y-\langle Y, X\rangle X$$

によって定義してみよう．このとき $c$ 上では

$$Z=Y-\langle Y, \dot{c}\rangle \dot{c}$$

であるから，$Z$ は $Y$ の $\dot{c}$ に垂直な方向の成分である．さて $c$ を測地線とすれば

$$\nabla_{\dot{c}} Z=\nabla_{\dot{c}} Y-\langle \nabla_{\dot{c}} Y, \dot{c}\rangle \dot{c},$$

したがって

$$\|\nabla_{\dot c}Z\|^2=\|\nabla_{\dot c}Y\|^2-\langle\nabla_{\dot c}Y,\dot c\rangle^2$$

となるから $(21.23)_g$ は次式となる:

$$(21.24)_g \qquad L''(0)=\langle\dot c,\nabla_Y Y\rangle\Big|_{u_1}^{u_2}+\int_{u_1}^{u_2}\Big\{\|\nabla_{\dot c}Z\|^2+R(\dot c,Z,\dot c,Z)\Big\}du.$$

特に両端を固定した変分については

$$(21.25)_g \qquad L''(0)=\int_{u_1}^{u_2}\Big\{\|\nabla_{\dot c}Z\|^2+R(\dot c,Z,\dot c,Z)\Big\}du$$

が測地線 $g$ の第2変分を与える式である．ここで右辺第2項を断面曲率を使ってさらに書き直しておこう．$R(\dot c,Z,\dot c,Z)$ は $Z=0$ なる点では0であるが，$Z\neq 0$ なる点では

$$R(\dot c,Z,\dot c,Z)=-\|Z\|^2\rho(\dot c,Z)$$

であるから $(21.25)_g$ は次の形に書くことも出来る．

$$(21.26)_g \qquad L''(0)=\int_{u_1}^{u_2}\Big\{\|\nabla_{\dot c}Z\|^2-\|Z\|^2\rho(\dot c,Z)\Big\}du,$$

ここで，$\rho(\dot c,Z)$ は $\dot c$, $Z$ の張る平面の断面曲率を表わし，$Z=0$ なる点では $\rho(\dot c,Z)=0$ と約束する．

$(21.26)_g$ の1つの応用を述べよう．まず

**定義 21.2.** 曲線 $c:[u_1,u_2]\to M^n$ 上の2点 $c(u_1),c(u_2)$ を固定した任意の変分について $c$ の長さが常に変分曲線の長さの極小であれば，$c$ はその2点間の**相対的最短**を与えるという．

いま考えるリーマン空間の断面曲率は常に $\leqq 0$ であると仮定しよう．$c$ を任意の測地線とするとその上の任意の2点 $c(u_1),c(u_2)$ について $(21.26)_g$ によって $L''(0)\geqq 0$ である．$L''(0)=0$ であるとすれば $\|\nabla_{\dot c}Z\|^2=0$ となるから $Z$ は $c$ に沿って平行，したがって $Z$ の長さは $c$ 上で一定である．しかるに $c(u_1)$ で $Z=0$ であるから $Z$ は $c$ 上で常に0である．これから $Y=\langle Y,\dot c\rangle\dot c$ となるから，我々の考える変分が $c$ 上の少なくとも1点で $Y$ と $\dot c$ とが1次独立であるという仮定に反する．ゆえに $L''(0)>0$ となり $c$ の考える部分が相対的最短

であることがわかった．これから

**定理 21.4.** 断面曲率が常に非正であるリーマン空間においては測地線はその上の任意の2点について相対的最短である．

**問 1.** $R(\dot{c},Z,\dot{c},Z)=\langle\widehat{R}(\dot{c},Z)\dot{c},Z\rangle$ と書くことにすれば (21.25)$_g$ は次の形に変形される．

$$L''(0)=-\int_{u_1}^{u_2}\langle\nabla_{\dot{c}}\nabla_{\dot{c}}Z-\widehat{R}(\dot{c},Z)\dot{c},Z\rangle du.$$

**問 2.** 球面 $S^2$（断面曲率は正である）については定理 21.4 の結論は成りたたないことを例によって示せ．

## § 22. フレネ・セレの公式

前節までは主に測地線について考えてきたが，この節ではリーマン空間の一般の曲線について重要な役割をする公式を与えよう．それは空間曲線論におけるフレネ・セレの公式の一般化である(大槻 p. 12 参照)．

リーマン空間 $M^n$ の曲線 $c$ をその上の1点から $c$ に沿って測った弧長 $s$ をパラメーターとして考える．$\dot{c}$ は $c$ の各点で単位接線ベクトルであるが，これを

$$X_1=\dot{c}$$

で表わすことにする．

$$\langle X_1,X_1\rangle=1$$

を $s$ で微分すれば

$$0=\frac{d}{ds}\langle X_1,X_1\rangle=\nabla_{\dot{c}}\langle X_1,X_1\rangle=2\langle X_1,\nabla_{\dot{c}}X_1\rangle$$

となるから，$\nabla_{\dot{c}}X_1$ は0であるかまたは $X_1$ に垂直である．

いま，$\nabla_{\dot{c}}X_1$ の長さを $\kappa_1\geqq 0$ とすれば

$$\langle\nabla_{\dot{c}}X_1,\nabla_{\dot{c}}X_1\rangle=\kappa_1^2$$

で，$\kappa_1>0$ なる場合に $\nabla_{\dot{c}}X_1$ 方向の単位ベクトルを $X_2$ とすれば

(22.1) $$\nabla_{\dot{c}}X_1=\kappa_1X_2$$

が成りたつ．$X_2$ は定義によって

$$\langle X_1,X_2\rangle=0,\qquad\langle X_2,X_2\rangle=1$$

を満足するから，$\kappa_1 \neq 0$ なる $c$ の各点で $X_1, X_2$ は正規直交系を作る．

さて，$c$ に沿って $k$ 個のベクトル場

$$X_1=\dot{c},\ X_2,\ \cdots,\ X_k$$

が各点で正規直交系をなし，しかも $k-1$ 個の正のスケーラー函数 $\kappa_1(s), \cdots, \kappa_{k-1}(s)$ が

$$\kappa_{i-1}X_{i-1}+\nabla_{\dot{c}}X_i=\kappa_i X_{i+1}, \qquad i=1,\cdots,k-1 \tag{22.2}$$

を満足するように存在すると仮定しよう．ただし，ここで $X_0=0$, $\kappa_0=0$ とする．

$k=2$ とすれば (22.2) は (22.1) にほかならない．いま，ベクトル

$$\kappa_{k-1}X_{k-1}+\nabla_{\dot{c}}X_k$$

を考え，その長さを $\kappa_k \geqq 0$ とし $\kappa_k > 0$ ならばその方向の単位ベクトルを $X_{k+1}$ とする．すなわち

$$\kappa_{k-1}X_{k-1}+\nabla_{\dot{c}}X_k=\kappa_k X_{k+1}. \tag{22.3}$$

このようにして作った $X_1, \cdots, X_{k+1}$ は $\kappa_k \neq 0$ なる点で正規直交系を作ることが容易に示される(問 1).

$c$ 上でこのようにして帰納的に作ることが出来る正規直交系 $X_1, \cdots, X_k$ $(k \leqq n)$ を $c$ のフレネ標構といい，

$$\begin{aligned}\nabla_{\dot{c}}X_i&=-\kappa_{i-1}X_{i-1}+\kappa_i X_{i+1}, \qquad i=1,\cdots,k,\\ \kappa_0&=\kappa_{k+1}=0, \qquad X_0=X_{k+1}=0\end{aligned} \tag{22.4}$$

を**フレネ・セレの公式**という．また，$X_1, \cdots, X_k$ をそれぞれ $c$ の**単位接線，第 1 法線，…，第 $(k-1)$ 法線ベクトル**，スケーラー $\kappa_1, \cdots, \kappa_k$ を**第 1 曲率，…，第 $k$ 曲率**とよぶ．

特に，測地線は $\kappa_1=0$ で特徴づけられる．

ユークリッド空間 $E^3$ の中の円は(第 1 )曲率が一定で，捩率(第 2 曲率)が 0 である．このことを一般化してリーマン空間の円を次のように定義する．

**定義 22.1.** 曲線 $c$ は測地線であるか，または

$$\kappa_1=a \quad (定数\ \neq 0), \qquad \kappa_2=0$$

を満足すれば**測地円**という．

測地円を特徴づける微分方程式を求めよう．まず，$a\neq 0$ なる測地円に対してフレネ・セレの公式によって

$$\nabla_{\dot{c}}X_1=aX_2,\qquad \nabla_{\dot{c}}X_2=-aX_1.$$

これから

$$\nabla_{\dot{c}}\nabla_{\dot{c}}X_1=-a^2X_1$$

が得られ，$\langle\nabla_{\dot{c}}X_1,\ \nabla_{\dot{c}}X_1\rangle=a^2$ であるから $c$ は

$$(22.5)\qquad \nabla_{\dot{c}}\nabla_{\dot{c}}X_1+\langle\nabla_{\dot{c}}X_1,\nabla_{\dot{c}}X_1\rangle X_1=0$$

を満足することがわかる．

$a=0$ の場合，すなわち測地線も (22.5) を満足することは明らかである．

逆に (22.5) を満足する曲線 $c$ を考えよう．(22.5) と $\nabla_{\dot{c}}X_1$ との内積をとれば

$$\langle\nabla_{\dot{c}}X_1,\nabla_{\dot{c}}\nabla_{\dot{c}}X_1\rangle=0,$$

$$\therefore\quad \nabla_{\dot{c}}\langle\nabla_{\dot{c}}X_1,\nabla_{\dot{c}}X_1\rangle=0.$$

したがって，$\langle\nabla_{\dot{c}}X_1,\nabla_{\dot{c}}X_1\rangle=a^2, a\geqq 0$，は定数である．$a=0$ の場合は $\nabla_{\dot{c}}X_1=0$ であるから測地線である．$a\neq 0$ の場合にはフレネ・セレの公式が

$$\nabla_{\dot{c}}X_1=aX_2,\qquad \nabla_{\dot{c}}X_2=-aX_1+\kappa_2X_3$$

となるから

$$\nabla_{\dot{c}}\nabla_{\dot{c}}X_1=a(-aX_1+\kappa_2X_3).$$

これを (22.5) とくらべて $\kappa_2=0$ がわかる．ゆえに，(22.5) を満足する曲線は測地円である．

**定理 22.1.** 測地円は次式で特徴づけられる．

$$\nabla_{\dot{c}}\nabla_{\dot{c}}\dot{c}+\|\nabla_{\dot{c}}\dot{c}\|^2\dot{c}=0.$$

曲線が $x^\lambda=x^\lambda(s)$ で与えられるとき

$$n^\lambda\equiv\frac{\delta}{\delta s}\frac{dx^\lambda}{ds}=\frac{d^2x^\lambda}{ds^2}+\left\{{\lambda \atop \mu\nu}\right\}\frac{dx^\mu}{ds}\frac{dx^\nu}{ds}$$

とおけば測地円の式は次の形となる．

$$\frac{\delta n^\lambda}{\delta s}+(g_{\alpha\beta}n^\alpha n^\beta)\frac{dx^\lambda}{ds}=0.$$

**問 1.** (22.2) を満足する $X_1,\cdots,X_k$ が正規直交系を作るとき，(22.3) で $X_{k+1}$ を定

義すれば $X_1, \cdots, X_{k+1}$ も正規直交系となる.

**問 2.** $\kappa_1=1/s$, $\kappa_2=0$ なる曲線を特徴づける微分方程式は

$$\nabla_{\dot{c}}\nabla_{\dot{c}}\dot{c}+(1/s)\nabla_{\dot{c}}\dot{c}+(1/s^2)\dot{c}=0$$

である.

## 問 題 5

**1.** 標準座標系 $\{x^\lambda\}$ の原点で次式が成りたつ.

$$\frac{\partial\left\{\begin{matrix}\kappa\\ \mu\nu\end{matrix}\right\}}{\partial x^\lambda}=\frac{1}{3}(R_{\lambda\mu\nu}{}^\kappa+R_{\lambda\nu\mu}{}^\kappa).$$

**2.** $N$ は, $c$ の1点で $\dot{c}$ に垂直な単位ベクトルを, $c$ に沿って平行移動して得られたベクトル場とする. このとき変分ベクトル $Y$ が $c$ 上では $Y=f(u)N$ の形であるような両端を固定した変分について, 測地線 $c$ の第2変分は

$$L''(0)=\int_{u_1}^{u_2}\{\dot{f}^2-f^2\rho(\dot{c},N)\}\,du$$

である.

**3.** $Y$ をキリング・ベクトル場とすれば, $Y$ を変分ベクトルとするような測地線 $c$ の変分については常に $L''(0)=0$ が成りたつ.

**4.** 第1法線ベクトルが平行である曲線は測地線である.

**5.** 曲線 $c$ は $0<i<k$ なるすべての $i$ について $\kappa_i\neq 0$ とする. このとき, フレネ標構について

$$X_i=\sum_{j=1}^{i}A_{ij}(\nabla_{\dot{c}})^j\dot{c}, \qquad 1\leqq i\leqq k,$$

が成りたつ. ここで, $A_{ij}$ は $c$ 上のスケーラー函数とし $(\nabla_{\dot{c}})^j$ は $\nabla_{\dot{c}}$ を $j$ 回作用させる意味である. 特に

$$A_{ii}=\frac{1}{\kappa_1\cdots\kappa_{i-1}}, \qquad A_{11}=1$$

である.

# 第6章　部分空間論

## § 23.　部分空間のテンソル場と共変微分

リーマン空間 $\{M^n, g\}$ の $m$ 次元曲面 $\overline{M}^m$, $(1<m<n)$, を考え(§10参照), $M^n, \overline{M}^m$ それぞれの座標系 $\{U, x^\lambda\}$, $\{V, u^a\}$ に関して $\overline{M}^m$ は局所的に

$$x^\lambda = x^\lambda(u^a)$$

で与えられるとしよう.

**注意 1.** この章では添字 $a, b, c\cdots$ は $1, \cdots, m$ を動くとする. したがって, これらの添字についての総和は1から $m$ までについてである.

§10 に従って

$$B_a{}^\lambda = \frac{\partial x^\lambda}{\partial u^a}$$

とおけば, $n\times m$ 行列 $(B_a{}^\lambda)$ の階数は $m$ で, $\overline{M}^m$ の誘導計量 $\bar{g}$ の $\{\partial/\partial u^a\}$ に関する成分は

$$\bar{g}_{ab} = B_a{}^\lambda B_b{}^\mu g_{\lambda\mu} \tag{23.1}$$

で与えられる. $V, U$ における自然標構の間には

$$\frac{\partial}{\partial u^a} = B_a{}^\lambda \frac{\partial}{\partial x^\lambda}$$

の関係があったから, $a$ をきめれば $B_a{}^\lambda$ はベクトル $\partial/\partial u^a \in T_p(\overline{M}) \subset T_p(M)$ の $\{\partial/\partial x^\lambda\}$ に関する成分であり, $m$ 個のベクトル $B_1{}^\lambda, B_2{}^\lambda, \cdots, B_m{}^\lambda$ は1次独立である.

**定義 23.1.** $p\in\overline{M}^m$ におけるベクトル $X\in T_p(M)$ は, もし $X\in T_p(\overline{M})$ であれば, 曲面 $\overline{M}^m$ に**接する**という.

**定理 23.1.** $p\in\overline{M}^m$ におけるベクトル $X=\xi^\lambda(\partial/\partial x^\lambda)\in T_p(M)$ が $\overline{M}^m$ に接するための必要十分条件は

$$\xi^\lambda = B_a{}^\lambda \bar{\xi}^a$$

なる $m$ 個の実数 $\bar{\xi}^a$ が存在することである.

この場合, $\bar{\xi}^a$ は $X$ の $\{\partial/\partial u^a\}$ に関する成分であることは明らかであろう.

$\overline{M}^m$ における座標変換 $\{u^a\}\to\{u'^a\}$ によって

$$B'_a{}^\lambda=\frac{\partial x^\lambda}{\partial u'^a}=\frac{\partial u^b}{\partial u'^a}\ \frac{\partial x^\lambda}{\partial u^b}=\frac{\partial u^b}{\partial u'^a}B_b{}^\lambda$$

が成りたつから，$\lambda$ をきめれば $B_a{}^\lambda$ は $\overline{M}^m$ の共変ベクトルの成分であることがわかる.

このように $\overline{M}^m$ 上には2種類の添字をもつ量が現われてきたので，共変微分の概念を拡張する必要がある.

$\overline{M}^m$ 上のテンソル場(たとえば $T_a{}^b$)については，$\overline{M}^m$ がリーマン空間であるから，$\bar{g}$ に関するクリストッフェルの記号を使って共変微分商は

$$\frac{\bar{\delta} T_a{}^b}{\bar{\delta} t}=\frac{dT_a{}^b}{dt}+\frac{du^c}{dt}\overline{\left\{{b\atop ce}\right\}}T_a{}^e-\frac{du^c}{dt}\overline{\left\{{e\atop ca}\right\}}T_e{}^b$$

$$\bar{\nabla}_c T_a{}^b=\frac{\partial T_a{}^b}{\partial u^c}+\overline{\left\{{b\atop ce}\right\}}T_a{}^e-\overline{\left\{{e\atop ca}\right\}}T_e{}^b$$

で与えられることは当然である.

$M^n$ で定義されたスケーラー函数 $f$ を $\overline{M}^m$ に制限して考えれば，$\overline{M}^m$ 上のスケーラー函数 $f(x(u))$ が得られる. これを再び $f$ または $f(u)$ と書くことにすれば

$$\bar{\nabla}_a f=\frac{\partial f}{\partial u^a}=B_a{}^\lambda\frac{\partial f}{\partial x^\lambda}=B_a{}^\lambda\nabla_\lambda f$$

が成りたつ.

$M^n$ で定義されたベクトル場を $\overline{M}^m$ 上で考えると，それらは必ずしも $\overline{M}^m$ に接してはいないから，$m$ 次元微分多様体としての $\overline{M}^m$ のベクトル場とは限らない. このようなものを一般化して次の定義をしよう.

**定義 23.2.** 曲面 $\overline{M}^m$(またはその部分集合)上の各点 $p$ に対して $T_p(M)$ に付随するテンソル空間 $T^r_{s,p}(M)$ の元を一意に($C^\infty$ 級に) 指定する法則を $(r,s)$ 次の **$M^n$-テンソル場**という.

**注意 2.** 同様の概念は前にも出ている. $M^n$ の曲線 $c$ は1次元の部分空間であるが，$c$ の第1法線ベクトルは $c$ の各点 $p$ で $T_p(M)$ のベクトルであるから，(1,0) 次の $M^n$-テンソルである.

$\overline{M}^m$ 上の $M^n$-テンソル場について共変微分を定義しよう. $\overline{M}^m$ 上の曲線 $c$

は局所的に $u^a=u^a(t)$ で与えられ，それを $M^n$ の曲線とみれば $M^n$ の座標系を使って $x^\lambda=x^\lambda(u^a(t))$ となる．$X$ を $c$ に沿っての $M^n$-テンソル場とするとき，$X$ の共変微分商 $\bar{\delta}/\bar{\delta}t$ を

$$\frac{\bar{\delta}X}{\bar{\delta}t}=\frac{\delta X}{\delta t} \tag{23.2}$$

によって定義しよう．ここで右辺は $M^n$ の意味での共変微分であるから $\bar{\delta}X/\bar{\delta}t$ は $c$ に沿っての $M^n$-テンソル場である．

$X$ が $\overline{M}^m$ を含む $M^n$ の開集合で定義されているときは，$X$ の成分 $\xi^\lambda$ の $x^\mu$ についての偏微分が意味をもつから，(23.2) の $\lambda$ 成分は

$$\frac{\bar{\delta}\xi^\lambda}{\bar{\delta}t}=\frac{\delta\xi^\lambda}{\delta t}=\frac{dx^\mu}{dt}\nabla_\mu\xi^\lambda=\frac{du^a}{dt}B_a{}^\mu\nabla_\mu\xi^\lambda.$$

これから

$$\bar{\nabla}_a\xi^\lambda=B_a{}^\mu\nabla_\mu\xi^\lambda=\frac{\partial\xi^\lambda}{\partial u^a}+B_a{}^\mu\left\{{\lambda \atop \mu\nu}\right\}\xi^\nu \tag{23.3}$$

によって $\bar{\nabla}_a\xi^\lambda$ を定義するのが自然であることがわかる．

$B_a{}^\lambda$, $\bar{\nabla}_a\xi^\lambda$ のように2種類の添字をもつ量を見本として定義 23.2 をさらに一般化しよう．

**定義 23.3.** $\overline{M}^m$ を微分多様体 $M^n$ の $m$ 次元部分多様体とし，$\overline{V}=T_p(\overline{M})$, $V=T_p(M)$, ($p\in\overline{M}^m\subset M^n$), とおく．このとき

$$\underbrace{\overline{V}^*\times\cdots}_{r}\times\underbrace{\overline{V}\times\cdots}_{s}\times\underbrace{V^*\times\cdots}_{t}\times\underbrace{V\times\cdots}_{u}\to\boldsymbol{R}$$

なる多重線型写像を $(r,s;\ t,u)$ 次の **$(\overline{M},M)$-テンソル**という．$(\overline{M},M)$-テンソル場についても前と同様とし，誤解が起きなければ $(\overline{M},M)$ を略して単にテンソル(場)という．

このようなテンソル $T$ は自然標構 $\{\partial/\partial u^a\}$, $\{\partial/\partial x^\lambda\}$ に関して $m^{r+s}\cdot n^{t+u}$ 個の成分 $T^{a_1\cdots a_r}{}_{b_1\cdots b_s}{}^{\lambda_1\cdots\lambda_t}{}_{\mu_1\cdots\mu_u}$ をもつ．

座標近傍 $\{V, u^a\}$, $\{U, x^\lambda\}$ について，$B_a{}^\lambda$ は $a$ を固定すれば $V\cap U$ 上の (1,0) 次の $M^n$-テンソル場，$\lambda$ を固定すれば $V\cap U$ 上の $\overline{M}^m$ の共変ベクトル場であるが，$V,U$ を $\overline{M}^m$, $M^n$ にそれぞれ任意にとったときの $B_a{}^\lambda$ 全体と

しては $\overline{M}^m$ 全体で定義された (0,1; 1,0) 次の ($\overline{M}$, $M$)-テンソル場の成分である.

このように拡張された意味での $\overline{M}^m$ 上のテンソル場について共変微分を定義しよう.

例として (1,0;0,1) 次のテンソル $T^a{}_\lambda$ を考える. $\xi^\lambda$ を $M^n$ の任意のベクトル場とすれば $T^a{}_\lambda\xi^\lambda$ は $\overline{M}^m$ のベクトル場であるから $\bar{\nabla}_b(T^a{}_\lambda\xi^\lambda)$ が意味をもつ. これを詳しく書けば

$$\bar{\nabla}_b(T^a{}_\lambda\xi^\lambda)=\frac{\partial(T^a{}_\lambda\xi^\lambda)}{\partial u^b}+\overline{\left\{{a \atop bc}\right\}}(T^c{}_\lambda\xi^\lambda)$$

$$=\left(\frac{\partial T^a{}_\lambda}{\partial u^b}+\overline{\left\{{a \atop bc}\right\}}T^c{}_\lambda\right)\xi^\lambda+T^a{}_\lambda\frac{\partial\xi^\lambda}{\partial u^b}.$$

最後の項に (23.3) を代入して整頓すると

$$\bar{\nabla}_b(T^a{}_\lambda\xi^\lambda)=\left(\frac{\partial T^a{}_\lambda}{\partial u^b}+\overline{\left\{{a \atop bc}\right\}}T^c{}_\lambda-B_b{}^\mu\left\{{\nu \atop \mu\lambda}\right\}T^a{}_\nu\right)\xi^\lambda+T^a{}_\lambda\bar{\nabla}_b\xi^\lambda.$$

これから次のように定義するのが自然であろう.

**定義 23.4.** $\overline{M}^m$ 上の ($\overline{M}, M$)-テンソル場, たとえば $T=(T_a{}^b{}_\lambda{}^\mu)$, について共変微分商を次式で定義する.

$$\bar{\nabla}_cT_a{}^b{}_\lambda{}^\mu=\frac{\partial T_a{}^b{}_\lambda{}^\mu}{\partial u^c}-\overline{\left\{{e \atop ca}\right\}}T_e{}^b{}_\lambda{}^\mu+\overline{\left\{{b \atop ce}\right\}}T_a{}^e{}_\lambda{}^\mu$$

$$-B_c{}^\varepsilon\left\{{\nu \atop \varepsilon\lambda}\right\}T_a{}^b{}_\nu{}^\mu+B_c{}^\varepsilon\left\{{\mu \atop \varepsilon\nu}\right\}T_a{}^b{}_\lambda{}^\nu.$$

$\overline{M}^m$ の曲線に沿っての共変微分 $\bar{\delta}/\bar{\delta}t$ も同様とする.

このとき, $\bar{\nabla}_b$ は

$$\bar{\nabla}_b(T^a{}_\lambda\xi^\lambda)=(\bar{\nabla}_bT^a{}_\lambda)\xi^\lambda+T^a{}_\lambda\bar{\nabla}_b\xi^\lambda$$

のように微分演算子であることが証明される. また, $\bar{\nabla}_bT^a{}_\lambda$ は座標変換によって $\lambda$ については $M^n$ の共変ベクトルと, $a$, $b$ については $\overline{M}^m$ のテンソルとそれぞれ同じ変換法則をうける.

特に, (0,0;$r,s$) 次のテンソル $T$ については

$$\bar{\nabla}_cT=B_c{}^\lambda\nabla_\lambda T,\qquad \frac{\bar{\delta}T}{\bar{\delta}t}=\frac{\delta T}{\delta t}$$

が成りたつ.

$\overline{M}^m$ の計量テンソル $\bar{g}$ について $\bar{\nabla}_c \bar{g}_{ab}=0$ は当然であるが，$\overline{M}^m$ 上に制限して考えた $g$ について

(23.4) $$\bar{\nabla}_b g_{\lambda\mu}=B_b{}^\nu \nabla_\nu g_{\lambda\mu}=0$$

が成りたつ．同様に $\bar{\nabla}_a g^{\lambda\mu}=0$ も成りたつから，$\bar{\nabla}_b$ と $\bar{g}, g$ による添字の上げ下げとは交換可能である.

**定義 23.5.** $T_p(\overline{M})$ に垂直な $T_p(M)$ の $(n-m)$ 次元部分空間を，$\overline{M}^m$ の $p$ における**法空間**といい $T_p'(\overline{M})$ で表わす．また $T_p'(\overline{M})$ の元を $p$ における**法線ベクトル**とよぶ.

任意の $X \in T_p(M)$ は一意に

$$X=Y+Z, \qquad Y \in T_p(\overline{M}), \qquad Z \in T_p'(\overline{M})$$

の形に分解される．このとき $Y$ を $X$ の $\overline{M}^m$ 上への**射影**，$Z$ を $X$ の**法線成分**という．さらに，$X$ が $\overline{M}^m$ で定義されたベクトル場であれば，$\overline{M}^m$ に接するベクトル場 $Y$ を $X$ から $\overline{M}^m$ 上に誘導されたベクトル場という.

$\overline{M}^m$ の各点の近傍 $V(\subset \overline{M}^m)$ で $n-m$ 個のベクトル場 $N_A(A=m+1, \cdots, n)$ が各点 $p \in V$ について $T_p'(\overline{M})$ の正規直交基底であるというように存在することを示そう．$n \times m$ 行列$(B_a{}^\lambda)$の階数は $m$ であるから

$$\det\left(\frac{\partial x^b}{\partial u^a}\right) \neq 0, \qquad a, b=1, \cdots, m$$

と仮定しても一般性を失わない．このとき $p \in \overline{M}^m$ で

$$c_A=\left(\frac{\partial}{\partial x^A}\right)_p, \qquad A=m+1, \cdots, n$$

を考えれば $\{(\partial/\partial u^a)_p, c_A\}$ は $T_p(M)$ の基底を作り局所的なベクトル場となる．これら $n$ 個のベクトルからシュミットの直交化によって正規直交基底

$$e_1, \cdots, e_m, N_{m+1}, \cdots, N_n$$

を作れば，その作り方からこれらも局所的なベクトル場となり，しかも $e_1, \cdots, e_m$ は $\{(\partial/\partial u^a)_p\}$ の張る $T_p(\overline{M})$ を張ることから

$$\left\langle \frac{\partial}{\partial u^a}, \ N_A \right\rangle=0$$

がわかる．したがって，$\{N_A\}$ は $T_p'(\overline{M})$ の正規直交基底である．（証明終）

$N_A$ の成分を $N_A{}^\lambda$ とすれば定義から次の関係式が成りたつことがわかる．

(23.5)　$g_{\lambda\mu}B_a{}^\lambda N_A{}^\mu=0,$

(23.6)　$g_{\lambda\mu}N_A{}^\lambda N_B{}^\mu=\delta_{AB},$　　$A, B=m+1, \cdots, n.$

次に，行列 $(B_a{}^\lambda, N_A{}^\lambda)$ の逆行列を $(B^a{}_\lambda, N_{A\lambda})$ とすれば

(23.7)　$B_a{}^\lambda B^b{}_\lambda=\delta_a{}^b,$

(23.8)　$N_A{}^\lambda N_{B\lambda}=\delta_{AB},$

(23.9)　$B_a{}^\lambda N_{A\lambda}=0, \qquad N_A{}^\lambda B^a{}_\lambda=0$

および，これらと同等な次式が成りたつ．

(23.10)　$B_a{}^\lambda B^a{}_\mu+\sum_{A=m+1}^{n} N_A{}^\lambda N_{A\mu}=\delta_\mu{}^\lambda.$

さらに次の式も容易に得られる．

(23.11)　$\bar{g}_{ab}B^a{}_\mu=g_{\lambda\mu}B_b{}^\lambda,$

(23.12)　$B^a{}_\lambda=\bar{g}^{ab}g_{\lambda\mu}B_b{}^\mu, \qquad B_b{}^\mu=\bar{g}_{ab}g^{\lambda\mu}B^a{}_\lambda,$

(23.13)　$\bar{g}^{ab}=B^a{}_\lambda B^b{}_\mu g^{\lambda\mu},$

(23.14)　$N_{A\lambda}=g_{\lambda\mu}N_A{}^\mu, \qquad N_A{}^\lambda=g^{\lambda\mu}N_{A\mu}.$

これらの式から $B^a{}_\lambda$，$N_{A\lambda}$ は $B_a{}^\lambda$，$N_A{}^\lambda$ の添字を上げ下げしたものであることがわかるから

$$\bar{g}_{ab}B^a{}_\mu=g_{\mu\nu}B_b{}^\nu, \qquad \bar{g}^{ab}B_b{}^\lambda=g^{\lambda\mu}B^a{}_\mu$$

をそれぞれ $B_{b\mu}, B^{a\lambda}$ と書いても混乱は起こらない．

これらの記号を使えば (23.7)，(23.10) から次式も得られる．

(23.15)　$B_a{}^\lambda B_{b\lambda}=\bar{g}_{ab},$

(23.16)　$B_{a\lambda}B^a{}_\mu+\sum_A N_{A\lambda}N_{A\mu}=g_{\lambda\mu}.$

$M^n$ と $\overline{M}^m$ のクリストッフェルの記号の間には

(23.17)　$\overline{\left\{ {c \atop ab} \right\}}=B^c{}_\nu\left(\frac{\partial B_a{}^\nu}{\partial u^b}+B_a{}^\lambda B_b{}^\mu\left\{ {\nu \atop \lambda\mu} \right\}\right)$

なる関係があることが簡単な計算によってわかる．

**定義 23.6．** $B_a{}^\lambda$ の共変微分商：

(23.18) $$H_{ba}{}^{\lambda} \equiv \bar{\nabla}_b B_a{}^{\lambda} = \frac{\partial B_a{}^{\lambda}}{\partial u^b} - \left\{ {c \atop ba} \right\} B_c{}^{\lambda} + B_b{}^{\mu} \left\{ {\lambda \atop \mu\nu} \right\} B_a{}^{\nu}$$

を曲面 $\overline{M}^m$ の**オイラー・スカウテンの曲率テンソル**，また

$$H_{Aba} = H_{ba}{}^{\lambda} N_{A\lambda}, \qquad A = m+1, \cdots, n,$$

を法線 $N_A{}^{\lambda}$ 方向の**第2基本テンソル**という．

定義からまず

$$H_{ba}{}^{\lambda} = H_{ab}{}^{\lambda}$$

がわかる．次に，(23.17) を (23.18) に代入すれば

(23.19) $$H_{ba}{}^{\lambda} = \sum_A N_A{}^{\lambda} N_{A\varepsilon} \left( \frac{\partial B_a{}^{\varepsilon}}{\partial u^b} + B_b{}^{\mu} \left\{ {\varepsilon \atop \mu\nu} \right\} B_a{}^{\nu} \right)$$

となるから

$$H_{Bba} = N_{B\varepsilon} \left( \frac{\partial B_a{}^{\varepsilon}}{\partial u^b} + B_b{}^{\mu} \left\{ {\varepsilon \atop \mu\nu} \right\} B_a{}^{\nu} \right).$$

これを (23.19) に代入すれば

(23.20) $$H_{ba}{}^{\lambda} = \sum_A H_{Aba} N_A{}^{\lambda}$$

が得られる．したがって，$a$，$b$ をきめれば $H_{ba}{}^{\lambda}$ は $\overline{M}^m$ の法線ベクトルである．

**注意 3.** 特に超曲面 $\overline{M}^{n-1}$ については，$T_p'(\overline{M})$ は1次元であるから，$T_p'(\overline{M})$ の単位ベクトルを $N$ とすれば

$$H_{ba}{}^{\lambda} = H_{ba} N^{\lambda}$$

の形となる．$H_{ba} = H_{ba}{}^{\mu} N_{\mu}$ をたんに $\overline{M}^{n-1}$ の第2基本テンソルというが，$H_{ba}$ は $N$ の向きのとり方により符号だけ異なる．

さて，(23.20) から

$$g_{\lambda\mu} B_a{}^{\lambda} H_{bc}{}^{\mu} = 0$$

がわかった．

次に $\bar{\nabla}_b N_A{}^{\lambda}$ を計算しよう．$B_a{}^{\lambda} N_{A\lambda} = 0$ に $\bar{\nabla}_b$ を作用させれば

$$H_{ba}{}^{\lambda} N_{A\lambda} + B_a{}^{\lambda} \bar{\nabla}_b N_{A\lambda} = 0.$$

$B^a{}_{\mu}$ との積和をとれば

$$H_{Aba} B^a{}_{\mu} + (\delta_{\mu}{}^{\lambda} - \sum_B N_B{}^{\lambda} N_{B\mu}) \bar{\nabla}_b N_{A\lambda} = 0.$$

これから

$$\bar{\nabla}_b N_{A\mu} = -H_{Aba} B^a{}_\mu + \sum_B (N_B{}^\lambda \bar{\nabla}_b N_{A\lambda}) N_{B\mu}.$$

したがって

$$L_{ABb} = (\bar{\nabla}_b N_{A\lambda}) N_B{}^\lambda = -L_{BAb}$$

とおけば

$$\bar{\nabla}_b N_{A\mu} = -H_{Aba} B^a{}_\mu + \sum_B L_{ABb} N_{B\mu}$$

となる．ゆえに，次の**ワインガルテンの公式**が得られた．

(23.21)
$$\bar{\nabla}_b N_A{}^\lambda = -H_{Ab}{}^a B_a{}^\lambda + \sum_B L_{ABb} N_B{}^\lambda.$$

この式は $\bar{\nabla}_b N_A{}^\lambda$ を $\lambda$ について $T_p(\overline{M})$ と $T_p{}'(\overline{M})$ 方向に分解したものである．

超曲面に対しては，$L_{ABb}=0$ であるから，ワインガルテンの公式は次式になる．

(23.22)
$$\bar{\nabla}_b N^\lambda = -H_b{}^a B_a{}^\lambda.$$

**問 1.** (23.11)～(23.14) を証明せよ．

**問 2.** (23.17) を証明せよ．

## § 24.　全測地曲面，全臍曲面

$m$ 次元曲面 $\overline{M}^m$ の曲線 $c$ の方程式 $u^a=u^a(s)$，$s$ は弧長，を曲面の方程式 $x^\lambda=x^\lambda(u)$ に代入すれば $c$ を $M^n$ の曲線と考えた式 $x^\lambda=x^\lambda(u(s))=x^\lambda(s)$ が得られる．その単位接線ベクトルは

$$\frac{dx^\lambda}{ds} = B_a{}^\lambda \frac{du^a}{ds}$$

であるが，これを $c$ に沿って共変微分すれば

(24.1)
$$\frac{\delta}{\delta s}\frac{dx^\lambda}{ds} = \frac{\bar{\delta}}{\bar{\delta} s}\frac{dx^\lambda}{ds} = H_{ba}{}^\lambda \frac{du^b}{ds}\frac{du^a}{ds} + B_a{}^\lambda \frac{\bar{\delta}}{\bar{\delta} s}\frac{du^a}{ds}$$

となる．ここに現われるベクトル

$$\frac{\delta}{\delta s}\frac{dx^\lambda}{ds} \in T_p(M),$$

$$H_{ba}{}^{\lambda}\frac{du^b}{ds}\frac{du^a}{ds}\in T_p'(\overline{M}),\qquad B_a{}^{\lambda}\frac{\overline{\delta}}{\overline{\delta}s}\frac{du^a}{ds}\in T_p(\overline{M})$$

をそれぞれ $c$ の**絶対曲率ベクトル**，**法曲率ベクトル**，**相対曲率ベクトル**とよぶ．絶対曲率ベクトルは $c$ を $M^n$ の曲線と考えた $\kappa_1 X_2$ (§22)であり，(24.1) はその $T_p'(\overline{M})$ と $T_p(\overline{M})$ への直交分解を与える．

(24.1) から次の定理が得られる．

**定理 24.1.** 曲面 $\overline{M}^m$ の曲線が $M^n$ の測地線であれば，それは同時に $\overline{M}^m$ の測地線である．

したがって，ユークリッド空間 $E^n$ の中の曲面 $\overline{M}^m$ 上に直線があればそれは $\overline{M}^m$ の測地線である．

次の定理も (24.1) から明らかである．

**定理 24.2.** 曲面 $\overline{M}^m$ 上の曲線 $c$ が $\overline{M}^m$ の測地線であるための必要十分条件は，$c$ の絶対曲率ベクトルが $\overline{M}^m$ に垂直なこと，すなわち $c$ 上の各点 $p$ で

$$\frac{\delta}{\delta s}\frac{dx^{\lambda}}{ds}\in T_p'(\overline{M})$$

が成りたつことである．

この定理によって，たとえば $E^3$ の中の球面 $S^2$ 上で，大円は $S^2$ の測地線であることがわかる．

$X_{(i)}=\overline{\xi}_{(i)}{}^a(\partial/\partial u^a)_p$ を $T_p(\overline{M})$ のベクトルで $\{X_{(i)}\}$，$(i=1,\cdots,m)$，が正規直交基底をなすとする．各 $i$ について，$p$ で $X_{(i)}$ を単位接線ベクトルとするような曲線の法曲率ベクトルは $H_{ba}{}^{\lambda}\overline{\xi}_{(i)}{}^b\overline{\xi}_{(i)}{}^a$ であるから，それら $m$ 個の平均は

$$\frac{1}{m}\sum_{i=1}^{m}H_{ba}{}^{\lambda}\overline{\xi}_{(i)}{}^b\overline{\xi}_{(i)}{}^a=\frac{1}{m}H^{\lambda}$$

となる．ここに，$H^{\lambda}$ は

$$H^{\lambda}=H_{ba}{}^{\lambda}\overline{g}^{ba}\in T_p'(\overline{M})$$

により定義されるベクトルである．

$(1/m)H^{\lambda}$ を $\overline{M}^m$ の $p$ における**平均曲率ベクトル**，その長さを**平均曲率**という．

これらが $T_p(\overline{M})$ の正規直交基底 $\{X_{(i)}\}$ のとり方に無関係に定まることは明らかである．

特に，超曲面 $\overline{M}^{n-1}$ に対しては平均曲率ベクトル，平均曲率はそれぞれ

$$\frac{H}{n-1}N^\lambda, \qquad \frac{|H|}{n-1}$$

となる．ここに，$H=\bar{g}^{ab}H_{ab}$ とする．

$X=\xi^\lambda\partial/\partial x^\lambda$ を $M^n$ のベクトル場で，$\overline{M}^m$ の各点で $\overline{M}^m$ に接するものとする．このとき，$\overline{M}^m$ 上では $\xi^\lambda=B_a{}^\lambda\bar{\xi}^a$ の形であるから

$$\bar{\nabla}_b\xi^\lambda=\bar{\nabla}_b B_a{}^\lambda\bar{\xi}^a+B_a{}^\lambda\bar{\nabla}_b\bar{\xi}^a,$$

$$B_b{}^\mu\nabla_\mu\xi^\lambda=H_{ba}{}^\lambda\bar{\xi}^a+B_a{}^\lambda\bar{\nabla}_b\bar{\xi}^a.$$

$g_{\lambda\nu}B_c{}^\nu$ との積和をとれば

$$B_b{}^\mu B_c{}^\nu\nabla_\mu\xi_\nu=g_{\lambda\nu}B_a{}^\lambda B_c{}^\nu\bar{\nabla}_b\bar{\xi}^a=\bar{\nabla}_b\bar{\xi}_c$$

となる．したがって

$$\bar{\nabla}_b\bar{\xi}_c+\bar{\nabla}_c\bar{\xi}_b=B_b{}^\mu B_c{}^\nu(\nabla_\mu\xi_\nu+\nabla_\nu\xi_\mu)$$

が得られた．これから

**定理 24.3.** $M^n$ の平行ベクトル場，(共形)キリング・ベクトル場が曲面 $\overline{M}^m$ に接していれば，それは $\overline{M}^m$ 上でもそれぞれ平行ベクトル場，(共形)キリング・ベクトル場である．

**例.** ユークリッド空間 $E^n$ のキリング・ベクトル場は §16 例 2 (p.105) でみたように

$$\xi^\lambda=a_\mu{}^\lambda x^\mu+b^\lambda, \qquad a_\mu{}^\lambda=-a_\lambda{}^\mu$$

の形である．これが $E^n$ の原点を中心とする球面 $S^{n-1}$ 上の点で $S^{n-1}$ に常に接するための条件を求めよう．$\xi^\lambda$ が生成する等長変換群の軌道を $x^\lambda=x^\lambda(t)$ とすれば $dx^\lambda/dt=\xi^\lambda$．接する条件は $\sum(x^\lambda(t))^2=$ 一定 であるから，微分して $\sum\xi^\lambda x^\lambda=0$．これが $S^{n-1}$ の任意の点で成りたつ条件は $b^\lambda=0$ である．したがって，$E^n$ のキリング・ベクトル場

$$\xi^\lambda=a_\mu{}^\lambda x^\mu, \qquad a_\mu{}^\lambda=-a_\lambda{}^\mu$$

を $S^{n-1}$ で考えれば，定理によって $S^{n-1}$ 上のキリング・ベクトル場になる．

**定義 24.1.** $m$ 次元曲面 $\overline{M}^m$ の点 $p$ で $H_{ba}{}^{\lambda}=0$ ならば $p$ を**測地的点**，また $H_{ba}{}^{\lambda}=C^{\lambda}\bar{g}_{ba}$ なるベクトル $C^{\lambda}\in T_p'(\overline{M})$ が存在すれば $p$ を**臍点**という．$\overline{M}^m$ のすべての点が測地的点，臍点ならば $\overline{M}^m$ をそれぞれ**全測地曲面**，**全臍曲面**といい，特に，$\|C^{\lambda}\|$ が一定の全臍曲面を**固有全臍曲面**とよぶ．

全測地曲面は当然固有全臍曲面である．(24.1) から直ちに次の定理が得られる．

**定理 24.4.** 曲面 $\overline{M}^m$ の測地線が常に $M^n$ の測地線であるための必要十分条件は，$\overline{M}^m$ が全測地曲面なることである．

また，ワインガルテンの公式 (23.22) から次の定理が得られる．

**定理 24.5.** 全測地超曲面の法線ベクトルは曲面の平行 ($M^n$—) ベクトル場である．

全臍曲面については

$$H_{ba}{}^{\lambda}=C^{\lambda}\bar{g}_{ab}$$

の形であるから，$\bar{g}^{ab}$ との積和をとれば $H^{\lambda}=mC^{\lambda}$．したがって，全臍曲面は

$$H_{ba}{}^{\lambda}=(1/m)H^{\lambda}\bar{g}_{ba}$$

によって特徴づけられる．

特に，超曲面が全臍曲面である条件は

$$H_{ba}=\frac{H}{n-1}\bar{g}_{ba}$$

である．

次に全臍曲面の例としてユークリッド空間 $E^n$ の固有全臍超曲面 $\overline{M}^{n-1}$ を求めよう．仮定から

$$H_{ba}=k\bar{g}_{ba},\qquad k=H/(n-1)=\text{定数}$$

であるから，ワインガルテンの公式 (23.22) は

$$\bar{\nabla}_b N^{\lambda}=-kB_b{}^{\lambda}$$

となる．しかるに，$E^n$ の直交座標系 $\{x^{\lambda}\}$ に関して $\left\{{\lambda \atop \mu\nu}\right\}$ は 0 であるから

$$\bar{\nabla}_b N^{\lambda}=\frac{\partial N^{\lambda}}{\partial u^b}+\left\{{\lambda \atop \mu\nu}\right\}B_b{}^{\mu}N^{\nu}=\frac{\partial N^{\lambda}}{\partial u^b}.$$

したがって

$$\frac{\partial N^\lambda}{\partial u^b}=-kB_b{}^\lambda$$

が成りたつ．いま，$\overline{M}^{n-1}$ の各点 $x^\lambda(u)$ について $E^n$ の点 $x^\lambda+(1/k)N^\lambda$ を考えれば

$$\frac{\partial}{\partial u^a}\left(x^\lambda+\frac{1}{k}N^\lambda\right)=B_a{}^\lambda+\frac{1}{k}\ \frac{\partial N^\lambda}{\partial u^a}=0$$

となるから，$x_0{}^\lambda=x^\lambda+(1/k)N^\lambda$ は $E^n$ の定点である．しかも

$$\|x^\lambda-x_0{}^\lambda\|=1/|k|$$

であるから $\overline{M}^{n-1}$ 上の各点は定点 $x_0$ から一定の距離にあることがわかる．したがって

**定理 24.6.** ユークリッド空間の中の全臍超曲面は球面（の開部分空間）である．

**注意.** 次節定理 25.2 によって $E^n$ の全臍曲面は固有であることがわかるから，ここで固有を仮定する必要はない．

一般の場合にもどって，$M^n$ のベクトル場 $X=\xi^\lambda\partial/\partial x^\lambda$ を考えれば曲面 $\overline{M}^m$ 上では

$$\xi^\lambda=\bar{\xi}^a B_a{}^\lambda+\sum_A f_A N_A{}^\lambda$$

の形に分解される．これに $\bar{\nabla}_b$ を作用させると

$$B_b{}^\mu\nabla_\mu\xi^\lambda=(\bar{\nabla}_b\bar{\xi}^a-\sum_A f_A H_{Ab}{}^a)B_a{}^\lambda+\sum_A(\bar{\xi}^a H_{Aba}+\bar{\nabla}_b f_A+\sum_B f_B L_{BAb})N_A{}^\lambda$$

$B_{c\lambda}$ との積和をとれば

$$B_b{}^\mu B_c{}^\lambda\nabla_\mu\xi_\lambda=\bar{\nabla}_b\bar{\xi}_c-\sum_A f_A H_{Abc}$$

となる．これから

$$B_b{}^\mu B_c{}^\lambda(\nabla_\mu\xi_\lambda+\nabla_\lambda\xi_\mu)=\bar{\nabla}_b\bar{\xi}_c+\bar{\nabla}_c\bar{\xi}_b-2\sum_A f_A H_{Abc}.$$

ここで，$X$ が $M^n$ の共形キリング・ベクトル場でしかも $\overline{M}^m$ が全臍曲面であると仮定しよう．このとき

$$\nabla_\mu\xi_\lambda+\nabla_\lambda\xi_\mu=2\rho g_{\lambda\mu},\qquad H_{Abc}=\sigma_A\bar{g}_{bc}$$

の形の関係式が成りたつから

$$\bar{\nabla}_b\bar{\xi}_c+\bar{\nabla}_c\bar{\xi}_b=2(\rho+\sum_A f_A\sigma_A)\bar{g}_{bc}$$

となる．したがって次の定理が得られた．

**定理 24.7.** $M^n$の共形キリング・ベクトル場から全臍曲面に誘導されるベクトル場は，その曲面の共形キリング・ベクトル場である．

平行ベクトル場は共形キリング・ベクトル場であるから，特に $E^n$ の平行ベクトル場の $S^{n-1}$ 上への射影は $S^{n-1}$ 上の共形キリング・ベクトル場である．

**問 1.** $E^n$ の全測地超曲面は $n-1$ 次元ユークリッド空間(の開部分空間)である．

**問 2.** $M^n$ の線元素が $ds^2=g_{ab}dx^adx^b+(dx^n)^2$ の形であるならば，$x^n=$一定 という超曲面は全測地的である．ここに，$a,b$ は1から $n-1$ までの和をとり，$g_{ab}$ は $x^1,\cdots,x^{n-1}$ だけの函数とする．

## § 25. ガウス，コダッチ，リッチの方程式

§ 13 でリッチの公式

$$\nabla_\lambda\nabla_\mu\xi^\kappa-\nabla_\mu\nabla_\lambda\xi^\kappa=R_{\lambda\mu\alpha}{}^\kappa\xi^\alpha$$

を証明した．$m$ 次元曲面 $\bar{M}^m$ 上のベクトル場 $\bar{\xi}^a$ については，$\bar{M}^m$ がリーマン空間であるから，当然

$$\bar{\nabla}_a\bar{\nabla}_b\bar{\xi}^c-\bar{\nabla}_b\bar{\nabla}_a\bar{\xi}^c=\bar{R}_{abf}{}^c\bar{\xi}^f$$

が成りたつ．ここに，$\bar{R}_{abf}{}^c$ は $\bar{g}_{ab}$ から作ったリーマンの曲率テンソルである．

$\bar{M}^m$ では拡張された意味でのテンソル場が考えられたが，このようなテンソル場についてリッチの公式に対応するものはどんな形であろうか．特に，$B_a{}^\lambda$，$N_A{}^\lambda$ について求めてみよう．

$$\bar{\nabla}_bB_c{}^\kappa=\frac{\partial B_c{}^\kappa}{\partial u^b}-\overline{\left\{{e \atop bc}\right\}}B_e{}^\kappa+\left\{{\kappa \atop \mu\nu}\right\}B_b{}^\mu B_c{}^\nu,$$

$$\bar{\nabla}_a\bar{\nabla}_bB_c{}^\kappa=\frac{\partial\bar{\nabla}_bB_c{}^\kappa}{\partial u^a}-\overline{\left\{{f \atop ab}\right\}}\bar{\nabla}_fB_c{}^\kappa-\overline{\left\{{f \atop ac}\right\}}\bar{\nabla}_bB_f{}^\kappa+\left\{{\kappa \atop \lambda\sigma}\right\}B_a{}^\lambda\bar{\nabla}_bB_c{}^\sigma$$

であるから

$$\bar{\nabla}_a\bar{\nabla}_bB_c{}^\kappa=\frac{\partial^2B_c{}^\kappa}{\partial u^a\partial u^b}-\frac{\partial\overline{\left\{{e \atop bc}\right\}}}{\partial u^a}B_e{}^\kappa-\overline{\left\{{e \atop bc}\right\}}\frac{\partial B_e{}^\kappa}{\partial u^a}$$

$$+\frac{\partial\begin{Bmatrix}\kappa\\ \mu\nu\end{Bmatrix}}{\partial x^{\lambda}}B_a{}^{\lambda}B_b{}^{\mu}B_c{}^{\nu}+\begin{Bmatrix}\kappa\\ \mu\nu\end{Bmatrix}\left(\frac{\partial B_b{}^{\mu}}{\partial u^a}B_c{}^{\nu}+B_b{}^{\mu}\frac{\partial B_c{}^{\nu}}{\partial u^a}\right)-\overline{\begin{Bmatrix}f\\ ab\end{Bmatrix}}\,\overline{\nabla}_f B_c{}^{\kappa}$$

$$-\overline{\begin{Bmatrix}f\\ ac\end{Bmatrix}}\left(\frac{\partial B_f{}^{\kappa}}{\partial u^b}-\overline{\begin{Bmatrix}e\\ bf\end{Bmatrix}}B_e{}^{\kappa}+\begin{Bmatrix}\kappa\\ \mu\nu\end{Bmatrix}B_b{}^{\mu}B_f{}^{\nu}\right)$$

$$+\begin{Bmatrix}\kappa\\ \lambda\sigma\end{Bmatrix}B_a{}^{\lambda}\left(\frac{\partial B_c{}^{\sigma}}{\partial u^b}-\overline{\begin{Bmatrix}e\\ bc\end{Bmatrix}}B_e{}^{\sigma}+\begin{Bmatrix}\sigma\\ \mu\nu\end{Bmatrix}B_b{}^{\mu}B_c{}^{\nu}\right).$$

したがって次式が得られる.

(25.1) $$\overline{\nabla}_a\overline{\nabla}_b B_c{}^{\kappa}-\overline{\nabla}_b\overline{\nabla}_a B_c{}^{\kappa}=R_{\lambda\mu\nu}{}^{\kappa}B_a{}^{\lambda}B_b{}^{\mu}B_c{}^{\nu}-\overline{R}_{abc}{}^{e}B_e{}^{\kappa}$$

これが $B_a{}^{\lambda}$ についての**拡張された意味でのリッチの公式**である.

(25.1) の左辺をオイラー・スカウテンのテンソルを使って表わそう.

まず，$B^f{}_{\kappa}H_{bc}{}^{\kappa}=0$ に $\overline{\nabla}_a$ を作用させれば

(25.2) $$H_a{}^f{}_{\kappa}H_{bc}{}^{\kappa}=-B^f{}_{\kappa}\overline{\nabla}_a H_{bc}{}^{\kappa}.$$

(25.1) に $B^f{}_{\kappa}$ をかけて和をとれば

$$B^f{}_{\kappa}(\overline{\nabla}_a H_{bc}{}^{\kappa}-\overline{\nabla}_b H_{ac}{}^{\kappa})=R_{\lambda\mu\nu}{}^{\kappa}B_a{}^{\lambda}B_b{}^{\mu}B_c{}^{\nu}B^f{}_{\kappa}-\overline{R}_{abc}{}^{f}.$$

(25.2) を代入して整頓すれば

(25.3) $$\overline{R}_{abc}{}^{f}=R_{\lambda\mu\nu}{}^{\kappa}B_a{}^{\lambda}B_b{}^{\mu}B_c{}^{\nu}B^f{}_{\kappa}+H_a{}^f{}_{\kappa}H_{bc}{}^{\kappa}-H_b{}^f{}_{\kappa}H_{ac}{}^{\kappa}$$

となる. これを曲面 $\overline{M}^m$ の**ガウスの方程式**という(大槻 p.74).

特に，超曲面についてはガウスの方程式は次式となる.

(25.4) $$\overline{R}_{abcd}=R_{\lambda\mu\nu\omega}B_a{}^{\lambda}B_b{}^{\mu}B_c{}^{\nu}B_d{}^{\omega}+H_{ad}H_{bc}-H_{bd}H_{ac}.$$

(25.3) における $H_a{}^f{}_{\kappa}H_{bc}{}^{\kappa}-H_b{}^f{}_{\kappa}H_{ac}{}^{\kappa}$ は $\overline{M}^m$ の相対曲率テンソルとよばれている.

ガウスの方程式の応用を述べよう. まず明らかに

**定理 25.1.** 平坦な空間の全測地曲面は平坦である.

次に，$M^n$ を定曲率空間，$\overline{M}^m$ をその全臍曲面としよう.

$$R_{\lambda\mu\nu}{}^{\kappa}=-k(g_{\lambda\nu}\delta_{\mu}{}^{\kappa}-g_{\mu\nu}\delta_{\lambda}{}^{\kappa}),\qquad H_{ab}{}^{\kappa}=C^{\kappa}\overline{g}_{ab}$$

であるからガウスの方程式 (25.3) は

$$\overline{R}_{abc}{}^{f}=-(k+C_{\kappa}C^{\kappa})(\overline{g}_{ac}\delta_b{}^f-\overline{g}_{bc}\delta_a{}^f)$$

となる. したがって，$m>2$ ならば $\overline{M}^m$ も定曲率空間となり $k+C_{\kappa}C^{\kappa}$ は一定

である．これから

**定理 25.2.** 定曲率空間の全臍曲面 $\overline{M}^m (m>2)$ はまた定曲率空間で，その平均曲率は一定である．

次に法線ベクトル $N_A{}^\lambda$ について拡張されたリッチの公式を求めよう．

$$\bar{\nabla}_c N_A{}^\kappa = \frac{\partial N_A{}^\kappa}{\partial u^c} + \left\{ {\kappa \atop \mu\nu} \right\} B_c{}^\mu N_A{}^\nu,$$

$$\bar{\nabla}_b \bar{\nabla}_c N_A{}^\kappa = \frac{\partial \bar{\nabla}_c N_A{}^\kappa}{\partial u^b} - \overline{\left\{ {e \atop bc} \right\}} \bar{\nabla}_e N_A{}^\kappa + \left\{ {\kappa \atop \lambda\varepsilon} \right\} B_b{}^\lambda \bar{\nabla}_c N_A{}^\varepsilon$$

$$= \frac{\partial^2 N_A{}^\kappa}{\partial u^b \partial u^c} + \frac{\partial \left\{ {\kappa \atop \mu\nu} \right\}}{\partial x^\lambda} B_b{}^\lambda B_c{}^\mu N_A{}^\nu + \left\{ {\kappa \atop \mu\nu} \right\} \left( \frac{\partial B_c{}^\mu}{\partial u^b} N_A{}^\nu + B_c{}^\mu \frac{\partial N_A{}^\nu}{\partial u^b} \right)$$

$$- \overline{\left\{ {e \atop bc} \right\}} \bar{\nabla}_e N_A{}^\kappa + \left\{ {\kappa \atop \lambda\varepsilon} \right\} B_b{}^\lambda \left( \frac{\partial N_A{}^\varepsilon}{\partial u^c} + \left\{ {\varepsilon \atop \mu\nu} \right\} B_c{}^\mu N_A{}^\nu \right).$$

これから次の $N_A{}^\lambda$ についての拡張されたリッチの公式が得られる:

$$\bar{\nabla}_b \bar{\nabla}_c N_A{}^\kappa - \bar{\nabla}_c \bar{\nabla}_b N_A{}^\kappa = R_{\lambda\mu\nu}{}^\kappa B_b{}^\lambda B_c{}^\mu N_A{}^\nu. \tag{25.5}$$

この左辺を，ワインガルテンの公式 (23.21)

$$\bar{\nabla}_c N_A{}^\kappa = -H_{Ac}{}^e B_e{}^\kappa + \sum L_{ABc} N_B{}^\kappa$$

を使って，変形して整頓すれば

$$\begin{aligned} & -H_{Ac}{}^e H_{be}{}^\kappa + H_{Ab}{}^e H_{ce}{}^\kappa - (\bar{\nabla}_b H_{Ac}{}^e - \bar{\nabla}_c H_{Ab}{}^e) B_e{}^\kappa \\ & + \sum_B (\bar{\nabla}_b L_{ABc} - \bar{\nabla}_c L_{ABb}) N_B{}^\kappa - \sum_B (L_{ABc} H_{Bb}{}^e - L_{ABb} H_{Bc}{}^e) B_e{}^\kappa \\ & + \sum_{B,C} (L_{ABc} L_{BCb} - L_{ABb} L_{BCc}) N_C{}^\kappa = R_{\lambda\mu\nu}{}^\kappa B_b{}^\lambda B_c{}^\mu N_A{}^\nu \end{aligned} \tag{25.6}$$

となる．(25.6) と $B^a{}_\kappa$ との積和をとれば

$$\begin{aligned} & R_{\lambda\mu\nu}{}^\kappa B_b{}^\lambda B_c{}^\mu N_A{}^\nu B^a{}_\kappa \\ & = -\bar{\nabla}_b H_{Ac}{}^a + \bar{\nabla}_c H_{Ab}{}^a - \sum_B (L_{ABc} H_{Bb}{}^a - L_{ABb} H_{Bc}{}^a) \end{aligned} \tag{25.7}$$

が得られる．これは $\overline{M}^m$ の**コダッチの方程式**とよばれているものである．

(25.6) と $N_{B\kappa}$ $(B=m+1, \cdots, n)$ との積和をとれば

$$\begin{aligned} R_{\lambda\mu\nu\kappa} B_b{}^\lambda B_c{}^\mu N_A{}^\nu N_B{}^\kappa = & -H_{Ac}{}^e H_{Bbe} + H_{Ab}{}^e H_{Bce} \\ & + \bar{\nabla}_b L_{ABc} - \bar{\nabla}_c L_{ABb} + \sum_D (L_{ADc} L_{DBb} - L_{ADb} L_{DBc}). \end{aligned} \tag{25.8}$$

これを $\overline{M}^m$ の**リッチの方程式**という．(25.7)，(25.8) は (25.6) を $T_p(\overline{M})$，$T_p'(\overline{M})$ 方向に分解して得たものである．

特に，超曲面については $L_{ABa}=0$ であるからコダッチの方程式は

$$R_{\lambda\mu\nu}{}^{\kappa}B_b{}^{\lambda}B_c{}^{\mu}N^{\nu}B^a{}_{\kappa}=-\overline{\nabla}_bH_c{}^a+\overline{\nabla}_cH_b{}^a \tag{25.9}$$

となり，リッチの方程式(25.8) は 0=0 となる．(25.9) は次のように書いた方が見やすいだろう:

$$R_{\lambda\mu\nu\omega}B_a{}^{\lambda}B_b{}^{\mu}B_c{}^{\nu}N^{\omega}=\overline{\nabla}_aH_{bc}-\overline{\nabla}_bH_{ac}. \tag{25.10}$$

ガウスの方程式 (25.3) の応用として § 14 で残してあった定理 14.2(p.88) の証明を与えよう．

1 次独立なベクトル $X, Y\in T_p(M)$ の定める 2 次元ベクトル空間に $p$ で接するような測地線の全体は，$p$ の近傍で，2 次元の曲面を作る．これを $\overline{M}^2$ としよう．このとき $\overline{M}^2$ の $p$ におけるガウス曲率が，$X$，$Y$ の定める平面の断面曲率 $\rho(X,Y)$ に等しいことを証明する．

考える点 $p$ を原点とする標準座標系を $\{x^{\lambda}\}$ とすると，$p$ を通る測地線はすべて疑似パラメーター $t$ の 1 次式

$$x^{\lambda}=\zeta^{\lambda}t,$$

の形に書けるから，$X=(\xi^{\lambda})$，$Y=(\eta^{\lambda})$ の定める平面に $p$ で接する測地線は

$$x^{\lambda}=(a\xi^{\lambda}+b\eta^{\lambda})t$$

の形で与えられる．ここに，$a, b$ は任意定数である．

$$u^1=at, \qquad u^2=bt$$

とおけば，このような測地線の全体は $p$ の近傍で $\{u^1, u^2\}$ を局所座標系とする 2 次元曲面 $\overline{M}^2$:

$$x^{\lambda}=x^{\lambda}(u^1, u^2)=\xi^{\lambda}u^1+\eta^{\lambda}u^2$$

を作る．この $\overline{M}^2$ について

$$B_1{}^{\lambda}=\xi^{\lambda}, \qquad B_2{}^{\lambda}=\eta^{\lambda}$$

であるから $\overline{M}^2$ 上の $p$ の近傍で $B_a{}^{\lambda}$ は定数で，計量テンソル $\overline{g}_{ab}$ は

$$\overline{g}_{11}=g_{\lambda\mu}\xi^{\lambda}\xi^{\mu}, \qquad \overline{g}_{12}=g_{\lambda\mu}\xi^{\lambda}\eta^{\mu}, \qquad \overline{g}_{22}=g_{\lambda\mu}\eta^{\lambda}\eta^{\mu}$$

となる．次に

$$H_{bc}{}^{\lambda}=\frac{\partial B_c{}^{\lambda}}{\partial u^b}-\overline{\left\{{e \atop bc}\right\}}B_e{}^{\lambda}+\left\{{\lambda \atop \mu\nu}\right\}B_b{}^{\mu}B_c{}^{\nu}$$

の原点$p$における値を考えれば

$$\frac{\partial B_c{}^{\lambda}}{\partial u^b}=0, \qquad \left\{{\lambda \atop \mu\nu}\right\}_p=0$$

であるから$p$で

$$H_{bc}{}^{\lambda}=-\overline{\left\{{e \atop bc}\right\}}B_e{}^{\lambda}.$$

しかるに，各 $b,c$ について $H_{bc}{}^{\lambda}\in T_p{}'(\overline{M})$，$B_e{}^{\lambda}\in T_p(\overline{M})$ であるから左右両辺共それぞれ0でなければならない．したがって，$p$で

$$H_{bc}{}^{\lambda}=0, \qquad \overline{\left\{{e \atop bc}\right\}}=0.$$

これをガウスの方程式 (25.3) に代入すれば

$$\overline{R}_{abcd}=R_{\lambda\mu\nu\omega}B_a{}^{\lambda}B_b{}^{\mu}B_c{}^{\nu}B_e{}^{\omega},$$

$$\overline{R}_{1212}=R_{\lambda\mu\nu\omega}\xi^{\lambda}\eta^{\mu}\xi^{\nu}\eta^{\omega}.$$

したがって，$\overline{M}^2$ の$p$におけるガウス曲率は

$$-\frac{\overline{R}_{1212}}{\overline{g}_{11}\overline{g}_{22}-\overline{g}_{12}^2}=-\frac{R_{\lambda\mu\nu\omega}\xi^{\lambda}\eta^{\mu}\xi^{\nu}\eta^{\omega}}{g_{\lambda\nu}\xi^{\lambda}\xi^{\nu}g_{\mu\omega}\eta^{\mu}\eta^{\omega}-(g_{\lambda\mu}\xi^{\lambda}\eta^{\mu})^2}=\rho(X,Y)$$

となるから $X,Y$ の張る平面の断面曲率に等しい．

この証明から次の定理が成りたつこともわかった．

**定理 25.3.** リーマン空間の任意の点$p$で，$X,Y\in T_p(M)$ の張る平面に接する測地線の全体が，$p$の近傍で，作る2次元曲面を $\overline{M}^2$ とすれば，$p$は$\overline{M}^2$の測地的点である．

**問 1.** 超曲面について次式を証明せよ．

$$R_{\lambda\mu}B_a{}^{\lambda}N^{\mu}=\overline{\nabla}_aH-\overline{\nabla}_bH_a{}^b$$

**問 2.** $n(>2)$ 次元アインシュタイン空間の全臍超曲面は固有である．

## 問 題 6

**1.** 曲面 $\overline{M}^m$ に接するベクトル $X,Y$ の長さ，およびそれらのなす角は $g,\overline{g}$ のいずれで計算しても変わらない．

**2.** $\bar{\nabla}_b(T_a{}^\lambda\bar{\xi}^a\eta_\lambda)=(\bar{\nabla}_bT_a{}^\lambda)\bar{\xi}^a\eta_\lambda+T_a{}^\lambda(\bar{\nabla}_b\bar{\xi}^a)\eta_\lambda+T_a{}^\lambda\bar{\xi}^a\bar{\nabla}_b\eta_\lambda$ を証明せよ．

**3.** 曲面 $\bar{M}^m$ の点 $p$ で $X, Y\in T_p(\bar{M})$ は $H_{ab}{}^\lambda H_{cd\lambda}\bar{\xi}^a\bar{\xi}^c\bar{\eta}^b\bar{\eta}^d=0$ を満足するとき互いに**共役な方向**であるという．超曲面について $X, Y$ が互いに共役な方向であるための必要十分条件は $H_{ab}\bar{\xi}^a\bar{\eta}^b=0$ である．

**4.** $X\in T_p(\bar{M})$ は自分自身と共役であれば**漸近方向**といわれる．$\bar{M}^m$ 上の曲線はその接線ベクトルが各点で常に漸近方向であれば**漸近曲線**という．$\bar{M}^m$ の曲線が漸近曲線であるための必要十分条件はその絶対曲率ベクトルが $\bar{M}^m$ に接することである．

**5.** $\bar{M}^m$ の曲線がこれを含む空間 $M^n$ の測地線であるための必要十分条件は，それが $\bar{M}^m$ の測地線で同時に漸近曲線なることである．

**6.** $M^n$ の線元素が

$$ds^2=(x^n)^2g^*_{ab}dx^adx^b+(dx^n)^2$$

の形であれば，$x^n=$一定$\neq 0$ という超曲面は全臍曲面である．ここに，$a, b$ は1から $n-1$ まで和をとり，$g^*_{ab}$ は $x^1, \cdots, x^{n-1}$ だけの函数とする．

**7.** 全測地曲面 $\bar{M}^m$ に接する1つのベクトルを $\bar{M}^m$ の曲線 $c$ に沿って，$M^n$ の平行性の意味で，平行移動すれば，結果はやはり $\bar{M}^m$ に接していて，しかも $\bar{M}^m$ の平行性の意味でも平行である．

**8.** 3次元定曲率空間の全臍超曲面はまた定曲率空間である．

**9.** スケーラー曲率が負の定曲率空間は，スケーラー曲率が0または正の定曲率空間の全臍曲面であることは出来ない．

# 第7章 積 分 公 式

## § 26. グリーンの定理

今まで調べてきたリーマン空間 $M^n$ の性質はほとんどが局所的な性質であるから，$M^n$ が全体としてどんな形をしているかということは関係がなかった．局所的な性質を考える場合には $M^n$ を，$E^n$ の1つの開集合にリーマン計量を新しく入れたもの，と思っても一向に差し支えがないのである．リーマン幾何学では局所的な性質を調べること以外に，空間全体としての大域的な性質を調べるという部門があり，それは局所的な研究よりも一般には困難で興味深いものである．その研究には普通テンソル解析以外に位相的な考察を必要とするが，この章ではそのうちの比較的考えやすい1つの題目——グリーンの定理——について述べよう． ここで考えるリーマン空間はある位相的な制約(完閉，可符号)をもつものであるから，もはや $E^n$ の開集合ではない．

位相空間 $S$ はその任意の開被覆が有限開被覆を含めば**完閉**といわれる．この章で扱う微分多様体 $M^n$ は今までどおりに連結とし，さらに完閉と仮定する．また，$C^\infty$ 級の函数以外に連続函数も考えるので，たんに函数といえば $C^\infty$ 級とし，連続函数の場合はそのつどその旨をことわることとする．

**定義 26.1.** $M^n$ において1つの集合 $V$ が**箱**であるとは，次の条件を満足する座標近傍 $\{U, x^\lambda\}$，点 $p_0$，実数 $a^\lambda$ が存在することをいう:

$$V=\{p \mid |x^\lambda(p)-x^\lambda(p_0)|<a^\lambda\}\subset U.$$

この場合 $p_0$ を $V$ の**中心**という．

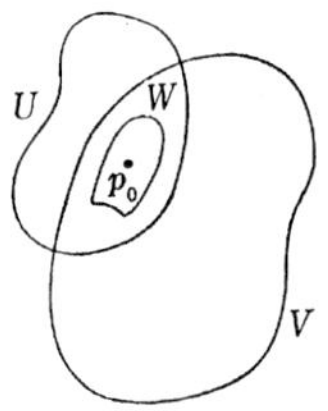

図 27

**補助定理 1.** $M^n$ の任意の点 $p_0$ と，その任意の近傍 $V$ とに対して次の条件を満足する函数 $\phi$ が存在する．

(i) $1\geqq\phi\geqq 0$,　(ii) $\phi(p_0)=1$,　(iii) $V$ の外で $\phi=0$.

**証明.** $U$ を $p_0$ の任意の座標近傍とすれば， $U\cap V$ はまた $p_0$ の1つの近傍である．必要があれば $U$ で座標変換をして，$p_0$ を中心とする次のような箱 $W$ を考える．

$$x^i(p_0)=0,$$

$$W=\{p|\ |x^i(p)|<a\}\subset U\cap V.$$

実変数 $t$ の函数 $\phi(t)$ を

$$\phi(t)=\begin{cases}\exp(2t^2/a(t^2-a^2)), & |t|<a,\\ 0, & t\leqq -a,\ a\leqq t\end{cases}$$

とすれば，$\phi$ は $C^\infty$ 級で，しかも $0\leqq\phi\leqq 1$，$\phi(0)=1$，$a\leqq|t|$ ならば $\phi(t)=0$ が成りたつ．この $\phi$ を使って

$$\phi(x^1,\cdots,x^n)=\phi(x^1)\phi(x^2)\cdots\phi(x^n)$$

とおけば，$\phi(x)$ が求めるものである．（証明終）

**補助定理 2.** $K$ を $M^n$ の閉部分集合，$V$ は $K$ を含む任意の開集合とする．このとき，次の条件を満足する函数 $\phi$ が存在する．

（i）$\phi\geqq 0$,　（ii）$K$ 上で $\phi>0$,　（iii）$V$ の外で $\phi=0$.

**証明.** $K$ は完閉空間の閉部分集合であるから完閉である．各点 $p\in K$ と，$V$ とについて補助定理 1 によって存在する函数を $\phi_p$ とし，

$$W_p=\left\{q\mid\phi_p(q)>\frac{1}{2}\right\}$$

とおけば，$W_p$ は $p$ の近傍で $W_p\subset V$ である．$\{W_p\}_{p\in K}$ は $K$ の開被覆であるからその有限個で $K$ を被覆出来る：

$$W_{p_1}\cup\cdots\cup W_{p_k}\supset K.$$

対応する函数の和 $\phi_{p_1}+\cdots+\phi_{p_k}$ を $\phi$ とすれば，$\phi$ は条件を満足する．

（証明終）

**補助定理 3.** $K$, $V$ は補助定理 2 と同じとすれば次の条件を満足する連続函数 $\psi$ が存在する．

（i）$1\geqq\psi\geqq 0$,　（ii）$K$ 上で $\psi=1$,　（iii）$V$ の外で $\psi=0$.

**証明.** 前定理で存在した $\phi$ を修正して $\psi$ を作る．$\phi$ は $K$ 上で最小値をとるからそれを

$$m=\mathrm{Min}_{p\in K}\,\phi(p)>0$$

として，$m$ と $\phi(p)$ との大きい方を

$$g(p)=\mathrm{Max}\{m,\phi(p)\}$$

とおけば $K$ 上で $g(p)=\phi(p)$. さらに，$\psi(p)=\phi(p)/g(p)$ によって $\psi$ を定義すれば (i)～(iii) が成りたつ.　(証明終)

さて，$M^n$ の任意の点 $p$ に対して

$$W_p{}^a\subset V_p\subset V_p{}^a\subset U_p$$

なる $p$ の近傍 $W_p$, 中心 $p$ の箱 $V_p$, 座標近傍 $U_p$ が存在する. ここに $a$ は閉包作用素を表わす(亀谷 p. 96). 各点 $p$ に対してこのような $\{W_p,V_p,U_p\}$ を1組ずつ考えると

$$\bigcup_{p\in M} W_p=M^n$$

であるが，$M^n$ は完閉であるからそれらの有限個で $M^n$ を被覆することが出来る. それを

$$W_{p_1}\cup\cdots\cup W_{p_k}=M^n$$

としよう.

$W_{p_i}{}^a$ は閉集合であるから，$W_{p_i}{}^a\subset V_{p_i}$ を補助定理2の $K\subset V$ と考えれば

(i) $\phi_i'\geqq 0$,　(ii) $W_{p_i}{}^a$ 上で $\phi_i'>0$,　(iii) $V_{p_i}$ の外で $\phi_i'=0$

となる函数 $\phi_i'$ が存在する. $\sum\phi_i'>0$ であるから

$$\phi_i=\phi_i'/\sum\phi_j'$$

とおくことにより次の定理が得られる.

**定理 26.1.** 完閉多様体 $M^n$ について，次の条件を満足するような有限個の箱 $V_{p_1},\cdots,V_{p_k}$ による開被覆と函数 $\phi_1,\cdots,\phi_k$ とが存在する.

(i) $1\geqq\phi_i\geqq 0$,　(ii) $V_{p_i}$ の外で $\phi_i=0$,　(iii) $\sum\phi_i(p)=1$.

**定義 26.2.** $M^n$ 上の連続函数 $f$ について，$V$ の外では常に $f=0$ となるような箱が存在すれば，$f$ は性質 $(P)$ をもつという.

$f$ を $M^n$ 上の任意の(連続)函数とし，定理 26.1 の $\phi_i$ を使って

$$f_i=f\phi_i$$

とおけば

$$f=(\sum\phi_i)f=f\phi_1+\cdots+f\phi_k=f_1+\cdots+f_k$$

となるから，次の定理が得られた.

**定理 26.2.** 完閉 $M^n$ 上の任意の連続函数 $f$ は性質 $(P)$ をもつ有限個の連続函数 $f_i$ の和として表わされる．特に，$f$ が $C^\infty$ 級ならば $f_i$ も $C^\infty$ 級である．

**定義 26.3.** $n$ 次元微分多様体 $M^n$ において，座標近傍 $U\cap U'\neq\emptyset$ での座標変換 $x'^\lambda=x'^\lambda(x)$ の函数行列式が常に正，

$$\det\left(\frac{\partial x'^\lambda}{\partial x^\mu}\right)>0$$

ならば $U$ と $U'$ とは同じ向きであるという．$M^n$ の座標近傍による被覆 $\boldsymbol{U}=\{U_i\}$ で，その任意の2つの近傍が常に同じ向きである，というものが存在するならば，$M^n$ を**方向付け可能**，または**可符号**であるという．

可符号でない多様体として射影平面，クラインの壺などが良く知られている．

$M^n$ が可符号であれば定義 26.3 の性質をもつ開被覆 $\boldsymbol{U}$ が存在する．任意の許容座標系を $\{U,x^\lambda\}$ とするとき，必要があれば $x^1$ と $x^2$ とを交換することによって，$U\cap U_i\neq\emptyset$ なる $U_i$ と $U$ とは同じ向きと考えることが出来る．許容座標系は常にこのようにして $\{U_i\}$ の各々と同じ向きにしてあるものとする．

以下では $M^n$ は常に(連結)完閉，可符号リーマン空間であるとし，$M^n$ 全体で定義された函数についてその $M^n$ 上での積分を定義しよう．

まず，次の定理が微積分学で知られている．

**補助定理 4.** $F(x^1,\cdots,x^n)$ を $R^n$ の中の開集合 $U$ で定義された連続函数，$D$ を $U$ に含まれる完閉集合（有界閉集合）とする．$\phi$: $x'^\lambda=x'^\lambda(x)$ は $U$ から $U'=\phi(U)$ への微分同型写像で $D'=\phi(D)$ とすれば，多重積分について次式が成りたつ．

$$\int_{D'}F(x')dx'^1\cdots dx'^n=\int_D F(x)\det\left(\frac{\partial x'}{\partial x}\right)dx^1\cdots dx^n.$$

さて，$f$ を $M^n$ 上の連続函数で性質 $(P)$ をもつとしよう．このとき，$V$ の外では $f=0$ という箱 $V$ が存在する．$V\subset U$ なる座標近傍 $\{\theta,U,x^\lambda,O\}$ について $\theta(V)=Q\subset R^n$ とすれば，$O$ 上の函数と考えた $f(x)$ および

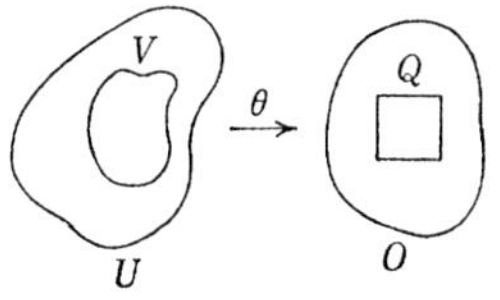

図 28

$$\sqrt{\mathfrak{g}}, \qquad (\mathfrak{g}=\det(g_{\lambda\mu}))$$

の積の多重積分

$$(26.1) \qquad I=\int_O f\sqrt{\mathfrak{g}}\,dx^1\cdots dx^n$$

が考えられる．

**補助定理 5．** 性質（$P$）をもつ連続函数 $f$ について，積分の値 $I$ は箱のとり方に無関係である．

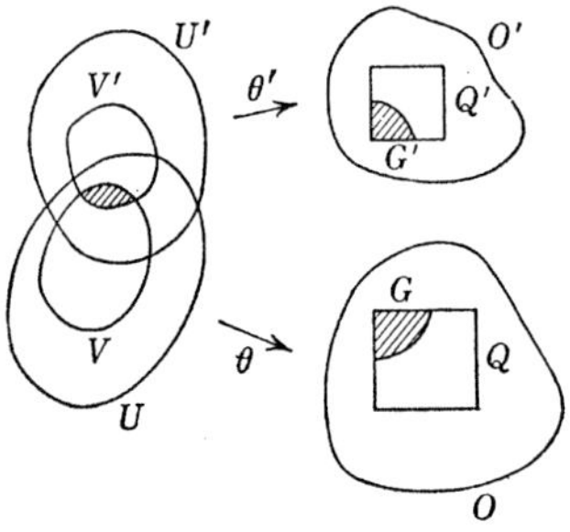


図　29

**証明．** $f$ に対応する他の箱，近傍を $V', U', O', Q'$ とする．仮定によって，$V'$ の外で $f=0$ であるから，$f$ は $V\cap V'$ の外で 0 である．したがって，$G=\theta(V\cap V')$，$G'=\theta'(V\cap V')$ について

$$\int_G f\sqrt{\mathfrak{g}}\,dx^1\cdots dx^n=\int_{G'} f\sqrt{\mathfrak{g}'}\,dx'^1\cdots dx'^n$$

を示せばよい．$U$ と $U'$ とは同じ向きであるから座標変換によって

$$\sqrt{\mathfrak{g}'}=\sqrt{\mathfrak{g}}\,\det\left(\frac{\partial x}{\partial x'}\right)$$

の関係がある．したがって補助定理 4 によって

$$\int_{G'} f\sqrt{\mathfrak{g}}'dx'^1\cdots dx'^n=\int_G f\sqrt{\mathfrak{g}}\,\det\left(\frac{\partial x}{\partial x'}\right)\det\left(\frac{\partial x'}{\partial x}\right)dx^1\cdots dx^n$$

$$=\int_G f\sqrt{\mathfrak{g}}\,dx^1\cdots dx^n.$$

（証明終）

性質（$P$）をもつ連続函数 $f$ について（26.1）で定義される $I$ を

$$I=\int_M f\sqrt{\mathfrak{g}}\,dx^1\cdots dx^n=\int_M f\,d\sigma$$

と書き，記号 $\sqrt{\mathfrak{g}}\,dx^1\cdots dx^n=d\sigma$ を $M^n$ の**体積元素**，$I$ を $f$ の**体積元素に関する積分**という．

連続函数 $f_1$，$f_2$ について，それらが同じ箱の外で常に 0 であれば

$$\int_M (af_1+bf_2)d\sigma=a\int_M f_1 d\sigma+b\int_M f_2 d\sigma$$

が任意の $a, b \in R$ について成り立つことは明らかであろう．

$f$ を $M^n$ の連続函数とすれば，定理 26.2 によって有限個の性質 $(P)$ をもつ連続函数 $f_i$ の和として表わすことが出来る．したがって

$$I=\int_M f_1 d\sigma+\cdots+\int_M f_k d\sigma=\sum_i \int_M f_i d\sigma$$

は意味をもつ．さらに，この $I$ の値が定理 26.2 で述べた $f$ の分割の仕方に無関係に定まることを証明しよう．

$f$ が性質 $(P)$ をもつ連続函数 $f_1, \cdots, f_k; f_1', \cdots, f_l'$ によって2通りに

$$f=f_1+\cdots+f_k=f_1'+\cdots+f_l'$$

と表わされたとしよう．$f_1, \cdots, f_k$, $f_1', \cdots, f_l'$ の少なくとも1つが0でない点の全体が作る集合の閉包を $K$ とすれば，補助定理3によって $K$ 上で1である連続函数 $\psi$ が存在する．$\psi$ を性質 $(P)$ をもつ連続函数 $\psi_i$ の和として

$$\psi=\sum \psi_i$$

の形に表わしておく．各 $i$ について

$$f\psi_i=\sum_j f_j\psi_i=\sum_j f_j'\psi_i$$

で，$f\psi_i$, $f_j\psi_i$, $f_j'\psi_i$ は $\psi_i$ に対応する箱の外では0であるから，次式が成りたつ．

$$\int_M f\psi_i d\sigma=\sum_j \int_M f_j\psi_i d\sigma=\sum_j \int_M f_j'\psi_i d\sigma. \tag{26.2}$$

それは，各積分が本質的には $\psi_i$ に対応する箱の中だけの積分となるからである．

一方，各 $j$ について $r$ 個の連続函数

$$f_j\psi_1, \cdots, f_j\psi_r$$

の各々は $f_j$ に対応する箱について性質 $(P)$ をもち，しかも

$$\sum_{i=1}^r f_j\psi_i=f_j\psi=f_j$$

が成りたつ．実際，$p\in K$ ならば $\psi(p)=1$，$p\notin K$ ならば $f_j(p)=0$ だからである．

したがって，$f_j$ の箱での積分を考えれば

$$\int_M f_j\,d\sigma=\sum_i\int_M f_j\psi_i\,d\sigma.$$

同様にして

$$\int_M f_j'd\sigma=\sum_i\int_M f_j'\psi_i\,d\sigma.$$

(26.2) に注意すれば

$$\sum_j\int_M f_j\,d\sigma=\sum_j\sum_i\int_M f_j\psi_i\,d\sigma=\sum_j\sum_i\int_M f_j'\psi_i\,d\sigma$$

$$=\sum_j\int_M f_j'd\sigma$$

となり，$I$ の値が$f$の分割に独立であることがわかった．

**定義 26.4.** 完閉，可符号リーマン空間 $M^n$ 上の連続函数 $f$ について，$f=f_1+\cdots+f_k$ を性質 ($P$) をもつ連続函数への任意の分割とするとき

$$\int_M fd\sigma\equiv\int_M f_1d\sigma+\cdots+\int_M f_kd\sigma$$

を，$f$ の**体積元素に関する積分**という．

定義から次の2つの性質は明らかであろう．

$f\geqq 0$ ならば

$$\int_M fd\sigma\geqq 0.$$

ここで，等号は $f=0$ のとき，かつこのときに限り成りたつ．

任意の $a,b\in R$ について

$$\int_M(af+bg)d\sigma=a\int_M fd\sigma+b\int_M gd\sigma.$$

**定理 26.3.** (**グリーン**) 完閉，可符号リーマン空間 $M^n$ で任意のベクトル場 $X$ について次式が成りたつ：

$$\int_M(\mathrm{div}X)d\sigma=0.$$

**証明.** 定理 26.1 における箱 $V_{p_i}$，座標近傍 $U_{p_i}$，函数 $\phi_i$ を考え，$\phi_iX=X_i$ とおく．

$$X=\sum X_i,\qquad \mathrm{div}\,X=\sum\mathrm{div}\,X_i$$

が成りたつから，各 $i$ について

$$\int_M (\mathrm{div}X_i)d\sigma=0$$

を示せばよい．

$$V_{p_i}=\{p|a_i^\lambda<x^\lambda(p)<b_i^\lambda\}$$

とする．$X$ の成分を $\xi^\lambda$ とすれば，$X_i$ の成分 $\xi_i{}^\lambda=\phi_i\xi^\lambda$ は $V_{p_i}$ の境界上で 0 である．

$$\mathrm{div}X_i=\nabla_\lambda\xi_i{}^\lambda=\frac{1}{\sqrt{\mathfrak{g}}}\frac{\partial(\sqrt{\mathfrak{g}}\,\xi_i{}^\lambda)}{\partial x^\lambda}$$

であるから

$$\int_M (\mathrm{div}X_i)d\sigma=\int_{U_{p_i}}(\mathrm{div}X_i)d\sigma=\int_{U_{p_i}}\frac{\partial(\sqrt{\mathfrak{g}}\,\xi_i{}^\lambda)}{\partial x^\lambda}dx^1\cdots dx^n.$$

しかるに

$$\int_{a_i{}^1}^{b_i{}^1}\frac{\partial(\sqrt{\mathfrak{g}}\,\xi_i{}^1)}{\partial x^1}dx^1=\left[\sqrt{\mathfrak{g}}\,\xi_i{}^1\right]_{a_i{}^1}^{b_i{}^1}=0,$$

同様に

$$\int_{a_i{}^2}^{b_i{}^2}\frac{\partial(\sqrt{\mathfrak{g}}\,\xi_i{}^2)}{\partial x^2}dx^2=\cdots=\int_{a_i{}^n}^{b_i{}^n}\frac{\partial(\sqrt{\mathfrak{g}}\,\xi_i{}^n)}{\partial x^n}dx^n=0$$

が成り立つから

$$\int_M (\mathrm{div}X_i)d\sigma=0.$$

（証明終）

函数 $f$ に対して

$$\Delta f=g^{\lambda\mu}\nabla_\lambda\nabla_\mu f$$

と書くことにすれば

$$\Delta f=\nabla^\lambda\nabla_\lambda f=\mathrm{div}\,\mathrm{grad}\,f$$

であるから

**定理 26.4.** 完閉，可符号リーマン空間 $M^n$ で，任意のスケーラー函数 $f$ に対して次式が成りたつ．

$$\int_M \Delta f d\sigma=0.$$

**問 1.** 任意の $f$ について $\int_M f\Delta f d\sigma\leqq 0$ が成りたつ．ここで，等号が成りたつための必

要十分条件は $f$ が定数なることである.

**問 2.** $\Delta f \geqq 0$ ($\leqq 0$) ならば，$f$ は定数である.

## § 27. グリーンの定理の応用

完閉，可符号(連結)なリーマン空間 $M^n$ 全体で定義されたキリング・ベクトル場を $X$ とする．その成分 $\xi^\lambda$ は

$$\nabla_\lambda \nabla_\mu \xi^\kappa + R_{\alpha\lambda\mu}{}^\kappa \xi^\alpha = 0 \tag{27.1}$$

を満足するから，$g^{\lambda\mu}$ との積和をとれば

$$\nabla^\alpha \nabla_\alpha \xi^\kappa + R_\alpha{}^\kappa \xi^\alpha = 0.$$

$f = \|X\|^2 = \xi_\kappa \xi^\kappa$ はスケーラー函数で $M^n$ 全体で定義されているから，$\Delta$ を作用させれば

$$\begin{aligned}(1/2)\Delta f &= \nabla^\alpha \nabla_\alpha \xi^\kappa \xi_\kappa + \nabla_\alpha \xi_\kappa \nabla^\alpha \xi^\kappa \\ &= -R_{\lambda\mu}\xi^\lambda \xi^\mu + \nabla_\alpha \xi_\kappa \nabla^\alpha \xi^\kappa \\ &= -\mathrm{Ric}(X, X) + \|\nabla X\|^2.\end{aligned}$$

これを積分すれば，グリーンの定理によって

$$\int_M \mathrm{Ric}(X, X)\, d\sigma = \int_M \|\nabla X\|^2 d\sigma \geqq 0.$$

したがって，次の定理が得られた.

**定理 27.1.** 完閉，可符号リーマン空間のリッチの形式が負定値であれば，零ベクトル場以外のキリング・ベクトル場は存在しない.

**定理 27.2.** 完閉，可符号で，しかもスケーラー曲率が負のアインシュタイン空間には 0 以外のキリング・ベクトル場は存在しない.

これらの定理は $M^n$ 全体で定義されたベクトル場を扱っているので，もち論 $M^n$ の一部だけで定義されたキリング・ベクトル場については 0 でないものが存在するかも知れない.

さて，リーマン空間では計量テンソルによってテンソルの添字は上げ下げ出来るから，$(r, s)$ 次のテンソルを $(r+s, 0)$ 次のテンソルと同一視でき，これを $r+s$ 次のテンソルとよぶことにした.

**注意.** ここで同一視するのは代数的な意味においてである．たとえば $\xi^\lambda, \eta^\lambda$ を任意の

ベクトルとすれば

$$\mathfrak{L}_\xi \eta_\lambda = \mathfrak{L}_\xi (g_{\lambda\mu}\eta^\mu) = (\mathfrak{L}_\xi g_{\lambda\mu})\eta^\mu + g_{\lambda\mu}\mathfrak{L}_\xi \eta^\mu$$

が成りたつが，一般には $\mathfrak{L}_\xi \eta_\lambda = g_{\lambda\mu}\mathfrak{L}_\xi \eta^\mu$ とはならないから，$\mathfrak{L}_\xi \eta_\lambda = 0$ と $\mathfrak{L}_\xi \eta^\lambda = 0$ とは同値ではない．

$T, S$ が同じ次数のテンソルであるとき，それらの内積を $\langle T, S\rangle$ と書いたが，完閉，可符号 $M^n$ で次の定義をしよう．

**定義 27.1.** $T, S$ をともに次数 $r$ のテンソル場とするとき

$$(T, S) = \frac{1}{r!}\int_M \langle T, S\rangle d\sigma$$

を $T$ と $S$ との**大域的な内積**という．

任意の $T$ について $(T, T) \geqq 0$ が成りたち，等号は $T=0$ のとき，かつこのときに限ることは積分の定義からわかる．

$M^n$ 上の $r$ 次のテンソル場の全体 $T^r(M)$ は，自然な演算に関して（実数体上の）ベクトル空間を作る．

**定義 27.2.** 線型な対応 $A: T^r(M) \to T^s(M)$ を $T^r(M)$ から $T^s(M)$ への**演算子**という．$A, B$ を

$$A: T^r(M) \to T^s(M), \qquad B: T^s(M) \to T^r(M)$$

なる演算子とするとき，任意の $T \in T^r(M)$，$S \in T^s(M)$ について常に

$$(A(T), S) = (T, B(S)) \tag{27.2}$$

が成りたつならば，$A$ と $B$ とは互いに**双対な演算子**という．

(27.2) において特に $S = A(T)$ とおけば次の定理が得られる．

**定理 27.3.** $A, B$ を双対演算子とすれば任意のテンソル $T$ について

$$(T, BA(T)) = (A(T), A(T)) \geqq 0$$

が成りたつ．したがって，$A(T)=0$ なるための必要十分条件は $BA(T)=0$ である．

**例 1.** 共変微分商による対応 $T \to \nabla T$ は $T^r(M)$ から $T^{r+1}(M)$ への演算子である．

**例 2.** $X$ を与えられたベクトル場とするとき，$T \to \mathfrak{L}_X T$ は $T^r(M)$ からそれ自身への演算子である．

**例 3.** 計量テンソル $g$ から次のような演算子が作れる.

$$T^1(M) \to T^2(M);\ X \to \mathfrak{L}_X g$$

**例 4.** 同様に，クリストッフェルの記号から

$$T^1(M) \to T^3(M);\ X \to \mathfrak{L}_X \left\{ {\lambda \atop \mu\nu} \right\}.$$

次に，例3を詳しく調べよう．$A(X) = \mathfrak{L}_X g$ とおけば

$$\begin{aligned} 2(A(X), S) &= \int_M (\nabla_\lambda \xi_\mu + \nabla_\mu \xi_\lambda) S^{\lambda\mu} d\sigma \\ &= \int_M \{\nabla_\lambda(\xi_\mu S^{\lambda\mu}) + \nabla_\mu(\xi_\lambda S^{\lambda\mu}) - \xi_\mu \nabla_\lambda S^{\lambda\mu} - \xi_\lambda \nabla_\mu S^{\lambda\mu}\} d\sigma \\ &= -\int_M \xi_\lambda \nabla_\mu (S^{\mu\lambda} + S^{\lambda\mu}) d\sigma. \end{aligned}$$

これから，$T^2(M) \to T^1(M)$ の演算子

$$B:\ S^{\lambda\mu} \to -\frac{1}{2} \nabla_\mu (S^{\mu\lambda} + S^{\lambda\mu})$$

が $A$ と双対であることがわかる.

特に，$S$ が対称であれば，上式は次のようになる.

$$\int_M \{\xi^\lambda \nabla_\mu S_\lambda{}^\mu + (1/2)(\nabla_\lambda \xi_\mu + \nabla_\mu \xi_\lambda) S^{\lambda\mu}\} d\sigma = 0. \tag{27.3}$$

(27.3) に定理 27.3 を適用しよう．(27.3) で

$$S = A(X) = \mathfrak{L}_X g, \qquad S_{\lambda\mu} = \nabla_\lambda \xi_\mu + \nabla_\mu \xi_\lambda$$

とおけば，$-\langle X, BA(X) \rangle$ は

$$\begin{aligned} \xi^\lambda \nabla_\mu S_\lambda{}^\mu &= \xi^\lambda (\nabla_\mu \nabla_\lambda \xi^\mu + \nabla_\mu \nabla^\mu \xi_\lambda) \\ &= \xi^\lambda (\nabla^\mu \nabla_\mu \xi_\lambda + R_{\lambda\mu} \xi^\mu + \nabla_\lambda \nabla_\mu \xi^\mu) \end{aligned} \tag{27.4}$$

となるから

$X$がキリング・ベクトル場であるための１つの必要十分条件として

$$\nabla^\alpha \nabla_\alpha \xi^\lambda + R_\alpha{}^\lambda \xi^\alpha + \nabla^\lambda \nabla_\alpha \xi^\alpha = 0$$

が得られた.

他の形を求めるために (27.4) の最後の項を

$$\xi^\lambda \nabla_\lambda \nabla_\mu \xi^\mu = \nabla_\lambda (\xi^\lambda \nabla_\mu \xi^\mu) - (\nabla_\lambda \xi^\lambda)^2$$

と変形し，これらの式を (27.3) に代入すれば

**定理 27.4.** 任意のベクトル場 $X=(\xi^\lambda)$ について次の積分公式が成りたつ.

$$\int_M \{\xi_\lambda(\nabla^\alpha\nabla_\alpha\xi^\lambda+R_\alpha{}^\lambda\xi^\alpha)-(\nabla_\lambda\xi^\lambda)^2+(1/2)\|\mathfrak{L}_X g\|^2\}d\sigma=0.$$

さて，$X$がキリング・ベクトル場であれば p.105 から

$$\nabla^\alpha\nabla_\alpha\xi^\lambda+R_\alpha{}^\lambda\xi^\alpha=0, \tag{27.5}$$

$$\nabla_\lambda\xi^\lambda=0 \tag{27.6}$$

が得られる．逆に，完閉，可符号 $M^n$ で大域的なベクトル場 $X$ が (27.5), (27.6) を満足すれば，定理 27.4 によって $\mathfrak{L}_X g=0$ となるから

**定理 27.5.** 完閉，可符号リーマン空間において，ベクトル場$X$がキリング・ベクトル場であるための必要十分条件は (27.5), (27.6) である.

§ 16 で述べたように，キリング・ベクトルは疑似キリング・ベクトルであるが，逆は一般に正しくなかった (§ 16 例 2，p.105). しかし，完閉，可符号のリーマン空間に対しては実は逆も正しいことが次のようにして示される.

リーマン空間の疑似キリング・ベクトル$X$は, (27.1)を満足するから, (27.5) も満足する．次に，(27.1) で $\mu=\kappa$ として和をとれば $\nabla_\lambda\nabla_\alpha\xi^\alpha=0$. ゆえに，$\nabla_\alpha\xi^\alpha=\mathrm{div}X$ は定数となるがグリーンの定理によって

$$\int_M \mathrm{div}X d\sigma=(\mathrm{div}X)\int_M 1d\sigma=0$$

であるから $\mathrm{div}X=0$，すなわち (27.6) も成りたつ．これから

**定理 27.6.** (**矢野**) 完閉，可符号リーマン空間では疑似キリング・ベクトル場はキリング・ベクトル場である.

したがって，たとえば $S^n$ 上には等長変換群ではないような 1 径数の疑似変換群はないことがわかった.

**問 1.** リーマン空間の共形キリング・ベクトル $X$ について次式が成りたつ.

$$\nabla^\alpha\nabla_\alpha\xi^\lambda+R_\alpha{}^\lambda\xi^\alpha+\left(1-\frac{2}{n}\right)\nabla^\lambda\nabla_\alpha\xi^\alpha=0.$$

**問 2.** 完閉，可符号 $n(>2)$ 次元リーマン空間のリッチの形式が負定値であれば，0 以外の共形キリング・ベクトル場は存在しない.

## 問 題 7

**1.** 平行な交代テンソル場 $f_{\lambda\mu}$ が存在するような完閉，可符号リーマン空間において，もしスケーラー函数 $\phi$，$\psi$ が

$$f_{\lambda\alpha}\nabla^\alpha\phi=\nabla_\lambda\psi$$

を満足すれば，$\psi$は実は定数である．

**2.** $\Gamma_{\mu\nu}^\lambda$を完閉，可符号リーマン空間の1つの計量疑似接続とする．$\bar{\Gamma}_{\mu\nu}^\lambda=\Gamma_{\nu\mu}^\lambda$ に関する共変微分を $\bar{\nabla}$ で表わすことにすれば，任意のベクトル場 $\xi^\lambda$ について次式が成りたつ:

$$\int_M \bar{\nabla}_\lambda\xi^\lambda d\sigma=0.$$

**3.** §27 例1，§27 例2 の双対演算子を求めよ．

**4.** 完閉，可符号リーマン空間 $M^n$ では任意のベクトル場 $X$ は次の積分公式を満足する．

$$\int_M\left[\xi_\lambda\left\{\nabla^\alpha\nabla_\alpha\xi^\lambda+R_\alpha{}^\lambda\xi^\alpha+\left(1-\frac{2}{n}\right)\nabla^\lambda\nabla_\alpha\xi^\alpha\right\}+T(X)\right]d\sigma=0.$$

ここに，$T(X)$ は次式で与えられる．

$$T(X)=(1/2)\|\nabla_\lambda\xi_\mu+\nabla_\mu\xi_\lambda-(2/n)\nabla_\alpha\xi^\alpha g_{\lambda\mu}\|^2.$$

**5.** 完閉，可符号，$n(>2)$ 次元リーマン空間において，$\xi^\lambda$ が共形キリング・ベクトル場であるための必要十分条件は

$$\nabla^\alpha\nabla_\alpha\xi^\lambda+R_\alpha{}^\lambda\xi^\alpha+\left(1-\frac{2}{n}\right)\nabla^\lambda\nabla_\alpha\xi^\alpha=0$$

である．

**6.** リーマン空間でベクトル $u_\lambda$ は $\nabla_\lambda u_\mu=\nabla_\mu u_\lambda$，$\nabla_\alpha u^\alpha=0$ を同時に満足するとき，**調和ベクトル**(**場**)という．調和ベクトル $u_\lambda$ について次式が成りたつ:

$$\nabla^\alpha\nabla_\alpha u_\lambda-R_\lambda{}^\alpha u_\alpha=0.$$

**7.** 完閉，可符号リーマン空間において，任意のベクトル場 $X=(\xi^\lambda)$ について次式が成りたつ:

$$\int_M\left\{\xi_\lambda(\nabla^\alpha\nabla_\alpha\xi^\lambda-R_\alpha{}^\lambda\xi^\alpha)+(\nabla_\lambda\xi^\lambda)^2+T(X)\right\}d\sigma=0.$$

ここに，

$$T(X)=(1/2)\|\nabla_\lambda\xi_\mu-\nabla_\mu\xi_\lambda\|^2.$$

**8.** 完閉，可符号リーマン空間でベクトル場 $u_\lambda$ が調和ベクトルであるための必要十分条件は

$$\nabla^\alpha\nabla_\alpha u_\lambda-R_\lambda{}^\alpha u_\alpha=0.$$

**9.** 完閉，可符号リーマン空間で，調和ベクトル $\boldsymbol{u}=(u_\lambda)$，キリング・ベクトル $X=(\xi^\lambda)$ について

$$(\mathrm{i})\quad \langle u, X\rangle = 一定, \qquad (\mathrm{ii})\quad \mathfrak{L}_X u = 0$$

が成りたつ.

**10.** リッチの形式が正定値であるような完閉，可符号リーマン空間には 0 以外の調和ベクトル場は存在しない.

# 参　考　書

本書を編むに当って主に次の著書を参考にした．ここに記して著者の方々に感謝の意を表したい．

矢野健太郎：初等リーマン幾何学，考え方研究社．

佐々木重夫：リーマン幾何学 I, II，共立出版(現代数学講座)．

Yano-Bochner: Curvature and Betti numbers, Annals of Math. Studies.

Kobayashi-Nomizu: Foundations of differential geometry I, Interscience Publishers.

Milnor: Morse theory, Princeton Univ. Press.

Chevalley: Theory of Lie groups I, Princeton Univ. Press.

Laugwitz (Steinhardt 英訳): Differential and Riemannian geometry, Academic Press.

# 索　　引

## 人 名 索 引


アインシュタイン　Einstein, Albert (1879—1955)　3, 92
オイラー　Euler, Leonhard (1707—1789)　160

ガウス　Gauss, Carl Friedrich (1777—1855)　86, 166
キリング　Killing, Wilhelm　102, 105
クリストッフエル　Christoffel, Erwin Bruno (1829—1900)　72, 77
グリーン　Green, George (1793—1841)　172
クロネッカー　Kronecker, Leopold (1823—1891)　13, 43
コダッチ　Codazzi, D. (1824—1875)　166

シューア　Schur, I.　90
シュバルツ　Schwarz, H.A.　20
スカウテン　Schouten, J.A. (1883— )　160
セレ　Serret, J.A. (1819—1885)　150

ハウスドルフ　Hausdorff, F. (1868—?)　28
ビアンキ　Bianchi, L.　81
フレネ　Frenet, F. (1816—1888)　150

ヤコビー　Jacobi, Carl Gustav Jacob (1804—1851)　60
矢野健太郎　(1911— )　183
ユークリッド　Euclid (330—275 B.C.)　20, 58

リー　Lie, Marius Sophus (1842—1899)　50
リッチ　Ricci, Curbastro Gregorio (1853—1925)　77, 81, 166
リーマン　Riemann, Georg Friedrich Bernhard (1826—1866)　55, 60, 73
レビ・チビタ　Levi-Civita, Tullio (1873—1941)　73

ワイル　Weyl, Claus Hugo Hermann (1885— )　111, 122
ワインガルテン　Weingarten, J.　161

# 事 項 索 引

**著者略歴**

立 花 俊 一
1926 年　東京に生れる
1948 年　東北大学理学部数学科卒業
1961 年　お茶の水女子大学教授
現　在　お茶の水女子大学名誉教授・理学博士

近代数学講座 8
**リーマン幾何学**　　定価はカバーに表示

1967 年 9 月 15 日　初版第 1 刷
2004 年 3 月 15 日　復刊第 1 刷
2013 年11月 25 日　　第 6 刷

著　者　立花俊一（たちばな しゅんいち）
発行者　朝 倉 邦 造
発行所　株式会社 朝 倉 書 店
東京都新宿区新小川町6-29
郵 便 番 号　162-8707
電　話　03 (3260) 0141
FAX　03 (3260) 0180
http://www.asakura.co.jp

〈検印省略〉



中央印刷・渡辺製本

ISBN 978-4-254-11658-8 C3341　　Printed in Japan